普通高等院校电工电子基础系列教材

电工与电子技术基础

(第3版)

主　编　刘晓惠　辛永哲　侯晓音
副主编　赵　莹　胡冬梅　赵雪宇
参　编　杨利媛　关海爽　郭淑清
　　　　齐华春　赵虎成　潘晓静

北京理工大学出版社
BEIJING INSTITUTE OF TECHNOLOGY PRESS

内 容 简 介

本书本着"精选内容，打好基础，加强实验，培养能力"的精神，在新的教育理念指导下，力求概念准确、内容新颖、语言流畅、可读性强，理论联系实际，将电工技术与电子技术相互贯通，把教材的重点放在基本概念、基本理论和基本分析方法以及电工元器件的外部特性和使用知识等方面。考虑各专业的特点，适当提高了起点，图形符号和文字代号全部采用新的国家标准。

全书共分十章，内容包括电工技术和电子技术两大部分。电工技术包括电路、电机及其控制两部分，电路部分主要介绍基本电路元件、电路的基本定律和分析计算方法，电机及其控制部分主要介绍变压器、电动机、低压电器和继电接触控制电路。电子技术主要是对模拟电子电路的介绍，如对电子元器件、运算放大器、二极管整流电路和三极管放大电路等内容的介绍。

本书适合作为高等学校非电类专业少学时电工学课程本科教材，也可供工程技术人员和一般读者自学。

版权专有　侵权必究

图书在版编目（CIP）数据

电工与电子技术基础／刘晓惠，辛永哲，侯晓音主编．—3版．—北京：北京理工大学出版社，2019.1（2021.1 重印）
ISBN 978-7-5682-6544-7

Ⅰ．①电… Ⅱ．①刘… ②辛… ③侯… Ⅲ．①电工技术-高等学校-教材②电子技术-高等学校-教材　Ⅳ．①TM②TN

中国版本图书馆 CIP 数据核字（2018）第 291626 号

出版发行 /	北京理工大学出版社有限责任公司
社　　址 /	北京市海淀区中关村南大街 5 号
邮　　编 /	100081
电　　话 /	（010）68914775（总编室）
	（010）82562903（教材售后服务热线）
	（010）68948351（其他图书服务热线）
网　　址 /	http://www.bitpress.com.cn
经　　销 /	全国各地新华书店
印　　刷 /	三河市天利华印刷装订有限公司
开　　本 /	787 毫米×1092 毫米　1/16
印　　张 /	18
字　　数 /	448 千字
版　　次 /	2019 年 1 月第 3 版　2021 年 1 月第 3 次印刷
定　　价 /	45.00 元

责任编辑 /	陈莉华
文案编辑 /	陈莉华
责任校对 /	黄拾三
责任印制 /	李志强

图书出现印装质量问题，请拨打售后服务热线，本社负责调换

第3版前言

自从 2011 年编写本教材第 1 版以来，已经历了八年。在此期间，电工技术，特别是电子技术发生了巨大的变化，新技术层出不穷，日新月异，相应的教学内容和教学体系的改革不断深入，促使本教材不断地修订和提高，日臻完善。

本教材是按照教育部高等学校电子电气基础课程教学指导委员会"电工学教学基本要求"编写的。在总结《电工与电子技术基础》（第 2 版）（高等学校"十二五"精品规划教材，高等教育改革项目研究成果）存在问题的基础上，根据教学需要和使用该教材院校的反馈意见，总结提高，融入电工电子领域的新技术、新成果，改正了第 2 版中的疏漏之处，修订编写而成。

"电工与电子技术（电工学）"是非电类工程专业的技术基础课，是理论性、专业性和应用性较强的课程。本教材选材合理、适当，内容丰富，条理清晰，叙述简练易懂，理论分析从简；强调理论联系实际，突出实际应用，注意启发逻辑思维，有助于学生分析能力和解题能力的提高；结合高等学校非电类专业的课程设置和特点，注重电工与电子技术的基本概念、基本定律、分析和计算方法。

本教材主要内容包括：电路的基础知识和基本定律、电路的基本分析方法、正弦交流电路、三相交流电路、电路的暂态分析、变压器与异步电动机、异步电动机的继电接触控制、半导体二极管和直流稳压电源、半导体三极管和基本放大电路以及集成运算放大器的应用。通过本教材的学习，可以获得电工与电子技术方面的基本理论、基本知识和基本技能，熟悉常用仪表的使用和基本的实验方法，了解电气技术和其他科技领域的相互联系和相互促进的关系，提高分析问题和解决问题的能力，为今后的学习和工作奠定理论和实践基础。

在前面版本的基础上，本教材对于绪论、第 1 章、第 2 章和第 3 章进行了重新编写和修改，增加了部分习题解答和全部习题答案，便于广大读者学习。

参加本教材第 3 版编写的还有杜艳丽、苑广军、孙庆峰和李树丰老师，本版由曲丽萍担任主审。在教材的修订过程中，得到了北华大学土木与交通学院、电气与信息工程学院许多老师的帮助，也得到广大教师和读者的支持与关怀，在此表示衷心的感谢。

本教材符合普通高校的教学实际，适用于"电工与电子技术（电工学）"（或类似）课程的授课，可作为高等学校非电类工程专业本科生的教材或教学参考书。

由于编者水平有限，书中不妥之处在所难免，诚挚地希望广大教师和学生给予批评与指正，以便改进与提高。

编　者

第 2 版前言

本教材是按照教育部高等学校电子电气基础课程教学指导委员会"电工学教学基本要求"修订的。在总结第 1 版《电工与电子技术基础》（高等学校"十二五"精品规划教材，高等教育课程改革项目研究成果）存在问题的基础上，根据教学需要和使用该教材院校的反馈意见，改正了第 1 版中的疏漏之处，并提供了各章习题答案。

"电工与电子技术（电工学）"是非电类工程专业的技术基础课，是理论性、专业性和应用性较强的课程。本教材结合高等学校非电类专业的课程设置和特点，注重电工与电子技术的基本概念、基本定律、分析和计算方法，简明、易懂，学以致用，具有基础性和普遍适用性，更好地适应现代宽口径人才培养的需要和教学要求。本教材主要内容包括：电路的基本概念和定律、电路的分析方法、正弦交流电路、三相交流电路、电路的暂态分析、变压器与异步电动机、异步电动机的继电接触控制、半导体二极管和直流稳压电源、半导体三极管和基本放大电路以及集成运算放大器的应用。通过本教材的学习，可以获得电工与电子技术方面的基本理论、基本知识和基本技能，熟悉常用仪表的使用和基本的实验方法，了解电气技术和其他科技领域的相互联系和相互促进的关系，提高分析问题和解决问题的能力，为今后的学习和工作奠定理论和实践基础。

本教材适用于"电工与电子技术（电工学）"（或类似）课程的授课，可作为高等学校非电类工程专业本科生的教材或教学参考书。

在教材的修订过程中，得到了北华大学汽车与建筑工程学院、电气信息工程学院许多同志的帮助，也得到广大教师和读者的支持与关怀，在此表示衷心的感谢。

由于编者水平有限，书中不妥之处在所难免，诚挚地希望广大教师和学生给予批评与指正，以便改进与提高。

编　者

第1版前言

"电工与电子技术(电工学)"是高等学校非电类工程专业的技术基础课程。本教材是按照教育部高等学校电子电气基础课程教学指导委员会 2004 年 8 月修订的《电工学教学基本要求》编写的。结合高等学校非电专业的课程设置和特点,避免了与物理电学内容的重复,注重电工与电子技术的基本概念、基本定律、分析和计算方法,简明、易懂,学以致用,具有基础性和普遍适用性,更好地适应现代宽口径人才培养的需要和教学要求。

本教材为全一册。主要内容包括:电路的基本概念和定律、电路的分析方法、正弦交流电路、三相交流电路、电路的暂态分析、变压器与异步电动机、异步电动机的继电接触控制、半导体二极管和直流稳压电源、半导体三极管和基本放大电路以及集成运算放大器的应用。

本教材适用于"电工与电子技术(电工学)"课程少学时的授课,可作为非电类工程专业本科的教材或教学参考书。

通过本教材的学习,可以获得电工与电子技术方面的基本理论、基本知识和基本技能,了解电气技术和其他科技领域的相互联系和相互促进的关系,提高分析问题和解决问题的能力,为今后的学习和工作奠定理论和实践基础。

本教材在编写过程中得到北华大学教务处、交通建筑工程学院、电气信息工程学院以及交通运输系许多同志的关心与支持,在此向他们致以衷心的感谢。

由于编者能力所限,时间仓促,书中不妥之处在所难免,诚挚地希望广大教师和学生给予批评指正,以便改进与提高。

编 者

目 录

绪论 ·· 1

第 1 章　电路的基础知识和基本定律 ··· 5
1.1 电路的基本概念 ·· 5
1.2 电路的基本物理量 ··· 8
1.3 电功和电功率 ··· 12
1.4 电阻及电阻的连接形式 ··· 14
1.5 基尔霍夫电流定律和基尔霍夫电压定律 ··· 18
习题 ··· 21

第 2 章　电路的基本分析方法 ·· 25
2.1 电压源与电流源等效变换的方法 ·· 25
2.2 支路电流法 ·· 32
2.3 叠加原理 ··· 35
2.4 戴维宁定理 ·· 38
习题 ··· 43

第 3 章　正弦交流电路 ·· 47
3.1 正弦交流电的三要素 ··· 47
3.2 正弦量的相量表示法 ··· 50
3.3 电阻元件的交流电路 ··· 54
3.4 电感元件的交流电路 ··· 56
3.5 电容元件的交流电路 ··· 60
3.6 电阻、电感和电容元件串联的交流电路 ··· 63
3.7 正弦交流电路的计算 ··· 70
3.8 RLC 电路的谐振 ··· 75
3.9 功率因数的提高 ··· 79
习题 ··· 83

第 4 章　三相交流电路 ·· 87
4.1 三相交流电源 ··· 87
4.2 星形连接的三相电路分析 ··· 89

4.3 三角形连接的三相电路分析 ... 94
4.4 三相交流电路的功率 ... 97
习题 ... 98

第5章 电路的暂态分析 ... 101
5.1 换路定则 ... 101
5.2 RC 电路的暂态分析 ... 103
5.3 一阶电路暂态分析的三要素法 ... 110
5.4 微分电路和积分电路 ... 114
5.5 RL 电路的暂态分析 ... 117
习题 ... 124

第6章 变压器与异步电动机 ... 129
6.1 变压器 ... 129
6.2 三相异步电动机的基本结构和工作原理 ... 138
6.3 三相异步电动机的电磁转矩和机械特性 ... 143
6.4 三相异步电动机的铭牌 ... 146
6.5 三相异步电动机的启动、反转、调速和制动 ... 148
6.6 三相异步电动机的缺相运行 ... 155
习题 ... 156

第7章 异步电动机的继电接触控制 ... 158
7.1 常用低压控制电器 ... 158
7.2 电气控制的基本控制电路及保护电路 ... 162
7.3 行程控制 ... 166
7.4 时间控制 ... 168
习题 ... 172

第8章 半导体二极管和直流稳压电源 ... 173
8.1 半导体的导电机理 ... 173
8.2 PN 结及其单向导电性 ... 174
8.3 半导体二极管 ... 176
8.4 整流电路 ... 179
8.5 滤波电路 ... 184
8.6 硅稳压管和简单稳压电路 ... 187
8.7 串联型稳压电路 ... 190
8.8 集成稳压电路 ... 191
习题 ... 193

第9章 半导体三极管和基本放大电路 ········ 196

- 9.1 半导体三极管 ········ 196
- 9.2 交流放大电路的基本工作原理 ········ 202
- 9.3 放大电路的图解分析法 ········ 207
- 9.4 交流放大电路的微变等效电路分析方法 ········ 211
- 9.5 分压偏置共射放大电路 ········ 214
- 9.6 共集放大电路——射极输出器 ········ 216
- 9.7 阻容耦合多级放大电路 ········ 219
- 9.8 放大电路中的负反馈 ········ 222
- 9.9 直流放大电路 ········ 228
- 习题 ········ 234

第10章 集成运算放大器的应用 ········ 239

- 10.1 集成运算放大器简介 ········ 239
- 10.2 集成运算放大器的线性应用 ········ 244
- 10.3 集成运算放大器的非线性应用 ········ 252
- 习题 ········ 255

附录：习题答案 ········ 261

参考文献 ········ 271

绪　　论

当前我国改革开放已走过了40年，进入了新时代。在国家统筹推进"五位一体"总体布局、协调推进"四个全面"战略布局的政策指引下，从法律法规、人才引进、资金支持、科研立项等诸多方面，推进工业化和信息化。以电工与电子技术为首选课业，服务和服从于国家重大战略，在各领域、多层次、全方位得到广泛运用。凭借电工与电子技术的独特优势，在教育教学阵地，培养和造就了数以百万计的大国工匠，这些名副其实的"鲁班"和状元，成为行业不可或缺的领军人才。

一、电工与电子技术的产生和应用

电工与电子技术的研究主要从1785年库仑（法国工程师、物理学家）建立库仑定律开始。18世纪西方开始探索电的种种现象。富兰克林认为电是一种没有重量的流体，存在于所有物体中。富兰克林揭示了电的性质，提出了电流这一术语，并制造出世界上第一个避雷针。

1826年，乔治·西蒙·欧姆提出了电学上的一个重要定律——欧姆定律。1820—1827年，法国化学家安德烈·玛丽·安培对电磁学中的基本原理有重要发现，如安培定律等。

1831年，迈克尔·法拉第发现电磁感应现象，并制造出世界上第一台发电机。1834年，雅可比造出第一台电动机。1866年，德国人西门子制成世界上第一台工业用发电机。19世纪末，发明了三相同步发电机、三相变压器、三相异步电动机以及三相输电方式。

1877年，托马斯·阿尔瓦·爱迪生改进了早期由贝尔发明的电话，并使之投入了实际使用，还发明了留声机。1879年10月22日，爱迪生点亮了第一盏真正有广泛实用价值的电灯。

1895年，马可尼和波波夫实现第一次无线电通信。1904年，弗莱明发明第一只电子管（二极管）。1906年，德福雷斯发明电子三极管。1946年，第一台电子计算机诞生。1947年，贝尔实验室发明第一只晶体管。1958年，集成电路问世。

由于电能具有便于转换、输送、分配和控制等突出的优点，因此现代一切新的科学技术无不与电有着密切的关系，在现代工业生产、航空航天、军工、科学实验、国防建设、国民经济的各个部门中，得到了广泛的应用。各个技术领域和每个技术人员都要学习电工与电子技术的知识。许多工程技术问题，如物理量的测量、数据的运算与处理等，都广泛地采用电子技术。同时生产的需要又将推动测量技术、计算技术及自动控制技术的迅速前进，电测技术的应用日益增多。在房屋建筑、水利水电工程、桥梁、隧道等施工中，经常使用的起重机、皮带运输机以及搅拌机都是用电动机来驱动的，作为工程技术人员必须能正确选择和使用这些设备。在建筑设计中还应全面地考虑配电系统的布局、照明的配置、建筑防雷以及电梯等。此外，在进行工程结构的设计和研究中，验证设计理论、选定设计方案、鉴定工程质量等的使用都离不开电工与电子技术的相关知识。

电工与电子技术，应用于"中国制造2025"，从中国制造到中国智造，我国自主研发制造的C919大型客机，在装备制造业、新能源、新材料、新医药等产业中，发挥着独特的基础作用。在机场航站楼、港口码头、火车站安检口、售票口、出入口、动车组等均离不开电工与电子技术的支持。建设美丽中国，保护绿色生态环境，打好防治污染攻坚战，需要的远程控制、遥感信息等都需要用电来控制。在产业、教育、医疗等精准脱贫、精准扶贫事业中，在国防，共商、共建、共享发展"一带一路"，实施产能合作，基础设施，工业园区，电脑大数据，云计算，以及物流业也都要有电的支持。

实现电工电子技术与人工智能技术的有机结合，以这一战略平台为基础，可构成应用于交通运输、医疗卫生、教育教学、办公设施以及社会生活门类齐全的超大系统。电工电子技术融入"互联网+"，充满着无限发展的空间，用智慧教育建树创新意识和思维能力，实现效率效能双驱动，在更大坐标系内培树人才，服务经济社会发展。电工电子技术也融入百姓日常生活的必需品及各式家电中，如空调、电冰箱、洗衣机、电视机、微波炉、电饭煲和手机等。

电工与电子技术在火箭、火炮、深海探测、高端产业中，充分发挥其不可替代的作用。电工与电子技术是基础工业（运输、铁路、冶金、化工、机械等）必不可少的支持技术，也是电力工业（能源、电力、电工制造）、高新技术（生物、光学、半导体、卫星、空间站、核弹、导弹等）必不可少的组成部分。在农业生产的现代化进程中，电力也是其主要动力。大型农场的机械化、自动化播种、收割、储藏和加工以及农业水利设施的修建和农田的自动灌溉等都离不开电工与电子技术。

电能的开发与利用，电工与电子科学技术的进步，在国民经济的发展及人民生活水平提高的过程中起到了重要的促进作用，在开拓新科学技术领域及促进新学科发展中将做出更大的贡献。

纵观上述，对于这些产业来说，它们始于或源于电工与电子技术，服务于各领域，包罗万象，密不可分。电工与电子技术的意义已远远超越其自身而达天下。

二、电工与电子技术课程的性质及学习的重要性

电工与电子技术（电工学）是研究电磁理论、电磁现象的自然规律在工程技术上应用的一门科学。关于电工技术和电子技术的理论及其应用，其研究范围十分广泛，涉及的学科内容很多，与其他学科结合或向其他学科渗透，可不断促进这些学科的发展和开拓出学科的新领域。

"电工与电子技术"课程是高等学校非电工程专业学生开设的一门必修的技术基础课，是专业先导课，是一门独立学科。它是培养专业基础扎实、知识面宽、能力强、素质高的高技术复合型人才所必需的课程，是提高工科院校非电类专业学生素质教育的重要环节。

作为技术基础课程，它具有基础性、应用性和先进性。基础性是指现代科技与电密切相关，是学习后续课程的基础；应用性是指课程内容要理论联系实际，建立系统概念，重视实验技能的训练；先进性是指"电工与电子技术"课程和体系随着电工技术和电子技术的发展不断更新，日新月异。

课程目标是使学生通过"电工与电子技术"课程的学习，能够掌握电工技术和电子技术必要的基本理论、基本知识、基本技能和电路分析的基本方法；能够运用常用电工仪表，进行电路测量；能够根据要求设计简单的电路；初步具备理工科的思维方式方法，具有对生活用电中的常见问题进行分析的能力。学习"电工与电子技术"课程能够培养分析问题和解决

问题的能力，了解电工与电子技术领域的新技术、新知识；结合实践教学环节，提高实际用电技术的能力，进一步懂得电工电子技术对科技发展和社会进步的影响，为学习后续的专业课程以及从事与本专业有关的工程技术工作打好必要的基础。

所有非电专业的工程技术人员和科研人员都必须掌握一定的电工与电子技术方面的知识，在工程实践及日常生活中能够运用科学的观点和所学的电学知识解决问题，为相关学科和专业的发展起一个推动的作用，以便掌握与此相关的先进技术，适应经济社会和科学技术的发展。

三、学习电工与电子技术课程的方法

在"电工与电子技术"课程的学习过程中，教材内容、演算习题及进行实验是三个主要教学环节，都要给予充分的重视。同时，要注意培养自学能力，这样才能掌握课程内容，并为将来在工作中进一步学习打好基础。

学好"电工与电子技术"课程，课堂教学是获取知识最快、最有效的学习途径。因此，学生们应认真听课，积极思考，注意各部分内容之间的联系，深入钻研，主动学习，努力培养自学能力，以建立完整的系统概念。从而理解电路的基本理论、工作原理，学会电路的基本分析方法，了解基本电路的实际应用。

习题是培养学生分析问题和解决问题能力的重要手段，也是学生检查自学情况的一面镜子，演算习题是学会分析方法和计算方法的必要途径，是深入理解基本理论、培养分析和解决实际问题能力的关键所在。通过认真做习题，参加测验、考试，反复练习，能帮助学生掌握电工与电子技术知识。要独立解题，并验证计算结果，以便加深对课程相关概念的理解。

"电工与电子技术"是实践性极强的课程，实验是培养学生基本技能的主要环节，在教学过程中占有重要的地位。通过实验验证和巩固所学理论，能够训练学生的科学实验技能，发现和创造新的实用电路，培养严谨求实的科学作风。学校应保证实验学时和创造较好的实验条件，使学生有充分实践的机会。同时，教师通过演示、实物教学等环节，加深学生对电路中概念的理解。学生在学习过程中要注意理论联系实际，对教材中有关实际应用方面的内容，要认真思考，以培养分析、解决实际问题的能力。实验前要充分预习和认真准备，自觉地学习电工仪表、电子仪器等设备的使用方法和测取分析实验数据，以培养实验技术和动手能力。实验中要积极思考，亲自动手，严肃认真地完成实验的每一个步骤。实验后要对实验现象和实验数据认真整理分析，及时编写出完整的实验报告。

四、本教材的结构和内容

电工与电子技术为学生提供电工与电子技术理论知识和实际工作技能。本教材理论体系完整，各部分内容有机地联系在一起，包括电工技术和电子技术两大部分。电工技术包括电路理论、电机与继电接触控制两部分内容，电子技术主要介绍模拟电子电路。电路理论主要讲述基本电路元件的性质、电路的基本定律和基本分析、计算方法。即对直流电路、正弦交流电路、三相电路和暂态电路进行分析和计算，是整个课程的理论基础。电机和控制部分主要讲述常用的变压器、电动机和低压电器的基本工作原理、外部特性、使用方法及继电接触控制电路，即对直接启停控制、正反转控制、顺序控制、行程控制和时间控制电路的结构、

原理和应用等进行详细的讨论。电子技术讲述有关的电子元器件、运算放大器的性能和电子电路基本环节的工作原理及其应用，即对二极管整流滤波稳压电路，三极管交流和直流放大电路，射极输出器，运算放大器的线性、非线性应用等电路的结构、原理及应用进行分析、研究。每章都选用了典型的例题和习题。

第 1 章

电路的基础知识和基本定律

在现代工业、农业、国防和科学技术各个行业中,电能的应用愈来愈广泛。我们每天都要和"电"打交道。通过电动机的转动、电炉的发热和电灯的发光及各种电工仪表的指示,我们都可感觉到"电"的存在。

本章主要介绍电路的组成作用和状态、电路的基本物理量及其参考方向、电功和电功率、电阻及其连接形式、基尔霍夫定律的概念和计算等,是分析与计算电路的基础。

1.1 电路的基本概念

一、电路的组成

电路是由各种电气设备按一定方式连接起来的整体,它提供了电流流通的路径。在电路中随着电流的流动,进行着不同形式能量之间的转换。图 1-1 所示的电路是手电筒的电路模型。电源、负载和中间环节是电路的基本组成部分。

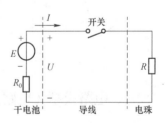

图 1-1 手电筒的电路模型

电源是将非电能转换成电能的装置,是电路中能量的来源,是推动电流运动的源泉,在它的内部进行着由非电能到电能的转换。常用电源有发电机、蓄电池和信号源等。发电机将热能、水能、风能或原子能等转换成电能,蓄电池和干电池将化学能转换成电能。在图 1-1 手电筒的电路模型中,干电池为电源。

负载是将电能转换成非电能的装置,是电路中的受电器,是取用电能的装置,在它的内部进行着由电能到非电能的转换。常用负载有电动机、电炉和电灯等。电动机将电能转换成机械能,电炉将电能转换成热能,电灯将电能转换成光能。在图 1-1 手电筒的电路模型中,电珠为负载。

中间环节是把电源与负载连接起来的部分,起传递、分配和控制电能或电信号的作用。通过控制和保护装置,来控制电路的通断并保护电路的安全,使电路能够正常工作,如开关、继电器和熔断器等。在图 1-1 手电筒的电路模型中,开关和连接导线是中间环节。

通常电源或信号源的电压或电流称为激励,它推动电路工作。由激励产生的电压和电流称为响应,负载上的电压和电流称为响应。负载的大小常用其取用功率的大小来衡量。

二、电路的作用

电路按其作用可以分为两类：一类是为了实现电能的传输、分配与转换，这类电路称为电力电路（指常用于电力及一般用电系统中的电路）。如图1-2电力电路框图所示，发电机组将其他形式的能量转换成电能，经变压器、输电线传输到各用电部门，在负载端，把电能转换成光能、机械能或热能等其他形式的能量加以利用。电路中，发电机为电源；变压器和输电线是中间环节，起传递、分配和控制电能的作用；电灯、电动机和电炉为负载。这类电路电压高，电流和功率较大，常称为"强电"电路，一般要求在传输和转换过程中尽可能地减少能量损耗以提高效率。

另一类电路是为了实现信号（语言、音乐、文字、图像、温度和压力等）的传递和处理，称为信号电路。这类电路在电子技术、电子计算机和非电量电测中广泛应用。在收音机和电视机等电路中，一般采用如图1-3所示框图结构，对声音信号进行放大和处理。图中，话筒为信号源，在其内部把声音信号转换为电信号；放大器为中间环节，其作用是对来自话筒的电信号进行放大、调谐和检波等处理；扬声器是负载，把经过放大器放大的电信号转换成放大的声音信号输出。收音机和电视机的电路中，除了声音信号处理外，还包括对图像信号扫描和对文字信号显示处理等许多功能。在这类电路中，虽然也有能量的传输和转换问题，但其电压低，电流和功率很小，一般所关心的是信号传递的质量，如要求不失真、准确、灵敏和快速等，常称为"弱电"电路。

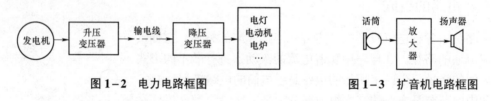

图1-2 电力电路框图　　　　　　图1-3 扩音机电路框图

三、电路模型（电路图）

实际的电路器件在工作时的电磁性质是比较复杂的，不是单一的。例如白炽灯和电阻炉，在通电工作时能把电能转换成热能，消耗电能，具有电阻的性质，但其电压和电流还会产生电场和磁场，故也具有储存电场能量和磁场能量即电容和电感的性质。在电路的分析和计算中，如果对一个器件要考虑所有的电磁性质，将是十分困难的。为此，对于组成实际电路的各种器件，我们忽略其次要因素，只抓住其主要电磁特性，使之理想化。例如，白炽灯可用作只具有消耗电能的性质，而没有电场和磁场特性的理想电阻元件来近似表征；一个电感线圈可用作只具有储存磁场能量性能，没有电阻及电容特性的理想电感元件来表征。

为了便于用数学方法分析电路，一般要将实际电路模型化，用足以反映其电磁性质的理想电路元件或其组合来模拟实际电路中的器件，从而构成与实际电路相对应的电路模型。这种由一个或几个具有单一电磁特性的理想电路元件所组成的电路就是实际电路的电路模型（电路图）。今后分析的都是指电路模型，简称电路。如图1-1所示的手电筒电路模型中，各种电路元件都用规定的理想电路元件的图形符号表示。

电路模型中，主要有5种基本的理想电路元件——电阻元件、电感元件、电容元件和电源（包括电压源和电流源）元件。电阻元件是表示消耗电能的元件。电感元件是表示产生磁场，储存磁场能量的元件。电容元件是表示产生电场，储存电场能量的元件。电压源和电流源是表示将其他形式的能量转变成电能的元件。

四、电路的状态

1. 开路（断路）

开路是指电路中有一处或多处断开，电路中无电流通过，电源不输出电能，处于空载状态。如图 1-4 所示的开路状态电路中，开关断开时，电路处于开路状态。

电路处于开路状态时的特征：开路处的电流等于零，即 $I=0$，电源端电压（开路电压）$U=U_0=E$，负载功率 $P=0$。

2. 通路（闭路）

通路是指电路各部分连接成闭合回路，有电流通过，电气设备或元器件获得一定的电压和电功率，进行能量转换。如图 1-5 所示的通路状态电路中，开关闭合，电路处于通路状态，电源的状态称为有载工作状态。电路处于通路状态时，电源产生的电功率应该等于电路各部分消耗的电功率之和，即功率平衡。

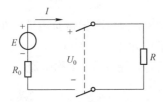
图 1-4 开路状态的电路

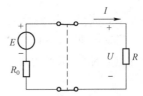
图 1-5 通路状态的电路

电路处于通路状态时的特征如下：

（1）电压电流关系。电流的大小由负载决定，$I=\dfrac{E}{R_0+R}$，负载端电压为 $U=RI$ 或 $U=E-R_0I$。

（2）功率与功率平衡。电源输出的功率由负载决定，$UI=EI-R_0I^2$，即 $P=P_E-\Delta P$，式中，P 为负载取用的功率，P_E 为电源产生的功率，ΔP 为内阻消耗的功率。

例 1-1　一只 220 V、60 W 的白炽灯，接在 220 V 的电源上，试求通过白炽灯的电流和白炽灯在 220 V 电压下工作时的电阻。

解：通过白炽灯的电流为

$$I=\frac{P}{U}=\frac{60}{220}=0.273\,(\text{A})$$

白炽灯在 220 V 电压下工作时的电阻为

$$R=\frac{U}{I}=\frac{220}{0.273}=806\,(\Omega)$$

3. 短路

电源两端或电路中某些部分被导线直接相连时，电路处于短路状态。如图 1-6 所示的短

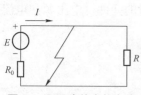

图1-6 短路状态的电路

路状态电路中,电源的两端被短路线连接,此时电流不再流过负载,而直接经短路连接点流回电源,电路处于短路状态。

电路短路处的电源端电压等于零,即 $U=0$,电流 $I=I_{\mathrm{S}}=\dfrac{E}{R_0}$ 为短路电流(很大),电源产生的功率 P_{E} 全被内阻消耗掉,$P_{\mathrm{E}}=\Delta P=R_0 I^2$,负载功率 $P=0$。

短路时电流很大,会损坏电源和电气设备,是一种严重事故,应当尽量避免。通常应在电路中安装熔断器、保险丝等保险装置,以避免发生短路时出现不良后果。

有时由于某种需要,会人为地将电路中的某一段短路,常称为短接或工作短路。

1.2 电路的基本物理量

电路的特性是由电流、电压和电功率等物理量来描述的。电路分析的基本任务是计算电路中的电流、电压和电功率。

一、电流

带电粒子(电子、离子)定向移动形成电流。电子和负离子带负电荷,正离子带正电荷。电荷用符号 q 或 Q 表示,它的国际单位制(SI)单位为库[仑](C)。

单位时间内通过电路中导体横截面的电荷定义为电流强度,简称电流,用符号 i 或 I 表示,其数学表达式为

$$i=\frac{\mathrm{d}q}{\mathrm{d}t} \tag{1-1}$$

电流的 SI 单位是安[培](A),工程上有千安(kA)和兆安(MA)。习惯上,我们规定正电荷运动的方向或负电荷运动的相反方向为电流的实际方向。

与电流有关的几个名词。量值和方向均不随时间变化的电流,称为恒定电流,即直流电流,一般用大写字母 I 表示。量值和方向随时间变化的电流,称为时变电流,一般用小写字母 i 表示。时变电流在某一时刻 t 的值 $i(t)$,称为瞬时值。量值和方向做周期性变化且平均值为零的时变电流,称为交流电流。电流测量时需将电流表或万用表串联在被测量的电路中。

在分析电路时,往往不能事先确定电流的实际方向,而且时变电流的实际方向又随时间不断变动,不能够在电路图上标出适合于任何时刻的电流实际方向。为了电路分析和计算的需要,可以预先假定一个电流方向,称为电流的参考方向(也称为正方向),并用箭头标在电路图上。然后根据所假定的电流参考方向列写电路方程求解。如果计算结果为正,则表示电流的实际方向和参考方向相同;如果计算结果为负,则表示电流的实际方向和参考方向相反。根据电流的参考方向以及电流量值的正负,就能确定电流的实际方向。因此,在参考方向选定之后,电流之值才有正负之分。

例如在图1-7二端元件中,每秒钟有2C正电荷由 a 点移动到 b 点。当规定电流参考方向由 a 点指向 b 点时,该电流 $i=2$ A,如图1-7(a)所示;若规定电流参考方向由 b 点指向

a 点时，则电流 $i=-2\,\text{A}$，如图 1-7（b）所示。若采用双下标字母表示电流参考方向，则表示为 $i_{ab}=2\,\text{A}$ 或 $i_{ba}=-2\,\text{A}$。

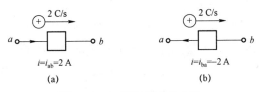

图 1-7 二端元件中的电流
(a) $i=i_{ab}=2\,\text{A}$；(b) $i=i_{ba}=-2\,\text{A}$

电路中任一电流有两种可能的参考方向，当对同一电流规定相反的参考方向时，相应的电流表达式相差一个负号，即

$$i_{ab}=-i_{ba}$$

今后，在分析电路时，必须事先规定电流变量的参考方向。所计算出的电流 $i>0$，表明该时刻电流的实际方向与参考方向相同；若电流 $i<0$，则表明该时刻电流的实际方向与参考方向相反。

二、电压

电荷在电路中移动，就会有能量的交换发生。单位正电荷由电路中 a 点移动到 b 点时电场力所做的功，称为 a 和 b 两点间的电压，即

$$u=\frac{\mathrm{d}w}{\mathrm{d}q} \qquad (1-2)$$

式中，$\mathrm{d}q$ 为由 a 点移动到 b 点的电荷量，单位为库［仑］（C）；$\mathrm{d}w$ 为电荷移动过程中所获得或失去的能量，其单位为焦［耳］（J）；电压的单位为伏［特］（V），有时用毫伏（mV）和千伏（kV）表示。$1\,\text{mV}=10^{-3}\,\text{V}$，$1\,\text{kV}=10^{3}\,\text{V}$。两点之间的电压值等于两点电位之差。

与电压有关的名词。量值和方向均不随时间变化的电压，称为恒定电压或直流电压，一般用大写字母 U 表示。量值和方向随时间变化的电压，称为时变电压，一般用小写字母 u 表示。时变电压在某一时刻 t 的值 $u(t)$，称为瞬时值。量值和方向做周期性变化且平均值为零的时变电压，称为交流电压。

电压的实际方向为在电场力作用下正电荷移动的方向，是从高电位点指向低电位点，即指向电位降低的方向。将高电位称为正极，低电位称为负极。电压的测量方法是将电压表或万用表并联在被测量的电路中。

与电流类似，电路中各电压的实际方向或极性往往不能事先确定，在分析电路时，必须先设定电压的参考方向或参考极性，用箭头表示，或用"＋"号和"－"号分别标注在电路图的两端点附近，也可以用电压的符号 U 加双下标字母表示电压的参考方向。

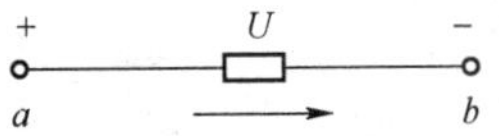

如图 1-8 所示，a 和 b 两点间的电压 U_{ab}，它的参考方向是由 a 点指向 b 点，也就是说 a 点的参考极性为"＋"，b 点的参考极性为"－"。如果参考方向选为由 b 点指向 a 点，则为 U_{ba}，$U_{ab}=-U_{ba}$。若计算出的电压 $U_{ab}>0$，表明该时刻电压的实际方向

图 1-8 电压参考方向的表示

与参考方向相同,即 a 点的电位比 b 点电位高;若电压 U_{ab}<0,表明该时刻电压的实际方向与参考方向相反,即 a 点的电位比 b 点电位低。

三、电位

在电场内将单位正电荷从某点移至无穷远处电场力所做的功称为该点的电位,单位为伏特(V)。电路中 A 点的电位用 V_A 表示。通常选取电路的某一点(例如接地点)作为电位的参考点,用符号"⊥"表示,设电位参考点的电位为零。电路中任一点的电位等于该点到电位参考点的电压。在工程计算中,有时将"接地的设备机壳"或"很多元件汇集的公共点"作为电位参考点。

值得注意,在一个电路中,如果某点电位为正,说明该点电位比参考点电位高;某点电位为负,说明该点电位比参考点电位低。正数值越大则电位越高,负数值越大则电位越低。在同一个电路中,选择不同的电位参考点,电路中各点的电位也会发生变化,但任何两点间的电压值是不变的。电路中某点的电位与计算时选择的路径无关。如果指定某一点为电位参考点,则其他各点的电位才可用数值来表示其高低,且电位值是唯一的(即电位的单值性)。

在分析电子电路时,经常应用电位的概念。例如,在讨论晶体管的工作状态时,要分析各个电极电位的高低。借助电位的概念也可以简化电路图。如图 1-9(a)所示的电路图,可以等效为用电位表示的简化电路图 1-9(b)。电位的测量方法是将参考点的电位规定为"0",采用电压表,并且测量时注意区分正负电位。

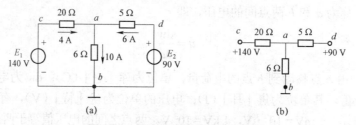

图 1-9 用电位表示的简化电路图
(a)原电路;(b)简化电路

电位的计算步骤:(1)任选电路中某一点为电位参考点,设其电位为零;(2)标出各支路电流的参考方向并计算;(3)计算各点至电位参考点间的电压即为各点的电位。

例 1-2 电路如图 1-9(a)所示,(1)设 a 点为电位参考点,计算各点的电位 V_a、V_b、V_c、V_d 和电压 U_{ab}、U_{cb}、U_{db}。(2)设 b 点为电位参考点,计算同(1)。

解:(1)设 a 点为电位参考点,即 $V_a=0$(V),则

$V_b=U_{ba}=-6×10=-60$(V),$V_c=U_{ca}=20×4=80$(V),$V_d=U_{da}=5×6=30$(V),

$U_{ab}=6×10=60$(V),$U_{cb}=E_1=140$(V),$U_{db}=E_2=90$(V)。

(2)设 b 点为电位参考点,即 $V_b=0$(V),则

$V_a=U_{ab}=6×10=60$(V),$V_c=U_{cb}=E_1=140$(V),$V_d=U_{db}=E_2=90$(V),

$U_{ab}=6×10=60$(V),$U_{cb}=E_1=140$(V),$U_{db}=E_2=90$(V)。

由此看出,电路中电位参考点选择不同,所有点的电位都随之变化,但是任何两点之间的电压是不变的。

例 1-3 电路如图 1-10（a）所示，（1）电位参考点在哪里？画电路图表示出来。（2）当电位器 R_P 的滑动触点向下滑动时，A、B 两点的电位 V_A 和 V_B 是增高了还是降低了？

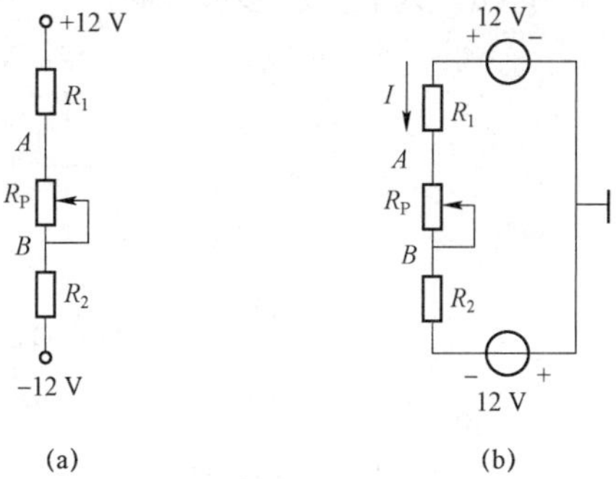

解：（1）图 1-10（a）电路中，电位参考点为上边 +12 V 电源的"－"端与下边 –12 V 电源的"＋"端的连接处，电路图如图 1-10（b）所示。

（2）电路图 1-10（b）中，根据电流 I 的参考方向，A 点和 B 点的电位分别为

$$V_A = -R_1 I + 12, \quad V_B = R_2 I - 12$$

当电位器 R_P 的滑动触点向下滑动时，R_P 的电阻值增加，回路中的电流 I 减小，所以 A 点电位增高，B 点电位降低。

图 1-10 例 1-3 的电路

四、电动势

电源电动势表征电源中外力（又称非静电力）做功的能力，大小等于外力克服电场力把单位正电荷从负极移到正极所做的功，单位是伏特（V）。电动势的方向规定为在电源内部由负极指向正极，即指向电位升高的方向。

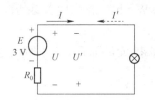

图 1-11 电源电动势、电压和电流的参考方向

如图 1-11 所示的电路，电源电动势 $E = 3$ V，方向由负极 ⊖ 指向正极 ⊕；电源两端的电压 U 的参考方向由 ⊕ 指向 ⊖，$U = 2.8$ V，则 U 的实际方向与参考方向相同；电压 U' 的参考方向如图所示，$U' = -2.8$ V，则 U' 的实际方向与参考方向相反，即：$U = -U'$。电流 $I = 0.28$ A，则 I 的实际方向与参考方向相同；电流 $I' = -0.28$ A，则 I' 的实际方向与参考方向相反，即：$I = -I'$。电路基本物理量的实际方向如表 1-1 所示。

表 1-1 电路基本物理量的实际方向

物理量	实际方向	单位
电流 I	正电荷运动的方向	kA、A、mA、μA
电压 U	高电位→低电位（电位降低的方向）	kV、V、mV、μV
电动势 E	低电位→高电位（电位升高的方向）	kV、V、mV、μV

五、参考方向的分类

为了电路分析和计算的方便，常采用电压电流的关联参考方向。在分析电路时，假定电流参考方向与电压参考方向一致，称之为关联参考方向（也就是说，当电压的参考极性已经规定时，电流的参考方向从"＋"指向"－"）。若假定电流参考方向与电压参考方向相反，称之为非关联参考方向。

对于二端元件而言，电压的参考极性和电流参考方向的选择有四种可能的方式。如图 1-12 所示的二端元件电压和电流参考方向，图（a）和图（b）为关联参考方向，图（c）

和图（d）为非关联参考方向。

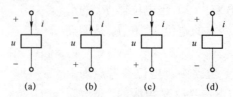

图 1-12 二端元件电压和电流的参考方向

(a)、(b) 关联参考方向；(c)、(d) 非关联参考方向

1.3 电功和电功率

一、电功

电功是指在时间 t 内电荷受电场力作用从 A 点经负载移到 B 点，电场力所做的功，即 t 时间内所消耗（或吸收）的电能

$$W = QU = UIt \tag{1-3}$$

国际单位制下，电功的单位是焦耳（J），也用千瓦时（kW·h，俗称度）表示，$1\ kW·h = 1\ 000\ W \times 3\ 600\ s = 3.6 \times 10^6\ J$。

例 1-4 额定功率 120 W 的彩色电视机，每千瓦时的电费为 0.45 元，问工作 5 小时的电费为多少元？

解：电费 $= 0.45 \times 120 \times 10^{-3} \times 5 = 0.27$（元）。

例 1-5 有一功率为 60 W 的电灯，每天使用它照明的时间为 4 小时，如果平均每月按 30 天计算，那么每月消耗的电能为多少度？相当于多少焦耳？

解：该电灯平均每月的工作时间 $t = 4 \times 30 = 120$（h），则

$$W = Pt = 60 \times 10^{-3} \times 120 = 7.2\ (kW·h) = 7.2\ (\text{度})$$
$$= 3.6 \times 10^6 \times 7.2 = 2.6 \times 10^7\ (J)$$

即每月消耗的电能为 7.2 度，相当于 2.6×10^7 焦耳。

二、电功率

电功率（简称功率）所表示的物理意义是电路元件或设备在单位时间内吸收或发出的电能。即

$$P = \frac{W}{t} = UI = RI^2 = \frac{U^2}{R} \tag{1-4}$$

功率的国际单位制单位为瓦特（W），常用的单位还有毫瓦（mW）和千瓦（kW）等。$1\ mW = 10^{-3}\ W$，$1\ kW = 10^3\ W$。

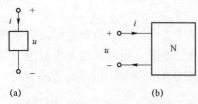

图 1-13 二端元件和二端网络
(a) 二端元件；(b) 二端网络

如图 1-13 所示的二端元件和二端网络，电压 u 和电

流 i 采用关联参考方向,二端元件或二端网络的功率为 $p=ui$。如果电压 u 和电流 i 采用非关联参考方向,则功率 $p=-ui$。

某个元件(或某段电路)的电流和电压参考方向确定以后,电流和电压的值可正可负,因此,功率是一个代数量。把电流和电压的正负值代入以上公式,当计算出的功率值为正,即 $p>0$ 时,表示该元件(该段电路)吸收功率(即消耗电能或吸收电能),是负载(此时,电流与电压的实际方向相同,电流从"−"端流出);当计算出的功率值为负,即 $p<0$ 时,表示该元件(该段电路)输出功率(即送出电能),相当于电源(此时,电流与电压的实际方向相反,电流从"+"端流出)。

依据能量守恒定律,对于一个完整的电路来说,在任一时刻,所有元件吸收功率的总和必须等于零。若电路由 b 个二端元件组成,且每个二端元件电压和电流全部采用关联参考方向,则

$$\sum_{k=1}^{b} u_k i_k = 0 \qquad (1-5)$$

二端元件或二端网络从 t_0 到 t 时间内吸收的电能为

$$W(t_0,t)=\int_{t_0}^{t} p(\xi)\,\mathrm{d}\xi=\int_{t_0}^{t} u(\xi)i(\xi)\,\mathrm{d}\xi \qquad (1-6)$$

例 1−6 额定电压 220 V、电流 5 A 的电炉功率为多大?
解:$P=UI=220\times 5=1\,100$(W)。

例 1−7 在图 1−14 所示的电路中,已知 $U_1=1$ V,$U_2=-6$ V,$U_3=-4$ V,$U_4=5$ V,$U_5=-10$ V,$I_1=1$ A,$I_2=-3$ A,$I_3=4$ A,$I_4=-1$ A,$I_5=-3$ A。试求:(1)各二端元件的功率;(2)整个电路吸收的功率。

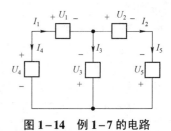

图 1−14 例 1−7 的电路

解:(1)各二端元件的功率

$$P_1=U_1I_1=1\times 1=1\text{(W)} \qquad \text{(吸收功率)}$$

$$P_2=U_2I_2=(-6)\times(-3)=18\text{(W)} \qquad \text{(吸收功率)}$$

$$P_3=-U_3I_3=-(-4)\times(4)=16\text{(W)} \qquad \text{(吸收功率)}$$

$$P_4=U_4I_4=5\times(-1)=-5\text{(W)} \qquad \text{(发出功率)}$$

$$P_5=-U_5I_5=-(-10)\times(-3)=-30\text{(W)} \qquad \text{(发出功率)}$$

(2)整个电路吸收的功率

$$\sum_{k=1}^{5} P_k = P_1+P_2+P_3+P_4+P_5 = 1+18+16+(-5)+(-30)=0\text{(W)}$$

由上可知整个电路功率平衡。

三、电气设备的额定值和工作状态

各种电气设备在工作时,其电压、电流及功率等都有一个额定值。额定值是制造厂为了使产品能在给定的工作条件下正常运行而规定的正常允许值。额定值反映电气设备的使用安全性,表示电气设备的使用能力。额定值的表示方法是在表示某一物理量的文字符号的右下角标加大写字母 N,如 I_N、U_N 和 P_N 分别表示额定电流、额定电压和额定功率。电气设备或

元件的额定值常标在铭牌上（如电动机、变压器和电冰箱的铭牌），也可以直接标在该产品上（如电灯泡、电阻等），或从产品目录中查到（如半导体元器件），使用时应充分考虑额定数据。额定电压是指电气设备或元器件所允许施加的最大电压。额定电流是电气设备或元器件允许长期通过的最大电流。额定功率是在额定电压和额定电流下消耗的功率，即允许消耗的最大功率。

电气设备工作时的实际值（电压、电流和功率）不一定都等于其额定值。电气设备的工作状态是由电路中负载的大小决定的。有如下几种状态：

（1）额定工作状态，是指电气设备或元器件在额定功率下的工作状态，即实际值都等于额定值，$I=I_N$，$P=P_N$，也称满载状态，此时最经济合理和安全可靠。

（2）轻载（欠载）状态，是指电气设备或元器件在低于额定功率下的工作状态，即实际功率或电流小于额定值，$I<I_N$，$P<P_N$。轻载时电气设备利用率低，不经济或无法正常工作。

（3）空载状态，是指电气设备没有工作，功率为零。

（4）过载（超载）状态，是指电气设备或元器件在高于额定功率下的工作状态，即实际功率或电流大于额定值，$I>I_N$，$P>P_N$。过载时电气设备很容易被烧坏或造成严重事故。

因此，在生产实践中，如何有效地管理和利用电气设备是电气工程师和管理人员需要考虑的问题。

例1-8 标有100 Ω、4 W的电阻，如果将它接在20 V或40 V的电源上，能否正常工作？

解：额定功率为4 W，若电阻消耗的功率超过4 W就会产生过热现象甚至烧毁。

（1）在20 V电源作用下时

$$P = \frac{U^2}{R} = \frac{20^2}{100} = 4 \text{（W）}$$

$P=P_N$，可以正常工作。

（2）在40 V电源作用下时

$$P = \frac{U^2}{R} = \frac{40^2}{100} = 16 \text{（W）}$$

实际功率远大于额定值（$P \gg P_N$），此时极易烧毁电阻使其不能正常工作。

1.4 电阻及电阻的连接形式

理想电路元件包括电阻、电感、电容和电源。其中电阻、电感和电容为无源元件，电源为有源元件。本节讨论电阻元件。

一、电阻

电阻元件简称为电阻，是实际电阻器的理想化模型。电流通过导体时对电流的阻碍作用称为电阻，电阻的单位为欧姆（Ω）。在温度不变的情况下，一段导体的电阻R与导体的长度L成正比，与导体的横截面积S成反比，其关系式为

$$R = \rho \frac{L}{S} \tag{1-7}$$

式中，ρ 为导体的电阻率，单位为欧姆·米（$\Omega \cdot m$）。

对于电阻，根据其阻值是否变化分为线性电阻和非线性电阻。线性电阻是指电阻值不随电压和电流变化，是常数，在电工技术中应用较多。电路中端电压与电流的关系称为伏安特性。线性电阻的伏安特性是一条通过原点的直线。非线性电阻是指电阻值随电压或电流变化，在半导体元件组成的电子电路中多为非线性电阻。

电流通过电阻要产生热效应，表明电阻元件里发生了电能变换为热能的物理过程。电阻中能量的转换是不可逆的，电阻是耗能元件。

电阻的额定值通常用电阻值和功率表征。在生产实际中使用的电阻的结构大致分为这几类：贴片电阻，体积小、质量轻、可靠性高；碳膜电阻，阻值范围宽、价格低廉；金属膜电阻，稳定性高、精度高；线绕电阻，功率大。在测力传感器的输入端，常用贴片电阻把压力信号转变为对应的电阻值输出。线绕电阻常应用在大功率的电力电路中。

图 1-15 所示的电阻电路，电压 u 和电流 i 选取关联参考方向，电压和电流的关系服从欧姆定律

$$u = Ri \tag{1-8}$$

当电压 u 和电流 i 选取非关联参考方向，即电压 u 和电流 i 的参考方向相反时，欧姆定律的表达式为

$$u = -Ri \tag{1-9}$$

欧姆定律表达式中有两套正负号：式前的正负号由电压和电流参考方向的关系确定；电压和电流本身的正负号说明其实际方向与参考方向之间的关系。注意，欧姆定律只适用于线性电阻的电压和电流关系。

例 1-9 根据图 1-16（a）、（b）所示电路，分别列出欧姆定律表达式，并根据欧姆定律表达式分别求电阻 R 的值。

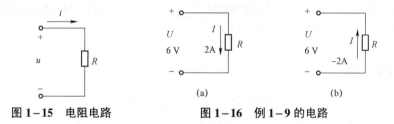

图 1-15 电阻电路　　　图 1-16 例 1-9 的电路

解：图 1-16（a）中，电压 U 和电流 I 为关联参考方向，欧姆定律表达式为 $U = RI$，所以

$$R = \frac{U}{I} = \frac{6}{2} = 3 \;(\Omega)$$

图 1-16（b）中，电压 U 和电流 I 为非关联参考方向，欧姆定律表达式为 $U = -RI$，所以

$$R = -\frac{U}{I} = -\frac{6}{-2} = 3 \;(\Omega)$$

公式前的负号，表示电压与电流的参考方向相反。电流的值为负，表示其实际方向与参考方向相反。

二、电阻的串联

在实际电路中,常应用电阻的串并联来得到所需要的电阻值及进行分压和分流等。把多个电阻元件逐个顺次连接起来,就组成了串联电路,如图 1-17 所示为三个电阻串联及等效电阻电路。

图 1-17(a)所示电阻的串联,可用一个等效电阻 R 来代替,如图 1-17(b)所示。等效的条件是在同一电压 U 的作用下电流 I 保持不变。等效电阻

$$R = R_1 + R_2 + R_3 \tag{1-10}$$

电压关系为

$$U = U_1 + U_2 + U_3 \tag{1-11}$$

电阻电路的分压关系:电阻串联时,各电阻分配的电压与其电阻值成正比。图 1-18 所示的两个电阻串联电路,各电阻上的电压分别为

$$U_1 = R_1 I = \frac{R_1}{R_1 + R_2} U \tag{1-12}$$

$$U_2 = R_2 I = \frac{R_2}{R_1 + R_2} U \tag{1-13}$$

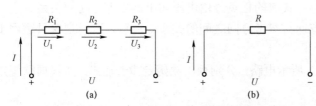

图 1-17 电阻的串联及等效电阻

(a)电阻的串联;(b)等效电阻

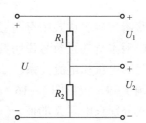

图 1-18 两个电阻串联电路

三、电阻的并联

把多个电阻的首端接在一起,末端也接在一起,即将多个电阻连接在两个公共的节点之间,就组成了并联电路,如图 1-19 所示为三个电阻并联及等效电阻电路。

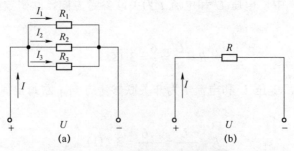

图 1-19 电阻的并联及等效电阻

(a)电阻的并联;(b)等效电阻

图 1-19（a）所示电阻的并联，可用一个等效电阻 R 来代替，如图 1-19（b）所示，等效电阻的倒数

$$\frac{1}{R} = \frac{1}{R_1} + \frac{1}{R_2} + \frac{1}{R_3} \quad (1-14)$$

即代替三个电阻作用的等效电阻 R 的倒数等于各个并联电阻的倒数之和。

电压关系为

$$U = U_1 = U_2 = U_3 \quad (1-15)$$

电流关系为

$$I = I_1 + I_2 + I_3 \quad (1-16)$$

电阻电路的分流关系：电阻并联时，各电阻分配的电流与其电阻值成反比。图 1-20 所示电路，两个并联电阻中的电流分别为

$$I_1 = \frac{U}{R_1} = \frac{R_2}{R_1 + R_2} I \quad (1-17)$$

$$I_2 = \frac{U}{R_2} = \frac{R_1}{R_1 + R_2} I \quad (1-18)$$

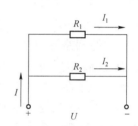

图 1-20 两个电阻并联电路

电阻并联可实现分流或调节电流的作用。一般负载都是并联运用的，它们处于同一电压下，任何一个负载的工作情况基本上不受其他负载的影响。

并联的负载越多，则总电阻越小，电路中总电流和总功率也越大。但是每个负载的电流和功率却没有变动。

四、直流电桥

电桥电路的作用是把电阻应变片的电阻变化率 $\Delta R/R$ 转换成电压输出，然后提供给放大电路放大后进行测量。一般地，被测量者的状态量是非常微弱的，必须用专门的电路来测量这种微弱的变化，最常用的电路就是各种电桥电路，主要有直流电桥电路和交流电桥电路。

电桥电路是由 4 个二端元件接成四边形形成的电路结构。各边称为电路的桥臂。激励源接到桥臂的一个对角上，另一对角接电桥的负载或电桥的输出检测电路。

电桥电路的分类：按照电桥工作时的平衡状态分为平衡电桥和不平衡电桥。按照电桥 4 个桥臂电阻中有几个电阻值是可调的，分为全臂桥（4 个桥臂电阻均可调）、半臂桥（两个桥臂电阻可调，其他两个桥臂电阻值固定）和单臂桥（一个桥臂电阻可调，其他 3 个桥臂电阻值固定）。按照电桥工作时的物理量是否变化分为直流电桥和交流电桥。直流电桥中，按照供电电源的类型不同分为恒压供电（恒压源供电）和恒流供电（恒流源供电）。

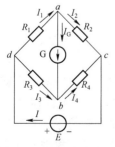

图 1-21 直流电桥电路

图 1-21 所示的直流电桥电路，由恒压源 E 供电，R_1、R_2、R_3 和 R_4 均为桥臂电阻，当电路达到平衡条件 $R_2 \times R_3 = R_1 \times R_4$ 时，电桥平衡，检流计 G 中电流 I_G 为零。电路中，可以采用单臂电桥、半臂电桥或全臂电桥电路，将电阻的变化量转变为电压的变化量，这在传感器等测量电路中广泛应用。

1.5 基尔霍夫电流定律和基尔霍夫电压定律

根据欧姆定律分析电路，是物理电学中常用的分析方法，但对某些电路有时是无能为力的。本节讨论基尔霍夫定律，它是分析与计算电路的基本方法。

基尔霍夫定律分为两部分，即基尔霍夫电流定律和基尔霍夫电压定律，它们分别介绍电路中各部分电流之间和各部分电压之间的相互关系，是电路的基本定律。

先了解几个名词。支路：电路中的每一个分支，且分支中至少要有一个元件。一条支路流过一个电流，称为支路电流。节点：电路中三条或三条以上支路的连接点。连接在两节点之间的一段电路为支路，支路的汇集点为节点。回路：在电路中，由支路组成的闭合路径。网孔（单孔回路）：内部不含支路的回路。回路和网孔都是支路构成的闭合路径，回路内部可以含有支路，网孔内部不能含有支路，这是回路和网孔的区别。

图 1-21 所示的直流电桥电路中，共有 6 条支路，分别为 ad、ab、ac、db、cb 和 dc；4 个节点，即 a、b、c 和 d；共 7 个回路，分别为 $abda$、$abca$、$adbca$、$dbcd$、$abcda$、$acdba$ 和 $acda$；3 个网孔，分别为 $abda$、$abca$ 和 $bcdb$。回路和网孔的首、末字母是相同的。

一、基尔霍夫电流定律（第一定律）

基尔霍夫电流定律（KCL）反映了电路中任一节点处各支路电流间相互制约的关系，其内容表述为：在任一瞬时，流入任一节点的电流之和应该等于由该节点流出的电流之和，数学表达式为

$$\sum I_{入} = \sum I_{出} \tag{1-19}$$

如图 1-22 所示电路中，根据基尔霍夫电流定律，对通过节点 a 的电流满足下面关系

$$I_1 + I_2 = I_3 \tag{1-20}$$

注意，图 1-22 电路中所标电流方向都是任意假定的参考方向，各电流的数值都是有正负之分的代数量。将式（1-20）移项得

$$I_1 + I_2 - I_3 = 0$$

则基尔霍夫电流定律的另一表述形式为：在任一瞬时，电路中任一节点上电流的代数和恒等于零，KCL 数学表达式为

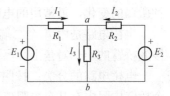

图 1-22 电路举例

$$\sum I = 0 \tag{1-21}$$

式中，如果规定参考方向指向节点的电流取正号，则参考方向离开节点的电流就取负号。按照基尔霍夫电流定律写出的电流关系式称为节点电流方程。

基尔霍夫电流定律的实质是电流连续性的体现。在电路中任何一点均不能堆积电荷，即在任一瞬间，流入节点的电荷必须等于流出该节点的电荷，从而得出基尔霍夫电流定律。

基尔霍夫电流定律也可以推广应用于广义节点（广义节点指包围部分电路的任一假设的闭合面），即在任一瞬时，通过任一广义节点的电流的代数和恒等于零，$\sum I = 0$。式中，如果规定参考方向指向广义节点的电流取正号，则参考方向离开广义节点的电流就取负号。

如图 1-23 所示电路，圆形虚线包围的部分构成了广义节点，根据基尔霍夫电流定律，

对于广义节点电流的代数和恒等于零,即
$$I_A + I_B + I_C = 0$$

例 1-10　如图 1-24 所示电路,已知 $I_1 = 1A$,$I_2 = 2A$,$I_6 = 3A$,求支路电流 I_3、I_4 和 I_5。

解:首先设定各支路电流的参考方向如图中所示,由于部分支路电流已知,根据 KCL,有

对节点 1:　$I_4 = I_1 + I_6 = 1 + 3 = 4$(A)
对节点 2:　$I_5 = I_4 - I_2 = 4 - 2 = 2$(A)
对节点 3:　$I_3 = I_6 - I_5 = 3 - 2 = 1$(A)

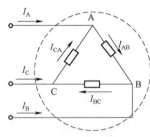

图 1-23　广义节点

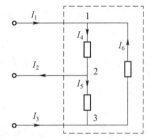

图 1-24　例 1-10 的电路

例 1-11　如图 1-25 所示电路,求电流 I。

解:对于电路右边圆形虚线包围的广义节点,根据基尔霍夫电流定律 $\Sigma I = 0$ 列方程,只有一个电流 I 流入广义结点,则电流
$$I = 0$$

二、基尔霍夫电压定律(第二定律)

基尔霍夫电压定律(KVL)反映了电路中任一回路中各段电压间相互制约的关系,其内容表述为:在任一瞬时,从回路中任一点出发,沿回路循行(或绕行)方向(顺时针方向或逆时针方向)循行一周,回路中电位降之和等于电位升之和。

如图 1-26 所示 KVL 电路中,从 a 点出发,按虚线所示逆时针方向循行一周再回到 a 点,电位降之和应该等于电位升之和。根据电压的参考方向有
$$U_1 + U_4 = U_2 + U_3 \tag{1-22}$$

将式(1-22)移项得
$$U_1 - U_2 - U_3 + U_4 = 0$$

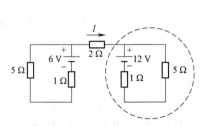

图 1-25　例 1-11 的电路

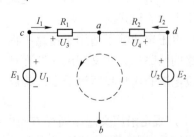

图 1-26　KVL 电路示例 1

则基尔霍夫电压定律另一表述形式为：在任一瞬时，沿任一回路循行方向（顺时针方向或逆时针方向）循行一周，回路中各段电压的代数和恒等于零，数学表达式为

$$\Sigma U = 0 \qquad (1-23)$$

式（1-23）中，规定沿回路循行方向电位降取正号，电位升取负号。

在分析电路时，经常用电阻和电流的乘积（即欧姆定律）表示电阻两端的电压，用电源的电动势表示电源两端的电压。如图 1-26 所示电路中

$$U_1 = E_1, \quad U_2 = E_2, \quad U_3 = R_1 I_1, \quad U_4 = R_2 I_2$$

因此，式（1-22）可以写成

$$E_1 + R_2 I_2 = E_2 + R_1 I_1$$

移项得

$$-R_1 I_1 + R_2 I_2 = -E_1 + E_2$$

即

$$\Sigma(RI) = \Sigma E \qquad (1-24)$$

则基尔霍夫电压定律的内容也可以表述为：在任一瞬时，沿任一回路循行方向循行一周，回路中电阻上电压降的代数和等于电源电动势的代数和，其数学表达式为式（1-24）。

式（1-24）中各项前面的符号规定为：通过电阻的电流参考方向与所选回路循行方向一致者，电阻两端的电压 RI 取正号，相反者电阻两端的电压 RI 取负号；电源电动势的参考方向（电动势的参考方向是由负极指向正极）与所选回路循行方向一致者，电源电动势 E 取正号，相反者电源电动势 E 取负号。按照基尔霍夫电压定律写出的电压关系式称为回路电压方程式。式（1-24）是基尔霍夫电压定律常用的形式。

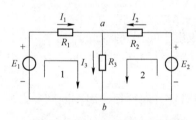

图 1-27　KVL 电路示例 2

例如，图 1-27 所示的 KVL 电路中，依据基尔霍夫电压定律，考虑各电流和电源电动势的参考方向，并设定回路 1 和回路 2 的绕行方向如图所示，列出下面两个回路电压方程式为

回路 1：$R_1 I_1 + R_3 I_3 = E_1$

回路 2：$R_2 I_2 + R_3 I_3 = E_2$

基尔霍夫电压定律是能量守恒定律在电路中的体现，因为电压为电位之差，电位的升高使电荷获得能量，而电位的降低使电荷失去能量。根据能量守恒定律可知，在一个回路中，电荷得到的能量应与失去的能量相等，即基尔霍夫电压定律的实质是电位的单值性。在任一瞬时，电路中每一点的电位值是不变的，在电路中则体现为基尔霍夫电压定律的形式。

基尔霍夫电压定律除了适用于电路中任一闭合回路外，也可以扩展到开口电路，并且把含有开口电路的回路称为广义回路。即在任一瞬时，对于广义回路，沿广义回路循行方向循行一周，各段电压的代数和恒等于零，其数学表达式为

$$\Sigma U = 0 \qquad (1-25)$$

式（1-25）中，规定沿广义回路循行方向电位降取正号，电位升取负号。

说明：基尔霍夫电压定律应用于广义回路时，也经常使用式（1-24）的形式列回路电压方程式。

如图 1-28 所示的 KVL 广义回路，将 B 和 E 两点间的电压 U_{BE} 作为电压降考虑，对广义回路 1，设循行方向为顺时针方向（如图所示），依据基尔霍夫电压定律，由式（1-24）的形式列出回路电压方程式为

$$U_{BE} + R_2 I_2 = E_2$$

上式中，U_{BE} 的参考方向（电压的参考方向是由正极指向负极）与广义回路 1 绕行方向一致，前面为正号。

应用基尔霍夫电流定律和电压定律时需要注意，列方程前先设定电路中各电流和电压的参考方向，对于基尔霍夫电压定律还要标注回路循行方向。各电流和电压本身是有正负的代数量。

例 1-12 如图 1-29 所示电路中，A、B 端开路，已知电源电动势 $E_1 = 24\,\text{V}$、$E_2 = 12\,\text{V}$，电阻 $R_1 = 10\,\text{k}\Omega$、$R_2 = 20\,\text{k}\Omega$、$R_3 = 5\,\text{k}\Omega$、$R_4 = 5\,\text{k}\Omega$，求开路电压 U_{AB}。

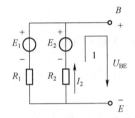
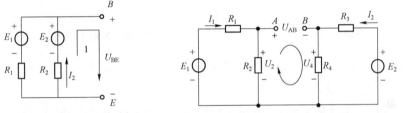

图 1-28 KVL 应用于广义回路　　　　图 1-29 例 1-12 的电路

解：因为 A 和 B 之间开路，下边导线中没有电流，所以电路左边和右边两个回路相互独立，两个回路中电流分别为 I_1 和 I_2。根据欧姆定律得

$$I_1 = \frac{E_1}{R_1 + R_2} = \frac{24}{10+20} = 0.8\,(\text{mA}),\quad I_2 = \frac{E_2}{R_3 + R_4} = \frac{12}{5+5} = 1.2\,(\text{mA})$$

开路电压 U_{AB} 由中间的广义回路求出，设广义回路绕行方向为顺时针方向。依据基尔霍夫电压定律，列出回路电压方程式为

$$U_{AB} - U_2 + U_4 = 0$$

即

$$U_{AB} - R_2 I_1 + R_4 I_2 = 0$$

所以，开路电压为

$$U_{AB} = R_2 I_1 - R_4 I_2 = 20 \times 0.8 - 5 \times 1.2 = 10\,(\text{V})$$

习　题

1-1　求图 1-30（a）、(b) 所示电路的电阻 R_{ab}。

1-2　电路如图 1-31 所示，已知 $R_1 = R_2 = 300\,\Omega$，$R_3 = 150\,\Omega$，$R_4 = 600\,\Omega$，$R_5 = 900\,\Omega$。分别计算在开关 S 打开和闭合两种情况下的 R_{ab}。

1-3　如图 1-32 所示电路中，试求 a、b 两端的等效电阻 R_{ab}。

1-4　电路如图 1-33 所示，标出各电阻和各连接线中电流的数值和方向。

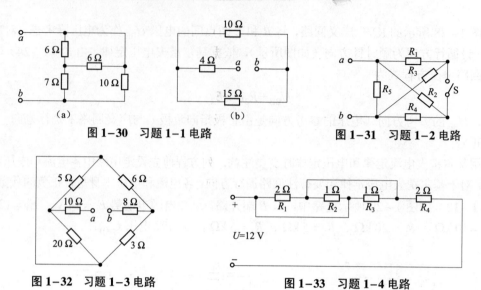

图 1-30 习题 1-1 电路　　图 1-31 习题 1-2 电路

图 1-32 习题 1-3 电路　　图 1-33 习题 1-4 电路

1-5　电阻元件和电位器的规格用阻值和最大允许功率的瓦数表示,今有一个 1 kΩ、10 W 的电阻,它允许流过的最大电流是多少?

1-6　电阻 $R_1 = R_2 = R_3 = R_4$,并联接于恒定电压 220 V 的电源上,总共消耗功率为 400 W。若将这 4 个电阻改成串联,仍接于原电源上,此时电源的负载是增大还是减小了?增大或减小了多少?并联和串联时电源输出的电流各为多少?

1-7　一只 220 V、100 W 的白炽灯能否接到 220 V、10 kW 的电源上?

1-8　一只 220 V、100 W 的白炽灯,额定电流是多大?灯丝电阻是多少?若每晚工作 4 h,一个月消耗多少电能(以 kW·h 计,即单位为度)。

1-9　有一台直流发电机,铭牌数据为 40 kW、230 V、174 A。试说明什么是发电机的空载运行、轻载运行、满载运行和过载运行。负载的大小用什么物理量来衡量?

1-10　电路如图 1-34 所示,已知 $E_1 = 110$ V,$E_2 = -50$ V,$E_3 = 220$ V,$R = 20$ Ω,$I_4 = 2.5$ A,$I_5 = 7.5$ A,$I_6 = -4$ A。试求:(1) 电源的电压 U_1、U_2 和 U_3;(2) 负载电阻端电压 U_4、U_5 和 U_6。

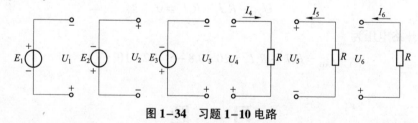

图 1-34 习题 1-10 电路

1-11　电路如图 1-35(a)、(b) 所示,试应用基尔霍夫电流定律求电流 I_x。

1-12　电路如图 1-36 所示,已知 $I_1 = 2$ A,$I_3 = -1$ A,试求电流 I_x。

1-13　如图 1-37 所示的部分电路中,电流 $I_0 = 10$ mA,$I_1 = 6$ mA,电阻 $R_1 = 3$ kΩ,$R_2 = 1$ kΩ,$R_3 = 2$ kΩ。求电流表 A_4 和 A_5 的读数并标出电流的方向。

1-14　如图 1-38 所示电路中,a、b 两端电压为 80 V,测得电阻 R 两端的电压为 20 V,其他元件参数如图所示,试求 R 值。

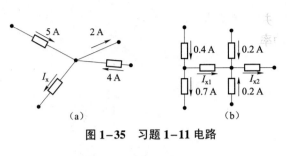

图 1-35 习题 1-11 电路　　　　　图 1-36 习题 1-12 电路

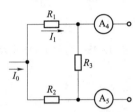

图 1-37 习题 1-13 电路

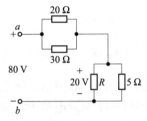

图 1-38 习题 1-14 电路

1-15　已知电路结构和元件参数如图 1-39 所示，试求 I_3 和电压 U_{12}。

1-16　计算图 1-40 中 I_2、I_3 和 U_4。

1-17　计算图 1-41 电路中的 U_{ab} 值。

1-18　电路如图 1-42 所示。试求：(1) 若 $E_1 = E_2$，则在电路各元件中，哪个是电源？哪个是负载？(2) 若 $E_1 < E_2$，则在电路各元件中，哪个是电源，哪个是负载？

1-19　如图 1-43 所示电路中，已知 $I_1 = 3$ mA，$I_2 = 1$ mA。试确定电路元件 3 中的电流 I_3 及其两端电压 U_3，并说明它是电源还是负载。校验整个电路的功率是否平衡。

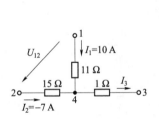

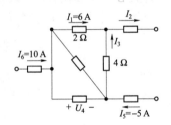

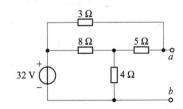

图 1-39 习题 1-15 电路　　　图 1-40 习题 1-16 电路　　　图 1-41 习题 1-17 电路

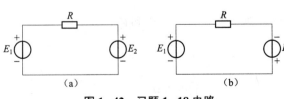

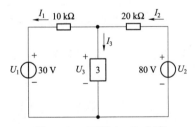

图 1-42 习题 1-18 电路　　　　　图 1-43 习题 1-19 电路

1-20　在图 1-44 所示电路中，方框表示电源或负载。各电压和电流的参考方向如图所示，现通过测量得知：$I_1 = 2$ A，$I_2 = 1$ A，$I_3 = -1$ A，$U_1 = -4$ V，$U_2 = 8$ V，$U_3 = -4$ V，$U_4 = 7$ V，$U_5 = -3$ V。

(1) 试标出各电流和电压的实际方向和极性；

（2）判断哪些是电源，哪些是负载，并计算其功率。

1-21 求图 1-45 电路中各电源的功率。

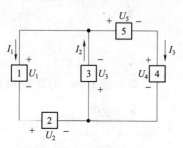

图 1-44 习题 1-20 电路

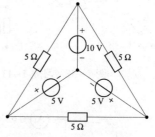

图 1-45 习题 1-21 电路

1-22 电路如图 1-46 所示，试求 b 点电位 V_b。

1-23 在图 1-47 所示电路中，求 A 点电位 V_A。

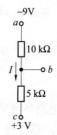

图 1-46 习题 1-22 电路

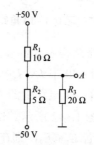

图 1-47 习题 1-23 电路

1-24 如图 1-48 所示电路中，当开关 S 断开和闭合时，试分别计算 A 点和 B 点的电位。

1-25 电路如图 1-49 所示，d 点接地，试求 V_a、V_b 和 V_c 的值。

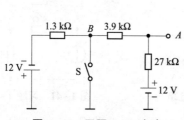

图 1-48 习题 1-24 电路

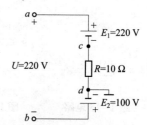

图 1-49 习题 1-25 电路

1-26 直流电路如图 1-50 所示，c 点接地，求电位 V_a、V_b 和 V_c。

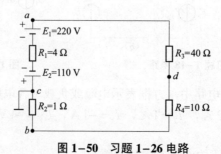

图 1-50 习题 1-26 电路

第2章

电路的基本分析方法

常见的电路分为简单电路和复杂电路。对于简单电路，通过电阻串并联的关系即可求解。不能用电阻串并联等效变换化简的电路，称为复杂电路。对于复杂电路，必须通过一定的解题方法，才能算出结果。

本章以直流电阻电路为例介绍电压源与电流源等效变换的方法、支路电流法、叠加原理和戴维宁定理等常用的电路分析方法。这些方法以欧姆定律和基尔霍夫定律为理论依据，它们是分析复杂电路的基本原理和方法。这些方法对于交流电路及所有其他电路都是适用的。

2.1 电压源与电流源等效变换的方法

一个电源可以用两种不同的电路模型来表示。一种是用电压的形式来表示，称为电压源；另一种是用电流的形式来表示，称为电流源。电压源和电流源是可以进行等效变换的，将电路中的电压源和电流源进行适当的等效变换，可以使电路的分析计算得到简化。

本节首先介绍电压源与电流源，然后阐述电压源与电流源等效变换的方法。此方法通过电压源与电流源的等效变换，来求解复杂电路中的某一支路电流、某个元件（或某一段电路）两端的电压，简便且有效，是分析电路的基本方法。

一、电压源

电压源能向负载提供一个确定的电压。将任何一个电源，看成是由内阻 R_0 和电动势 E 串联的电路，即为电压源模型，简称电压源。即电压源是由电动势 E 和内阻 R_0 串联的电路模型。如图 2-1 所示为电压源供电的电路图，图中左侧虚线内为电压源。生产实践和生活中常用的电源如发电机和电池的电路模型都可用电压源表示。

由图 2-1 电压源供电电路可得电压源的输出电压 U（电压源的端电压）和输出电流 I 之间的关系式

$$U = E - R_0 I \qquad (2-1)$$

由式（2-1）可作出电压源的外特性（也是伏安特性）曲线，如图 2-2 所示。图中，当电压源开路时，$I=0$，$U=U_0=E$（电压源的电压等于开路电压）；当电压源短路时，$U=0$，$I=I_S=E/R_0$（电压源的电流等于短路电流）。内阻 R_0 越小，外特性直线越平，输出电压 U 越稳定。

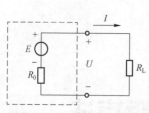

图 2-1　电压源供电电路

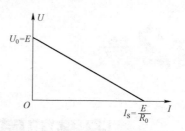

图 2-2　电压源的外特性曲线

如果电压源的内阻 $R_0=0$，这样的电压源称为理想电压源或恒压源，其文字符号用 E 表示，其电路模型如图 2-3 所示。如图 2-3 所示的理想电压源供电电路中，左侧理想电压源 E 作为电路的电源。由此可知，图 2-1 所示的理想电压源模型是由理想电压源 E 与内阻 R_0 串联组成的。

图 2-3 中，理想电压源的输出电压 U（端电压）和输出电流 I 之间的关系式为

$$U \equiv E \tag{2-2}$$

由式（2-2）可知，理想电压源的输出电压 U 恒等于其电动势 E，是一定值，与流过电流 I 的大小和方向无关。由式（2-2）作出的理想电压源的外特性（也是伏安特性）曲线，如图 2-4 所示。图 2-4 中，理想电压源的外特性曲线是与横轴平行的一条直线。由此看出，理想电压源对外电路可以输出恒定不变的电压 E，能使外电路所连接的负载很稳定地运行，是最理想的电源。在工程实践和科学研究中，采用的直流稳压电源的内阻 R_0 很小，可以看成是理想电压源。

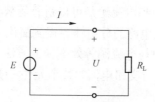

图 2-3　理想电压源供电电路

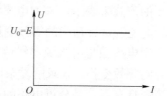

图 2-4　理想电压源的外特性曲线

在图 2-1 中，若内阻 R_0 的值远小于负载电阻 R_L 的值（即 $R_0 \ll R_L$），对应的电压源外特性直线下降得很缓慢，电压源输出电压 U 很稳定，则电压源的端电压 U 近似地等于理想电压源的电动势（$U \approx E$），此时的电压源可以近似地认为是理想电压源。

根据前面的分析，可得出理想电压源（恒压源）的特点：① 内阻 $R_0=0$；② 输出电压 U 不变，是一定值，恒等于电动势。对直流电压，有 $U \equiv E$；③ 恒压源中的电流 I 是任意的，当电压 U 一定时，电流 I 由负载电阻 R_L 决定，即由外电路决定。

如图 2-3 所示的理想电压源供电电路中，已知 $E=10\text{ V}$，当 $R_L=1\text{ Ω}$ 时，$U=E=10\text{ V}$，$I=U/R_L=10\text{ A}$，恒压源对外输出电流 I 为 10 A；当 $R_L=10\text{ Ω}$ 时，$I=U/R_L=1\text{ A}$，恒压源对外输出电流 I 为 1 A。由上面的数据看出，恒压源两端的电压 U 恒定（$U=E=10\text{ V}$），通过恒压源的电流 I 随负载 R_L 的电阻值变化而变化，即其大小由外电路决定。

例 2-1　图 2-5 中，已知 $E=10\text{ V}$，$R_1=2\text{ Ω}$，$R_2=2\text{ Ω}$。（1）只接入电阻 R_1，（2）电阻 R_1、R_2 同时接入。试分别计算上述两种情况下恒压源的输出电流 I。

解：（1）只接入电阻 R_1 时，恒压源的输出电流为

$$I = \frac{U_{ab}}{R_1} = \frac{E}{R_1} = \frac{10}{2} = 5 \text{ (A)}$$

（2）电阻 R_1、R_2 同时接入时，恒压源的输出电流为

$$I = \frac{U_{ab}}{\frac{R_1 \times R_2}{R_1 + R_2}} = \frac{E}{\frac{R_1 \times R_2}{R_1 + R_2}} = \frac{10}{\frac{2 \times 2}{2+2}} = \frac{10}{1} = 10 \text{ (A)}$$

由计算得知，恒压源中的电流 I 由外电路决定。

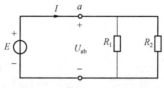

图 2-5　例 2-1 的电路

二、电流源

电流源能向负载提供一个确定的电流。对于任何一个电源，除了可以看成是由内阻 R_0 和电动势 E 串联的电压源以外，也可以看成是由内阻 R_0 和电流 I_S 并联的电路，即为电流源模型，简称电流源。其中，电流 I_S 称为电激流。即电流源是由电激流 I_S 和内阻 R_0 并联的电路模型。如图 2-6 所示为电流源供电的电路图，图中左侧虚线内是用电流表示的电流源。生产实际中使用的电源如光电池的电路模型可用电流源表示。

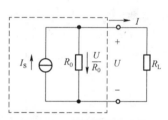

图 2-6　电流源供电电路

在图 2-1 中，将电压源的输出电压 U 和输出电流 I 之间的关系式 $U = E - R_0 I$ 的形式变换一下，则负载中的电流 I 与电压 U 之间的关系式为

$$I = \frac{E - U}{R_0} = \frac{E}{R_0} - \frac{U}{R_0} \tag{2-3}$$

式（2-3）中，$\dfrac{E}{R_0}$ 为电源短路（$U=0$）时的电流，用 I_S 表示（即电流源模型中的电激流 I_S），$\dfrac{U}{R_0}$ 为电源内阻 R_0 中的电流。所以，式（2-3）可以变换为

$$I = I_S - \frac{U}{R_0} \tag{2-4}$$

根据式（2-4）的电流关系，得到了如图 2-6 所示的电流源模型。

式（2-4）表示电流源的输出电流 I 和输出电压 U 之间的关系，由此式可作出电流源的外特性（也是伏安特性）曲线，如图 2-7 所示。图中，当电流源开路时，$I=0$，$U = U_0 = I_S R_0$（电流源两端的电压 U 等于开路电压）；当电流源短路时，$U = 0$，$I = I_S$（电流源的电流等于短路电流，即电激流 I_S）。内阻 R_0 越大，外特性直线越陡，输出电流 I 越稳定。

经过比较看出，图 2-7 所示的电流源外特性曲线与图 2-2 所示的电压源外特性曲线是

一致的。由此表明，图2-6电流源供电电路与图2-1电压源供电电路对电源以外的外电路输出的电压 U 和电流 I 是一致的，即对外电路是等效的。

如果电流源的内阻 $R_0 = \infty$，这样的电流源称为理想电流源或恒流源，其文字符号用 I_S（电激流）表示，电路模型如图2-8所示。图2-8所示的理想电流源供电电路中，左侧的理想电流源 I_S 作为电路的电源。由此可知，图2-6所示的电流源供电电路中，电流源模型是由理想电流源 I_S 与内阻 R_0 并联组成的。

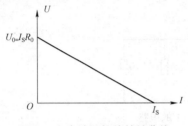

图2-7 电流源的外特性曲线

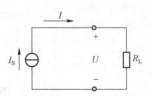

图2-8 理想电流源供电电路图

图2-8中，理想电流源的输出电流 I 和输出电压 U（端电压）之间的关系式为

$$I \equiv I_S \tag{2-5}$$

由式（2-5）可知，理想电流源的输出电流 I 恒等于其电激流 I_S，是一定值，与其两端电压 U 的大小和方向无关；而其电压 U 是任意的，由负载电阻 R_L 及电激流 I_S 决定。由式（2-5）做出的理想电流源的外特性曲线，如图2-9所示。图中，理想电流源的外特性曲线是与纵轴平行的一条直线。由此看出，理想电流源对外电路可以输出恒定不变的电流 I_S，也能使外电路所连接的负载很稳定地运行，像

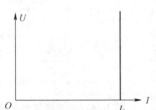

图2-9 理想电流源的外特性曲线

理想电压源一样，同样是最理想的电源。

如图2-6所示的电流源供电电路中，若内阻 R_0 的值远大于负载电阻 R_L 的值（即 $R_0 \gg R_L$）时，对应的电流源外特性直线下降得很缓慢，电流源输出电流 I 很稳定，则电流源的输出电流 I 近似地等于理想电流源的电激流（$I \approx I_S$），此时的电流源可以近似地认为是理想电流源。

根据前面的分析，得出理想电流源（恒流源）的特点：① 内阻 $R_0 = \infty$；② 输出电流 I 不变，是一定值，恒等于电激流 I_S；③ 恒流源两端的电压 U 是任意的，当电流 I 一定时，输出电压 U 由负载电阻 R_L 决定，即由外电路决定。

如图2-8所示的理想电流源供电电路中，已知 $I_S = 10\,\text{A}$，当 $R_L = 1\,\Omega$ 时，$I = I_S = 10\,\text{A}$，$U = R_L I = 10\,\text{V}$，恒流源对外输出电压 U 为 10 V；当 $R_L = 10\,\Omega$ 时，$I = I_S = 10\,\text{A}$，$U = R_L I = 100\,\text{V}$，恒流源对外输出电压 U 为 100 V。由上面的数据看出，恒流源的电流 I 恒定（$I = I_S = 10\,\text{A}$），恒流源两端的电压 U 随负载 R_L 的电阻值变化而变化，即由外电路决定。

三、电压源与电流源等效变换的方法

具有相同电压电流关系（即伏安关系）的不同电路称为等效电路，将某一电路用与其等效的电路替换的过程称为等效变换。电路分析中，如图2-10所示电路图，图2-10（a）电压源电路和图2-10（b）电流源电路可以相互等效代替。所谓电压源和电流源等效指的是对

它们以外的外部电路等效，即电压源和电流源对外部电路输出相同的电压 U 和相同的电流 I。

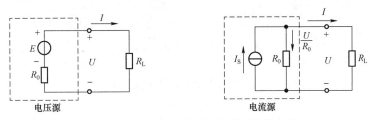

图 2-10 电压源与电流源等效变换的方法
(a) 电压源电路；(b) 电流源电路

如图 2-10（a）电压源电路的输出电压 U 和输出电流 I 之间的关系式 $U=E-R_0I$（即式 (2-1)），其对应的伏安关系即外特性曲线如图 2-2 所示。图 2-10（b）电流源电路的输出电压 U 和输出电流 I 之间的关系式

$$U=R_0I_S-R_0I \tag{2-6}$$

电压源和电流源对外部电路相互等效的条件是它们的外特性相同。由于它们的外特性均为直线，只要开路电压和短路电流相同即可。即电压源与电流源等效变换的条件是

$$\begin{cases} E=R_0I_S \\ I_S=\dfrac{E}{R_0} \end{cases}$$

为了满足电压源和电流源对外部电路输出相同的电压 U 和相同的电流 I，图 2-10（a）电压源电路的电压和电流的关系 $U=E-R_0I$ 与图 2-10（b）电流源电路的电压和电流的关系式 (2-6) 必须对应相等，即 $E=R_0I_S$，$R_0I=R_0I$。由此得出以下内容。

1. 电压源与电流源等效变换的方法

1）电压源等效变换成电流源
(1) 电激流 $I_S=E/R_0$，I_S 和 E 方向一致，即保证短路电流相同；
(2) 电流源的并联内阻等于电压源的串联内阻，即保证开路电压相同。

2）电流源等效变换成电压源
(1) 电动势 $E=R_0I_S$，E 和 I_S 方向一致，即保证开路电压相同；
(2) 电压源的串联内阻等于电流源的并联内阻，即保证短路电流相同。

2. 电压源与电流源等效变换时需要注意的问题

(1) 实际电源可以用两种电路模型表示——电压源和电流源。
(2) 等效变换时，要注意电压源的极性与电流源的方向，两电源的参考方向要一一对应，如图 2-11（a）、(b) 所示。
(3) 电压源和电流源的等效关系只对外电路而言，对电源内部是不等效的。同一电源在两种等效电路中，内阻 R_0 上消耗的功率不同。

例如，开路时，电压源内阻 R_0 损耗为 0，而电流源内阻损耗为 $R_0I_S^2$；短路时，电流源内阻损耗为 0，而电压源内阻损耗为 E^2/R_0，两者是不相同的。

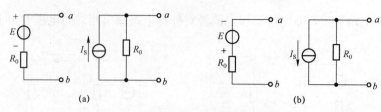

图 2-11 电源等效变换时两电源的参考方向

(a) E 和 I_S 方向向上； (b) E 和 I_S 方向向下

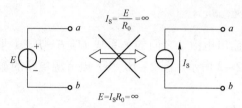

图 2-12 理想电压源与理想电流源不能等效互换

（4）理想电压源（$R_0 = 0$）与理想电流源（$R_0 = \infty$）之间无等效关系，即不能等效互换，如图 2-12 所示。

（5）凡是与恒压源并联的元件均可省去；凡是与恒流源串联的元件均可省去。

图 2-13 电路中，图（a）、（b）、（c）三个电路的等效电源分别如图（a′）、（b′）、（c′）所示，可以使电路得到简化。

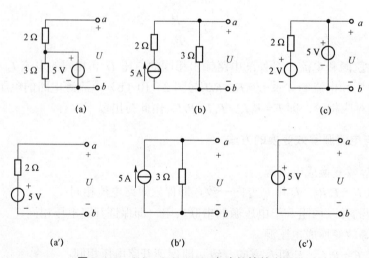

图 2-13 （a）、（b）、（c）电路的等效电源

（6）一般不仅限于内阻 R_0，也可以是某个电阻。只要一个电动势为 E 的理想电压源和某个电阻 R 串联的电路，都可以化为一个电流为 I_S 的理想电流源和这个电阻并联的电路（见图 2-14），两者是等效的，其中

$$I_S = \frac{E}{R} \quad \text{或} \quad E = RI_S$$

在分析与计算电路时，可以采用这种等效变换的方法。

例 2-2 如图 2-15 所示电路，试用电压源与电流源等效变换的方法计算 2 Ω 电阻中的电流 I。

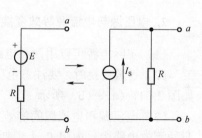

图 2-14 电压源和电流源等效变换（不仅限于内阻 R_0）

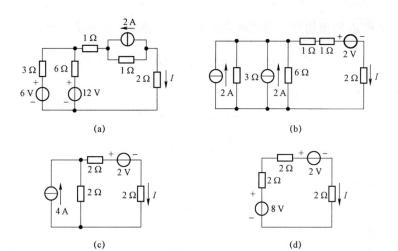

图 2-15 例 2-2 的电路图

解：对图 2-15（a），左侧的两个电压源等效变换成对应的电流源；右上角的电流源等效变换成电压源。经过电压源与电流源等效变换的方法变换为图 2-15（b），

对图 2-15（b），将左侧的两个电流源和右上角的电压源分别化简后得到图 2-15（c）。

对图 2-15（c），左侧的电流源等效变换成电压源得到图 2-15（d）。

对图 2-15（d），根据 KVL，设回路循行方向为顺时针方向，回路电压方程为

$$(2+2+2)I = 8-2$$

2 Ω 电阻中的电流为

$$I = \frac{8-2}{2+2+2} = 1 \text{（A）}$$

例 2-3 如图 2-16 所示电路，已知 $U_1 = 10 \text{ V}$，$I_S = 2 \text{ A}$，$R_1 = 1 \text{ Ω}$，$R_2 = 2 \text{ Ω}$，$R_3 = 5 \text{ Ω}$，$R = 1 \text{ Ω}$。（1）求电阻 R 中的电流 I；（2）计算理想电压源 U_1 中的电流 I_{U_1} 和理想电流源 I_S 两端的电压 U_{I_S}；（3）分析功率平衡。

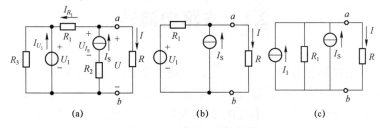

图 2-16 例 2-3 的电路

解：（1）图 2-16（a）中，根据两个凡是，即凡是与恒压源并联的元件均可省去，凡是与恒流源串联的元件均可省去，去掉电阻 R_3 和 R_2 后得到图 2-16（b）。

图 2-16（b）中，将电压源等效变换成电流源得到图 2-16（c）。

图 2-16（c）中，由电源的性质及电源的等效变换可得

$$I_1 = \frac{U_1}{R_1} = \frac{10}{1} = 10 \text{（A）}$$

由于电阻 R 和 R_1 的值相等，通过的电流也相等。由此，经分流后电流

$$I = \frac{I_1 + I_S}{2} = \frac{10+2}{2} = 6 \text{（A）}$$

（2）由图 2-16（a）可得

$$I_{R_1} = I_S - I = 2 - 6 = -4 \text{（A）}$$

$$I_{R_3} = \frac{U_1}{R_3} = \frac{10}{5} = 2 \text{（A）}$$

理想电压源中的电流为

$$I_{U_1} = I_{R_3} - I_{R_1} = 2 - (-4) = 6 \text{（A）}$$

理想电流源两端的电压为

$$U_{I_S} = U + R_2 I_S = RI + R_2 I_S = 1 \times 6 + 2 \times 2 = 10 \text{（V）}$$

（3）由计算可知，本例中理想电压源与理想电流源都是电源，发出的功率分别是

$$P_{U_1} = U_1 I_{U_1} = 10 \times 6 = 60 \text{（W）}$$

$$P_{I_S} = U_{I_S} I_S = 10 \times 2 = 20 \text{（W）}$$

各个电阻所消耗的功率分别是

$$P_R = RI^2 = 1 \times 6^2 = 36 \text{（W）}$$

$$P_{R_1} = R_1 I_{R_1}^2 = 1 \times (-4)^2 = 16 \text{（W）}$$

$$P_{R_2} = R_2 I_S^2 = 2 \times 2^2 = 8 \text{（W）}$$

$$P_{R_3} = R_3 I_{R_3}^2 = 5 \times 2^2 = 20 \text{（W）}$$

两者平衡：

$$(60+20)\text{W} = (36+16+8+20)\text{W} = 80 \text{ W}$$

2.2 支路电流法

在分析计算复杂电路的各种方法中，支路电流法是最基本的方法之一，也是基础！支路电流法的理论依据是基尔霍夫电流定律和基尔霍夫电压定律，是基尔霍夫定律的应用。支路电流法的出发点是以电路中各支路的电流 I 为未知变量，然后根据基尔霍夫定律列方程组并求解计算。

支路电流法的不足之处是当电路中的支路数较多时，未知电流个数等于支路数，所需列出方程的个数也较多，求解不方便。因此，当支路数较多时，可以采用叠加原理等其他方法求解。

支路电流法的内容为：以各支路电流为未知量，分别应用基尔霍夫电流定律（KCL）和基尔霍夫电压定律（KVL）对节点和回路列出所需要的方程组，求解出各支路电流。

支路电流法的解题步骤如下：

(1) 根据电路的支路电流设未知量，未知量个数与支路数 b 相等。
(2) 在电路中标出各未知支路电流的参考方向，对选定的回路标出回路循行方向。
(3) 应用基尔霍夫电流定律列出各节点的电流方程式。

一般来说，对具有 n 个节点的电路，应用基尔霍夫电流定律可列出 $(n-1)$ 个独立的节点电流方程。

(4) 应用基尔霍夫电压定律列出回路电压方程式。

对含有 b 条支路的电路，应用基尔霍夫电压定律可列出 $b-(n-1)$ 个独立的回路电压方程。根据电路的回路关系，找出所有的网孔（单孔回路），对每一个网孔应用基尔霍夫电压定律列方程。独立的回路电压方程数等于网孔数 m。

对于实际电路，如果支路数为 b、节点数为 n、网孔数为 m，数学上已经证明有 $b=(n-1)+m$。应用基尔霍夫电流定律和基尔霍夫电压定律一共可列出$(n-1)+[b-(n-1)]=b$ 个独立方程，所以能解出 b 个未知支路电流。

(5) 联立求解 b 个方程，求出各未知支路电流。

如图 2-17 所示的支路电流法电路，支路数 b 为 3 个，节点数 n 为 2 个，回路数为 3 个，网孔（单孔回路）数 m 为 2 个。若用支路电流法求各支路电流应列出 3 个方程，以下为用支路电流法对此电路进行分析的过程。

(1) 电路中各未知支路电流的参考方向和网孔 1、网孔 2 的循行方向已标出。

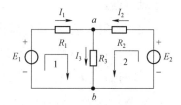

图 2-17 支路电流法电路示例 1

(2) 根据基尔霍夫电流定律列出各节点的电流方程式。

对节点 a $\qquad I_1+I_2=I_3$ (1)
对节点 b $\qquad I_3=I_1+I_2$ (1′)

两个节点可以列出一个独立方程，保留式（1）和式（1′）中的任何一式，均为独立方程。此处保留式（1）。

(3) 根据基尔霍夫电压定律列出回路电压方程式。独立方程个数等于网孔数。

对网孔 1（顺时针绕行） $\qquad R_1I_1+R_3I_3=E_1$ (2)
对网孔 2（逆时针绕行） $\qquad R_2I_2+R_3I_3=E_2$ (3)
对外围回路（顺时针绕行） $\qquad R_1I_1-R_2I_2=E_1-E_2$ (4)

电路有两个网孔，故有两个独立电压方程式，去掉式（4），则式（2）、式（3）是相互独立的。

(4) 解联立方程组求出各未知电流。将式（1）～式（3）联立得

节点 a $\qquad I_1+I_2-I_3=0$ (5)
对网孔 1 $\qquad R_1I_1+R_3I_3=E_1$ (6)
对网孔 2 $\qquad R_2I_2+R_3I_3=E_2$ (7)

电源电动势 E_1、E_2 和电阻 R_1、R_2、R_3 为已知，则解方程组可求出未知电流 I_1、I_2 和 I_3。

如图 2-18 所示的支路电流法电路，用支路电流法计算检流计中电流 I_G 的方法如下。

图 2-18 电桥电路中，节点数 $n=4$，支路数 $b=6$，网孔数 $m=3$。根据 KCL 可列 3 个节点电流方程，根据 KVL 可列 3 个回路电压方程，共 6 个独立方程。

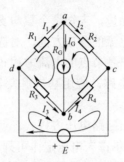

图 2-18 支路电流法电路示例 2

(1) 应用 KCL 列 $(n-1)$ 个独立的节点电流方程。

对节点 a $\qquad I_1 = I_2 + I_G$ (1)

对节点 b $\qquad I_3 + I_G = I_4$ (2)

对节点 c $\qquad I_2 + I_4 = I$ (3)

(2) 应用 KVL 选网孔列独立的回路电压方程。

对网孔 $abda$（顺时针绕行） $\qquad R_1 I_1 - R_3 I_3 + R_G I_G = 0$ (4)

对网孔 $acba$（逆时针绕行） $\qquad -R_2 I_2 + R_4 I_4 + R_G I_G = 0$ (5)

对网孔 $bcdb$（顺时针绕行） $\qquad R_3 I_3 + R_4 I_4 = E$ (6)

(3) 联立方程组解出电桥电路检流计中的电流为

$$I_G = \frac{(R_2 R_3 - R_1 R_4)E}{R_G(R_1 + R_2)(R_3 + R_4) + R_1 R_2(R_3 + R_4) + R_3 R_4(R_1 + R_2)}$$

当电路中含有电流源时（见图 2-19），因含有电流源的支路电流是已知的，所以可少列一个方程。对图 2-19 所示电路，只有电流 I_1 和 I_2 是未知的，因此列出 2 个方程式即可。

根据 KCL，对节点 a $\qquad I_1 - I_2 + I_S = 0$ (1)

根据 KVL，对回路 1（顺时针绕行） $\qquad R_1 I_1 + R_2 I_2 = U_S$ (2)

联立式（1）和式（2）求出电流为

$$I_1 = \frac{U_S - R_2 I_S}{R_1 + R_2}, \quad I_2 = \frac{U_S + R_1 I_S}{R_1 + R_2}$$

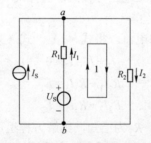

图 2-19 支路电流法分析含电流源电路

例 2-4 如图 2-20 所示电路，用支路电流法求各支路电流及各元件的功率。

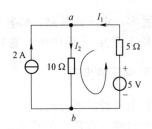

图 2-20　例 2-4 的电路图

解：（1）求各支路电流。

电路中有两个电流变量 I_1 和 I_2，只需列两个方程。

根据 KCL 列节点电流方程：

对节点 a $\qquad\qquad\qquad I_2 = 2 + I_1 \qquad\qquad\qquad$ （1）

根据 KVL 列回路电压方程：

对图中右边网孔（逆时针绕行）$\qquad 5I_1 + 10I_2 = 5 \qquad\qquad$ （2）

联立求解方程（1）和（2）得电流

$$I_1 = -1\ \text{A}, \quad I_2 = 1\ \text{A}$$

电流 $I_1 < 0$ 说明其实际方向与图中参考方向相反。

（2）求各元件的功率。

5 Ω 电阻的功率 $\qquad P_1 = 5I_1^2 = 5 \times (-1)^2 = 5$（W）

10 Ω 电阻的功率 $\qquad P_2 = 10I_2^2 = 10 \times 1^2 = 10$（W）

5 V 电压源的功率 $\qquad P_3 = -5I_1 = -5 \times (-1) = 5$（W）

因为 2 A 电流源与 10 Ω 电阻并联，故其两端的电压为 $\quad U = 10I_2 = 10 \times 1 = 10$（V）

2 A 电流源的功率为 $\qquad P_4 = -2U = -2 \times 10 = -20$（W）

由以上的计算可知，2 A 电流源发出 20 W 功率，其余 3 个元件总共吸收的功率也是 20 W，可见电路功率平衡。

2.3　叠加原理

在诸多复杂电路的分析方法中，像支路电流法一样，叠加原理也是基本的、最常用的分析方法之一。用叠加原理分析复杂电路的基本思想是把复杂电路分解成若干个简单电路，由各个简单电路计算出各支路电流和电压，再将这些电流和电压叠加，从而分析计算出复杂电路中所有支路的电流和任一元件（或一段电路）两端的电压。叠加原理是线性电路（由线性元件组成的电路）普遍适用的基本定理，体现了线性电路的一个重要性质，使用该原理分析电路具有思路清晰、方法简单的特点，在实际的工程系统中也有着广泛的应用。

1. 叠加原理的内容

对于线性电路，任何一条支路中的电流或电压，都可以看成是由电路中各个电源（电压源或电流源）分别作用时，在此支路中所产生的电流或电压的代数和。当电路中某一个电源单独作用时,其余的电源应去掉(置零。电压源短路,即其电动势 E 为零;电流源开路,即其电激流 I_S 为零;电源内阻保留原位不变);电路中所有的电阻网络不变。

2. 用叠加原理求解电路中电流和电压的步骤

(1) 在原电路中标出所有电流和电压的参考方向。

(2) 把原电路分解成若干个简单电路,在所有的简单电路中设定各个电流和电压,并标出其参考方向(此简单电路中电压和电流的参考方向也是任意设定的)。

(3) 由各个简单电路求出各电流或电压。

(4) 根据叠加原理,将简单电路中求出的电流或电压进行叠加,计算出原电路的各电流和电压。

图 2-21 所示电路中,图(a)是原电路(E 和 I_S 共同作用),要求计算图(a)中各未知支路电流。采用叠加原理分析计算时,将图(a)原电路分解成图(b)和图(c)。图(b)、图(c)是 E、I_S 分别单独作用时的电路。各电路中都标出了电流的参考方向,用叠加原理计算图(a)电路中各支路电流的过程如下。

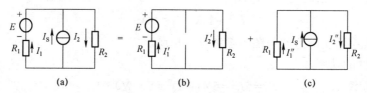

图 2-21　叠加原理电路示例

(a) 原电路;　(b) E 单独作用时的电路;　(c) I_S 单独作用时的电路

(1) 由图(b)中 E 单独作用得

$$I_1' = I_2' = \frac{E}{R_1 + R_2}$$

(2) 由图(c)中 I_S 单独作用得

$$I_1'' = -\frac{R_2}{R_1 + R_2} I_S, \quad I_2'' = \frac{R_1}{R_1 + R_2} I_S$$

(3) 根据叠加原理得

$$I_1 = I_1' + I_1'' = \frac{E}{R_1 + R_2} - \frac{R_2}{R_1 + R_2} I_S$$

同理,得

$$I_2 = I_2' + I_2'' = \frac{E}{R_1 + R_2} + \frac{R_1}{R_1 + R_2} I_S$$

上面两式中,通常电动势 E、电激流 I_S 和电阻 R_1、R_2 是已知的,则电流 I_1 和 I_2 可以求出。

3. 应用叠加原理时的注意事项

(1) 从数学上看,叠加原理就是线性方程的叠加性,而前面方法中的电压和电流都是线性方程,所以支路电流和电压都可以用叠加原理来求解。

（2）解题时要标明各支路电流、电压的参考方向。若分电流、分电压与原电路中电流、电压的参考方向相反时，叠加时相应项前要带负号。

（3）应用叠加原理时可将电源分组后求解，每个分电路（即简单电路）中的电源个数可以多于一个。

（4）叠加原理只限于线性电路中电流和电压的分析计算，不适用于功率的计算。如以图 2–21 中电阻 R_1 上的功率 P_1 为例，显然

$$P_1 = R_1 I_1^2 = R_1 (I_1' + I_1'')^2 \neq R_1 I_1'^2 + R_1 I_1''^2$$

这是因为功率是和电流（或电压）的平方成正比的，不存在线性关系。因此，叠加原理不能用于线性电路中功率的计算。

例 2–5 如图 2–22 所示，已知 $E_1 = 140\ \text{V}$，$E_2 = 90\ \text{V}$，$R_1 = 20\ \Omega$，$R_2 = 5\ \Omega$，$R_3 = 6\ \Omega$。试求各支路电流。

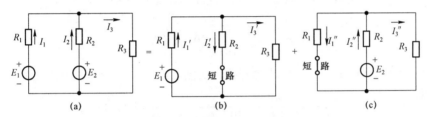

图 2–22　例 2–5 的电路

(a) 原电路；(b) E_1 单独作用时的电路；(c) E_2 单独作用时的电路

解： 要求图(a)原电路中电流可以采用支路电流法，此例采用叠加原理求解。

(1) 由图(b)中 E_1 单独作用（各支路电流已在图中标出）得

$$I_1' = \frac{E_1}{R_1 + \dfrac{R_2 R_3}{R_2 + R_3}} = \frac{140}{20 + \dfrac{5 \times 6}{5 + 6}} = 6.16\ (\text{A})$$

$$I_2' = \frac{R_3}{R_2 + R_3} I_1' = \frac{6}{5 + 6} \times 6.16 = 3.36\ (\text{A})$$

$$I_3' = I_1' - I_2' = 6.16 - 3.36 = 2.8\ (\text{A})$$

(2) 由图(c)中 E_2 单独作用（各支路电流已在图中标出）得

$$I_2'' = \frac{E_2}{R_2 + \dfrac{R_1 R_3}{R_1 + R_3}} = \frac{90}{5 + \dfrac{20 \times 6}{20 + 6}} = 9.36\ (\text{A})$$

$$I_1'' = \frac{R_3}{R_1 + R_3} I_2'' = \frac{6}{20 + 6} \times 9.36 = 2.16\ (\text{A})$$

$$I_3'' = I_2'' - I_1'' = 9.36 - 2.16 = 7.2\ (\text{A})$$

(3) 根据叠加原理，求出各支路电流。

$$I_1 = I_1' - I_1'' = 6.16 - 2.16 = 4\ (\text{A})$$

$$I_2 = I_2'' - I_2' = 9.36 - 3.36 = 6\ (\text{A})$$

$$I_3 = I_3' + I_3'' = 2.8 + 7.2 = 10 \text{（A）}$$

例 2-6 如图 2-23（a）所示，试用叠加原理计算 4 Ω 电阻支路的电流 I，并计算该电阻吸收的功率 P。

解：（1）当恒流源单独作用时，将恒压源短路，如图 2-23（b）所示，依据分流公式可得

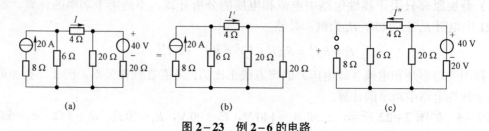

图 2-23 例 2-6 的电路

（a）原电路；（b）恒流源单独作用时的电路；（c）恒压源单独作用时的电路

$$I' = \frac{6}{6+(4+10)} \times 20 = 6 \text{（A）}$$

（2）当恒压源单独作用时，将恒流源开路，如图 2-23（c）所示，求总电流再分流得

$$I'' = \frac{40}{20 + \frac{(4+6) \times 20}{(4+6) + 20}} \times \frac{20}{(4+6) + 20} = 1 \text{（A）}$$

（3）将两电流分量叠加，则求出 4 Ω 电阻支路的电流为

$$I = I' - I'' = 6 - 1 = 5 \text{（A）}$$

（4）4 Ω 电阻吸收的功率

$$P = 4 \times I^2 = 4 \times 5^2 = 100 \text{（W）}$$

2.4 戴维宁定理

戴维宁定理（又译为戴维南定理）也称为等效电压源定律，是由法国科学家 L·C·戴维南于 1883 年提出的一个电学定理。由于早在 1853 年，亥姆霍兹也提出过本定理，所以又称为亥姆霍兹-戴维南定理。

对于复杂电路的分析有多种方法，它们是电压源与电流源等效变换的方法、支路电流法、叠加原理、戴维宁定理和诺顿定理等。各种方法的分析过程不同、适应的电路和待求物理量等也不同。前面讲过的支路电流法和叠加原理可以计算出电路的全部电流，在求解过程中需列解方程组。

在有些情况下，我们只需要计算一个复杂电路中某一支路（可以是无源支路或有源支路）的电流或电压，如果利用支路电流法、叠加原理等方法求解，必然出现一些不需要的变量，增加计算量，很不方便。因此，当只需要计算一个复杂电路中某一支路的电流或电压时，为使计算简便些，可以采用两种很适合并有效的方法，一种方法是本章第 1 节介绍的电压源与电流源等效变换的方法，另一种方法是本节的戴维宁定理。戴维宁定理是一种常用的方法，

在多电源多回路的复杂直流电路分析中有重要应用。

1. 相关概念

在介绍戴维宁定理之前,先了解二端网络的相关概念。

二端网络的概念:具有两个出线端(也可表述为一个输入端口或一个输出端口)的部分电路,如图 2-24 和图 2-26 所示。

对二端网络内部是否包含电源可分为无源二端网络和有源二端网络。

无源二端网络:指内部不包含电源的二端网络。图 2-24 为无源二端网络,其中图(a)是由 3 个电阻构成的无源二端网络;图 2-24(b)中,虚线框内为无源二端网络,是电路的一部分。无源二端网络可化简为一个电阻,如图 2-25 所示。因此,电阻元件可视为无源二端网络的特例。

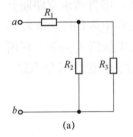
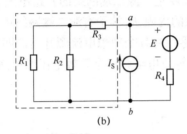

图 2-24 无源二端网络

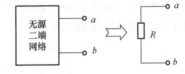

图 2-25 无源二端网络可化简为一个电阻

有源二端网络:指内部包含电源的二端网络。如图 2-26 所示为有源二端网络,其中图(a)和图(b)是内部含有电源的有源二端网络;图 2-26(c)中,虚线框内为有源二端网络。有源二端网络只是部分电路,而不是完整电路。不论有源二端网络结构如何复杂,都可以等效为一个电源。因此,电源就是最简单的有源二端网络。当有源二端网络内部都是由线性元件组成时,称为线性有源二端网络。

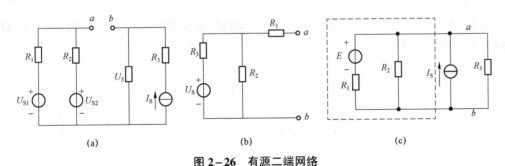

图 2-26 有源二端网络

有源二端网络能够由等效电源代替,这个电源可以是电压源模型(由一个电动势 E 与一个内阻 R_0 串联),也可以是电流源模型(由一个定值电激流 I_S 与一个内阻 R_0 并联),如图 2-27 所示。由此可得出等效电源的两个定理——戴维宁定理和诺顿定理。将有源二端网络用等效电压源代替,称为戴维宁定理;将有源二端网络用等效电流源代替,称为诺顿定理。

戴维宁定理和诺顿定理是最常用的电路简化方法。由于戴维宁定理和诺顿定理都是将有源二端网络等效为电源支路,所以统称为等效电源定理或等效发电机定理。本节只介绍戴维宁定理。

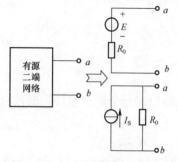

图 2-27 有源二端网络等效成电压源和电流源

2. 戴维宁定理的内容

戴维宁定理的基本思路是把复杂电路划分成两部分。一部分是待求支路，剩下部分是有源二端网络。把待求支路以外的部分电路（有源二端网络）用一个等效电压源代替，如图 2-28 所示，图（a）可以用图（b）来等效代替。从而使一个复杂电路化简为一个简单电路（单回路电路），使电路计算变得简单。

如果只需要计算电路中的某一条支路的电流或电压时，可将这条支路划出，把其余的部分看作是一个有源二端网络（有源一端口网络）。对外电路（待求支路）来说，任何一个线性有源二端网络都可以用一个电动势为 E 的理想电压源和内阻 R_0 串联的电压源来等效代替，如图 2-28 所示。等效电压源的电动势 E 就是有源二端网络的开路电压 U_0，即将待求支路断开后 a、b 两端之间的电压。等效电压源的内阻 R_0 等于有源二端网络中所有电源均除去（将各个理想电压源短路，即其电动势 E 为零；将各个理想电流源开路，即其电激流 I_S 为零）后所得到的无源二端网络 a、b 两端之间的等效电阻。这个等效电压源电路称为戴维宁等效电路，内阻 R_0 称为戴维宁等效电阻。

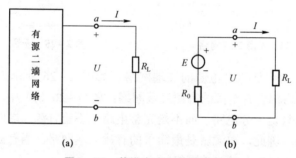

图 2-28 戴维宁定理的基本思路

例 2-7 如图 2-29 所示电路，已知 $E_1=40\,\text{V}$，$E_2=20\,\text{V}$，$R_1=R_2=4\,\Omega$，$R_3=13\,\Omega$，试用戴维宁定理求电流 I_3。

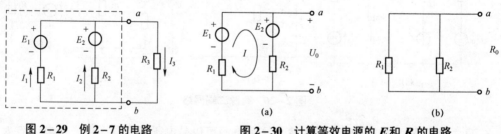

图 2-29 例 2-7 的电路

图 2-30 计算等效电源的 E 和 R_0 的电路
(a) 求电动势 E 的电路；(b) 求内阻 R_0 的电路

解：（1）由图 2-30（a）求等效电源的电动势 E。

将待求支路电阻 R_3 断开，画出图 2-30（a）所示有源二端网络。图中 U_0 为有源二端网络的开路电压，其值等于等效电源的电动势 E。

图中单回路电流为 I,I 的参考方向为顺时针方向,如图 2-30(a)所示,则电流为

$$I = \frac{E_1 - E_2}{R_1 + R_2} = \frac{40 - 20}{4 + 4} = 2.5 \text{(A)}$$

电动势为

$$E = U_0 = E_2 + R_2 I = 20 + 4 \times 2.5 = 30 \text{(V)}$$

或

$$E = U_0 = E_1 - R_1 I = 40 - 4 \times 2.5 = 30 \text{(V)}$$

E 也可用叠加原理等其他方法求出。

(2)由图 2-30(b)求等效电源的内阻 R_0。

除去所有电源(理想电压源短路,理想电流源开路),画出图 2-30(b)所示无源二端网络。从 a、b 两端看进去,R_1 和 R_2 并联,所以

$$R_0 = \frac{R_1 \times R_2}{R_1 + R_2} = 2 \text{ }(\Omega)$$

求内阻 R_0 时,关键要弄清从 a、b 两端看进去时各电阻之间的串并联关系。

(3)由图 2-31 等效电路求电流 I_3 得

$$I_3 = \frac{E}{R_0 + R_3} = \frac{30}{2 + 13} = 2 \text{(A)}$$

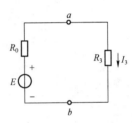

图 2-31 图 2-29 所示电路的等效电路

3. 应用戴维宁定理时的注意事项

(1)戴维宁定理所说的"等效"是指对有源二端网络外的外电路等效(即用等效电源代替原来的有源二端网络后,待求支路的电压、电流不变),对内电路不等效。也就是说,不可应用该定理求出等效电源电动势和内阻之后,又返回来求原电路(即有源二端网络内部电路)的电流和功率。

(2)应用戴维宁定理进行分析和计算时,如果断开待求支路后得到的有源二端网络仍为复杂电路,可再次运用戴维宁定理,直至成为简单电路。

(3)戴维宁定理只适用于线性的有源二端网络。如果有源二端网络中含有非线性元件时,则不能应用戴维宁定理求解。

(4)适当选取戴维宁定理将会大大简化电路。

(5)戴维宁定理也可以应用于交流电路的分析与计算。

在实际电路中,等效电源的电动势 E 和内阻 R_0 也可以通过实验的方法求得,其步骤如下:

(1)用高内阻的电压表测量有源二端网络的开路电压 U_0,作为等效电压源的电动势 E。

(2)用低内阻的电流表测量有源二端网络的短路电流 I_S。

(3)由测得的开路电压 U_0 和短路电流 I_S 计算等效电源的内阻 $R_0 = U_0/I_S$。

如果等效电压源的内阻较小,则短路电流 I_S 较大,此时应将一个已知电阻 R 与电流表串联后再接入有源二端网络进行测量。这时等效电源的内阻 $R_0 = U_0/I_S - R$。

例 2-8 在图 2-32 所示电路中,试求 1 Ω 电阻中的电流 I。

解:(1)由图 2-33(a)求等效电源的电动势 E。

用电位法：设电位参考点如图2-33（a）所示。

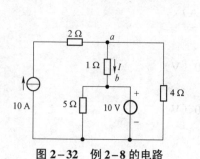

图2-32 例2-8的电路

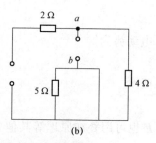

图2-33 计算等效电源的E和R_0的电路
（a）求电动势E的电路；（b）求内阻R_0的电路

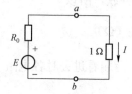

图2-34 图2-32所示电路的等效电路

$$V_b = 10 \text{（V）}, \quad V_a = 4 \times 10 = 40 \text{（V）}$$
$$E = U_0 = V_a - V_b = 40 - 10 = 30 \text{（V）}$$

（2）由图2-33（b）求等效电源的内阻R_0：
$$R_0 = R_{ab} = 4 \text{（Ω）}$$

（3）由图2-34等效电路求电流I：
$$I = \frac{E}{R_0 + 1} = \frac{30}{4+1} = 6 \text{（A）}$$

例2-9 电路如图2-35所示，试求电流I。

解：（1）由图2-36（a）求等效电源的电动势E。

设电位参考点如图2-36（a）所示，则
$$V_a = 10 \text{（V）}, \quad V_b = 4 \times 2 = 8 \text{（V）}$$
$$E = U_0 = V_a - V_b = 10 - 8 = 2 \text{（V）}$$

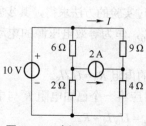

图2-35 例2-9的电路

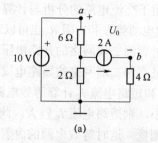

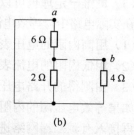

图2-36 计算等效电源的E和R_0的电路
（a）求电动势E的电路；（b）求内阻R_0的电路

（2）由图 2-36（b）求等效电源的内阻 R_0：

$$R_0 = R_{ab} = 4 \ (\Omega)$$

（3）由图 2-37 等效电路求电流 I：

$$I = \frac{E}{R_0 + 9} = \frac{2}{4+9} = \frac{2}{13} \ (A)$$

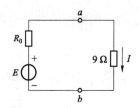

图 2-37　图 2-35 所示电路的等效电路

习　　题

2-1　3 V 电池可否同 1.5 V 电池并联当 2.25 V 电源使用？为什么？

2-2　求图 2-38 中各元件的功率。

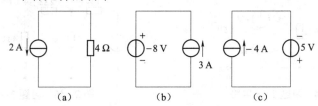

图 2-38　习题 2-2 电路

2-3　求图 2-39（a）和图 2-39（b）中各电源发出的功率。

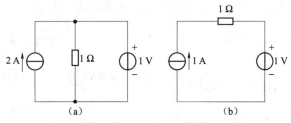

图 2-39　习题 2-3 电路

2-4　将图 2-40（a）中的电压源等效变换为电流源，图 2-40（b）中电流源等效变换为电压源。

2-5　分别用等效电压源和等效电流源表示图 2-41 的各电路。

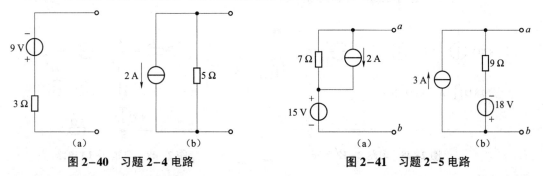

图 2-40　习题 2-4 电路　　　　　　　图 2-41　习题 2-5 电路

2-6　用电源的等效变换法将图 2-42 电路中 ab 以左的网络化成最简单的等效电源。

2-7 用电源的等效变换法求图 2-43 电路中的电流 I 及电压 U_{AB}。

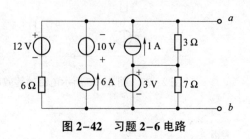

图 2-42 习题 2-6 电路

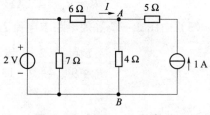

图 2-43 习题 2-7 电路

2-8 试用电压源与电流源等效变换的方法计算图 2-44 电路中 1 Ω 电阻上的电流 I。

2-9 计算图 2-45 电路中的电压 U。

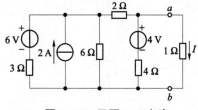

图 2-44 习题 2-8 电路

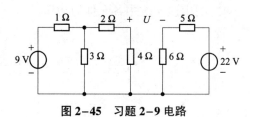

图 2-45 习题 2-9 电路

2-10 在图 2-46 所示的电路中，设 $E_1=140$ V，$E_2=90$ V，$R_1=20$ Ω，$R_2=5$ Ω，$R_3=6$ Ω，试用支路电流法求各支路电流。

2-11 电路如图 2-47 所示，试用支路电流法求电流 I_1 和 I_2。

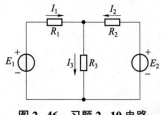

图 2-46 习题 2-10 电路

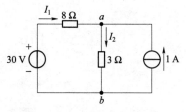

图 2-47 习题 2-11 电路

2-12 试用支路电流法求图 2-48 电路中的各支路电流。

2-13 用支路电流法求图 2-49 电路中的电流 I_1、I_2 和 I。

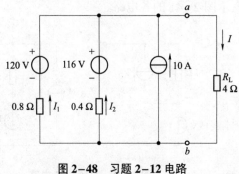

图 2-48 习题 2-12 电路

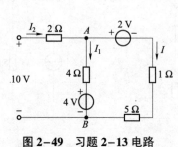

图 2-49 习题 2-13 电路

2-14 直流电路如图 2-50 所示，试应用叠加原理求 R_3 中电流 I_3。

2-15 用叠加原理求图 2-51 所示电路中的 I、U 和 P。

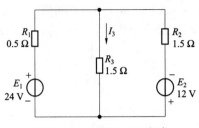

图 2-50 习题 2-14 电路

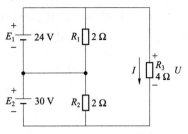

图 2-51 习题 2-15 电路

2-16 用叠加原理求图 2-52 所示电路中的电压 U_{AB}。

2-17 用叠加原理求图 2-53 电路中的电流 I。

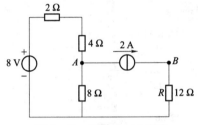

图 2-52 习题 2-16 电路

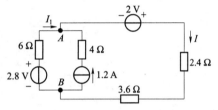

图 2-53 习题 2-17 电路

2-18 如图 2-54 所示电路，设 $E_1=140$ V，$E_2=90$ V，$R_1=20$ Ω，$R_2=5$ Ω，$R_3=6$ Ω，试用戴维宁定理计算电流 I_3。

2-19 应用戴维宁定理计算图 2-55 中电流 I。

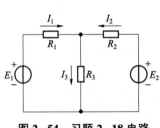

图 2-54 习题 2-18 电路

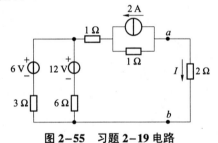

图 2-55 习题 2-19 电路

2-20 如图 2-56 所示电路中，已知 $R=\dfrac{1}{6}$ Ω，试用戴维宁定理求电流 I。

2-21 试用戴维宁定理计算图 2-57 电路中 1 Ω 电阻中的电流 I。

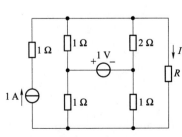

图 2-56 习题 2-20 电路

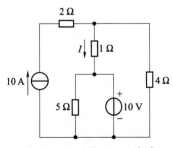

图 2-57 习题 2-21 电路

2-22 试用戴维宁定理计算图 2-58 所示电路中的电流 I。

2-23 直流电桥电路如图 2-59 所示，已知 $E_0 = 4.5\text{ V}$，$R_1 = R_2 = 100\text{ Ω}$，$R_3 = 420\text{ Ω}$，$R_4 = 400\text{ Ω}$，G 为检流计，其电阻 $R_G = 250\text{ Ω}$，试应用戴维宁定理计算检流计中电流 I_G。

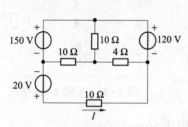

图 2-58 习题 2-22 电路

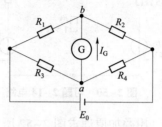

图 2-59 习题 2-23 电路

2-24 试用戴维宁定理求图 2-60 中各电路的电流 I。

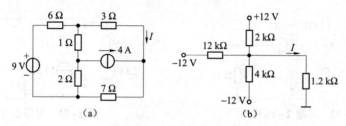

图 2-60 习题 2-24 电路

第3章

正弦交流电路

前面在介绍支路电流法、叠加原理和戴维宁定理时,都是结合直流电路讨论的。在实际应用中,更多的是正弦交流电路。所谓正弦交流电路,是指含有正弦交流电源,而且各部分所产生的电压和电流均按正弦规律变化的电路。发电厂提供的电压和电流,几乎都是随时间按正弦规律变化的。由于正弦交流电有着非常广泛的应用,因此对正弦交流电路的分析计算十分重要。

本章讨论的一些基本概念、基本理论和基本分析方法,需要掌握,并能运用,为后面学习交流电机、电器及电子技术打下理论基础。

电路的基本分析方法对直流电路和交流电路都是适用的。正弦交流电是随时间变化的,电路中存在着一些直流电路中没有的物理现象,所以研究交流电路比研究直流电路复杂得多。

3.1 正弦交流电的三要素

直流电路的电流和电压的大小与方向是不随时间变化的,而本章讨论的正弦交流电路,其中的电流和电压是随时间按正弦规律变化的,称为正弦交流电。正弦交流电流和电压等物理量,统称为正弦量。它们都可以用时间 t 的正弦函数来表示。下式为正弦电压 u 的三角函数表达式:

$$u = U_m \sin(\omega t + \psi) \quad (3-1)$$

式(3-1)中,U_m 称为幅值或最大值;ω 称为角频率;ψ 称为初相位。最大值、角频率和初相位称为正弦量的三要素。下面分别介绍正弦量的三要素及其他物理量。

一、周期、频率和角频率

正弦电流 i 的数学表达式为

$$i = I_m \sin \omega t \quad (3-2)$$

式(3-2)中正弦电流 i 的波形如图3-1所示。

周期 T 表示正弦量每变化一次所需要的时间,单位为秒(s)。每秒钟变化的次数称为频率 f,单位为赫兹(Hz)。

频率和周期具有倒数的关系,即

$$f = \frac{1}{T} \quad (3-3)$$

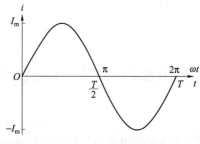

图 3-1 正弦电流波形

我国工业用电的标准频率（简称工频）为 50 Hz，有些国家采用 60 Hz。在电力系统中常用的交流电动机和照明灯等负载都采用工频交流电。

在其他各技术领域内使用不同的频率。例如，音频信号的频率为 20 Hz～20 kHz；高速电动机的频率是 150～2 000 Hz；中频炉的频率是 500～8 000 Hz；高频炉的频率是 200～300 kHz；无线电工程中应用的频率则非常宽广。

正弦交流电在每秒钟内变化的角度称为角频率，用 ω 表示，单位为弧度每秒（rad/s）。因为正弦交流电在一个周期内经历了 2π 弧度（见图 3-1），所以角频率为

$$\omega = \frac{2\pi}{T} = 2\pi f \quad (3-4)$$

周期、频率和角频率均表示正弦量变化的快慢，式（3-4）表示 T、f、ω 三者之间的关系。

例 3-1 我国电力系统的标准频率为 50 Hz，求其周期和角频率。

解：周期 $\quad T = \dfrac{1}{f} = \dfrac{1}{50} = 0.02 \text{（s）} = 20 \text{（ms）}$

角频率 $\quad \omega = 2\pi f = 2 \times 3.14 \times 50 = 314 \text{（rad/s）}$

二、幅值和有效值

正弦交流电在某一瞬间的值称为瞬时值，通常用小写字母表示。正弦交流电在变化过程中出现的最大瞬时值称为幅值或最大值，用大写字母加下标 m 表示。瞬时值和最大值都用来表征正弦量的大小。

在电工技术的应用中，所说的电压高低和电流大小，既不是指瞬时值，也不是指最大值，而是指有效值。通常采用有效值来表示正弦电流、电压和电动势的大小。有效值是从电流热效应的角度规定的。由于电流的热效应，当电路中有电流通过时将产生热量。

设周期性变化的电流 i 和直流电流 I 分别通过阻值相同的电阻 R，在一个周期 T 的时间内产生的热量相等，则这一直流电流的数值 I 就称为周期性电流 i 的有效值。用大写字母表示有效值。

通过电阻 R 的周期性电流 i 在一个周期内的平均功率为

$$P_\sim = \frac{1}{T} \int_0^T Ri^2 \mathrm{d}t$$

流过同一电阻 R 的直流电流 I 的功率为

$$P_- = RI^2$$

若 $P_\sim = P_-$，即

$$\frac{1}{T} \int_0^T Ri^2 \mathrm{d}t = RI^2$$

则周期性电流 i 的有效值在数值上等于这个直流电流 I，即

$$I = \sqrt{\frac{1}{T} \int_0^T i^2 \mathrm{d}t} \quad (3-5)$$

式（3-5）适用于周期性变化的电压或电流，不适用于非周期量。有效值也称为均方根值。

当周期性电流为正弦量时，即 $i = I_m \sin \omega t$，则

$$I = \sqrt{\frac{1}{T}\int_0^T I_m^2 \sin^2 \omega t \, dt}$$

因为

$$\int_0^T \sin^2 \omega t \, dt = \int_0^T \frac{1-\cos 2\omega t}{2} dt = \frac{T}{2}$$

所以

$$I = \frac{I_m}{\sqrt{2}} = 0.707 I_m \tag{3-6}$$

同理，周期性电压 u 的有效值表示为

$$U = \sqrt{\frac{1}{T}\int_0^T u^2 dt}$$

当周期性电压 u 为正弦量时，如 $u = U_m \sin \omega t$，则

$$U = \frac{U_m}{\sqrt{2}} \tag{3-7}$$

同理，正弦电动势的有效值可以表示为

$$E = \frac{E_m}{\sqrt{2}}$$

由此看出，正弦交流电的有效值与最大值之间存在着 $\sqrt{2}$ 的关系，即最大值是有效值的 $\sqrt{2}$ 倍。

在各种电气设备铭牌上标注的额定电压和额定电流都是指有效值，如交流电压 380 V 或 220 V 都是有效值。一般交流电流表和电压表的刻度也是根据有效值来定的。

例 3-2 已知 $i = I_m \sin \omega t$，$I_m = 10$ A，$f = 50$ Hz，试求电流的有效值 I 和 $t = 0.1$ s 时 i 的瞬时值。

解： $I = \dfrac{I_m}{\sqrt{2}} = \dfrac{10}{\sqrt{2}} = 7.07$（A）

$i = I_m \sin 2(\pi f t) = 10 \sin (100\pi \times 0.1) = 0$

三、初相位和相位差

正弦电流也可表示为

$$i = I_m \sin(\omega t + \psi) \tag{3-8}$$

式（3-8）中正弦电流 i 的波形如图 3-2 所示。

在式（3-8）中，$(\omega t + \psi)$ 是随时间变化的角度，称为正弦交流电的相位角或相位，单位是弧度，也可用度。相位是表示正弦量变化进程的。当相位角随时间连续变化时，正弦量的瞬时值随之做连续变化，正弦量的瞬时值是相位的正弦函数。

在开始计时的瞬间，即 $t = 0$ 时的相位角称为初相位角或初相位。在式（3-8）中，ψ 为正弦电流 i 的初相位。由初相位可以确定正弦量的初始值（$t = 0$ 时的值）。

在图 3-1 中，正弦电流 i 的初相位为零，初始值也为零。在图 3-2 中，初始值 $i_0 = I_m \sin \psi$，

不等于 0。因此，所取计时起点不同，正弦量的初相位不同，初始值也不同。

在一个正弦交流电路中，正弦电压 u 和电流 i 的频率是相同的，但初相位不一定相同，式（3-9）为电压和电流的正弦函数式

$$\left.\begin{array}{l} u = U_\mathrm{m}\sin(\omega t + \psi_1) \\ i = I_\mathrm{m}\sin(\omega t + \psi_2) \end{array}\right\} \tag{3-9}$$

式（3-9）中正弦电压和电流的波形图如图 3-3 所示。

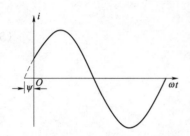

图 3-2　初相位不等于零的正弦电流波形

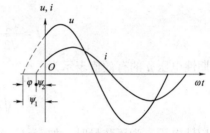

图 3-3　正弦电压、电流波形

两个同频率正弦量的相位角之差，称为相位差，用 φ 表示（要求 $|\varphi| \leqslant 180°$）。在式（3-9）中，正弦电压 u 和电流 i 的相位差为

$$\varphi = (\omega t + \psi_1) - (\omega t + \psi_2) = \psi_1 - \psi_2 \tag{3-10}$$

式（3-10）表明，两个同频率正弦量之间的相位差不随时间的变化而变化，等于两者的初相位之差。

当两个同频率正弦量的计时起点改变时，它们的相位和初相位跟着改变，但是两者之间的相位差仍保持不变。相位差是反映两个同频率正弦量相互关系的重要物理量。它表示了两个同频率正弦量随时间变化时"步调"上的先后。

由图 3-3 的正弦波形可见，因为正弦电压 u 和电流 i 的初相位不同，它们的变化步调不一致，即不是同时达到正的幅值或零值。图中，$\psi_1 > \psi_2$，相位差 $\varphi > 0$，所以电压 u 比电流 i 先达到正的幅值。在相位上，电压 u 比电流 i 超前 φ 角，或电流 i 比电压 u 滞后 φ 角。

如图 3-4 所示正弦电流的波形，电流 i_1 和电流 i_2 的初相位都等于 0，则相位差 $\varphi = 0$，i_1 和 i_2 同相位（相位相同）；而电流 i_3 的初相位为 $-180°$，则电流 i_1 和电流 i_3 的相位差 $\varphi = 180°$，即电流 i_1 和 i_3 反相位（相位相反）。

在电路分析中，可任选一个正弦量的初相位为 0，称它为参考正弦量。则其他正弦量的初相位就等于它们与参考正弦量之间的相位差。

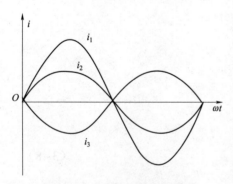

图 3-4　正弦量的同相与反相

3.2　正弦量的相量表示法

正弦量随时间变化的过程可以通过三角函数式或波形图来描述，这两种表示正弦量的方

法比较直观，但是进行计算时不方便，因为电路内各正弦量之间一般情况下具有相位差。例如，两个同频率但初相位不同的电流 i_1、i_2 作求和运算时，电流的和为

$$i = i_1 + i_2 = I_{m1}\sin(\omega t + \psi_1) + I_{m2}\sin(\omega t + \psi_2)$$

因为 $\psi_1 \neq \psi_2$，所以和电流 i（即要找出它的最大值 I_m 和初相位 ψ）需要通过三角函数关系式来计算或利用电流 i_1 和 i_2 的波形图逐点相加才能求出，这是很不方便的。

所以正弦交流电路通常用相量图和相量表示式（复数符号法）进行分析和计算。

一、复数的基本形式

如图 3-5 所示，直角坐标系的横轴表示复数的实部，为实轴；纵轴表示虚部，为虚轴。实轴与虚轴构成的平面为复平面。复平面中一有向线段 A，其实部为 a，虚部为 b，虚数单位 $j = \sqrt{-1}$，于是有向线段 A 可用下面的复数式表示为

$$A = a + jb \qquad (3-11)$$

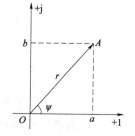

图 3-5 有向线段的复数表示

在图 3-5 中

$$r = \sqrt{a^2 + b^2}$$

表示复数的大小，称为复数的模；

$$\psi = \arctan\frac{b}{a}$$

表示复数与实轴正方向间的夹角，称为复数的辐角。

因为

$$a = r\cos\psi, \quad b = r\sin\psi$$

所以

$$A = r(\cos\psi + j\sin\psi) \qquad (3-12)$$

根据欧拉公式

$$\cos\psi = \frac{e^{j\psi} + e^{-j\psi}}{2}, \quad \sin\psi = \frac{e^{j\psi} - e^{-j\psi}}{2j}$$

式（3-12）可写为

$$A = re^{j\psi} \qquad (3-13)$$

或

$$A = r\angle\psi \qquad (3-14)$$

因此，一个复数可以用上述 4 种复数式来表示。式（3-11）称为复数的直角坐标式；式（3-12）为复数的三角式；式（3-13）为指数式；式（3-14）为极坐标式。4 种形式可以互相转换。复数的加减运算可以采用直角坐标式，复数的乘除运算可以采用指数式或极坐标式。

二、正弦量的相量表示法

正弦电压 $u = U_m\sin(\omega t + \psi)$，其波形如图 3-6 右边所示，左边是一个旋转有向线段 A，在直角坐标系中，有向线段的长度代表正弦量的幅值 U_m，它的初始位置（$t=0$ 时的位置）与

横轴正方向间的夹角等于正弦量的初相位 ψ，并以正弦量的角频率 ω 做逆时针方向旋转。这一旋转有向线段包含正弦量的三个要素，因此可以用来表示正弦量。正弦量在任一时刻的瞬时值可由这个旋转有向线段该瞬时在纵轴上的投影表示出来。如图 3-6 中，在 $t=0$ 时，$u_0 = U_m \sin\psi$；在 $t=t_1$ 时，$u_1 = U_m \sin(\omega t_1 + \psi)$。

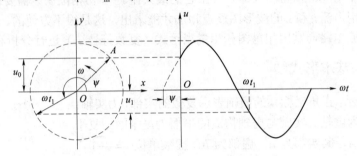

图 3-6　旋转有向线段与正弦量的对应关系

如上所述，一个有向线段可用复数表示。如果用它来表示正弦量，则复数的模即为正弦量的幅值或有效值，复数的辐角即为正弦量的初相位。由于在分析线性电路时，正弦激励和响应均为同频率的正弦量，频率是已知的或特定的，可不必考虑，因此只表示出正弦量的幅值(或有效值)和初相位即可。

我们把表示正弦量的复数称为相量。相量的表示方法是在大写字母上方加一小圆点，以区别一般的复数。所以表示正弦电压 $u = U_m \sin(\omega t + \psi)$ 的相量为

$$\dot{U}_m = U_m(\cos\psi + j\sin\psi) = U_m e^{j\psi} = U_m \angle\psi \tag{3-15}$$

或

$$\dot{U} = U(\cos\psi + j\sin\psi) = U e^{j\psi} = U \angle\psi \tag{3-16}$$

$\dot{U}_m$ 是正弦电压的幅值相量（也称最大值相量）。$\dot{U}$ 是正弦电压的有效值相量，它的模等于正弦量的有效值，辐角等于正弦量的初相位。在正弦交流电路中，因为用有效值表示正弦电压和电流的大小，所以采用有效值相量来分析和计算电路。

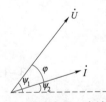

图 3-7　正弦电压、电流相量图

相量也可以在复平面上用有向线段表示，所画出的图形为相量图。在相量图上能看出各正弦量的大小和相位关系。例如，式(3-9)的三角函数式表示的正弦电压和正弦电流，其波形如图 3-3 所示。如用相量图表示两个正弦量，如图 3-7 所示。在图 3-7 中，画出了相量 $\dot{U} = U \angle\psi_1$ 和 $\dot{I} = I \angle\psi_2$ 的相量图，电压 $\dot{U}$ 比电流 $\dot{I}$ 超前 φ 角，也就是正弦电压 u 比电流 i 超前 φ 角，或电流 i 比电压 $\dot{U}$ 滞后 φ 角。

可见，表示正弦量的相量有两种形式：相量图和相量式（复数式）。

需注意的是，相量只能表示正弦量，不等于正弦量。只有正弦周期量才能用相量表示，相量不能表示非正弦周期量。只有同频率的正弦量才能画在同一相量图上，不同频率的正弦量不能画在一个相量图上，否则就无法比较和计算。

正弦量用相量表示后，基尔霍夫定律的瞬时值（任一瞬时都成立）形式

$$\sum i = 0$$

就变换为

$$\sum u = 0$$
$$\sum \dot{I} = 0 \quad (3\text{-}17)$$
$$\sum \dot{U} = 0 \quad (3\text{-}18)$$

式（3-17）和式（3-18）称为基尔霍夫定律的相量形式。

三、旋转因子

在相量表达式中，有时会碰到相量乘 $e^{j\alpha}$ 或 $e^{-j\alpha}$ 的情况。例如，在图 3-8 中，计算相量 $\dot{A} = re^{j\psi}$ 乘以 $e^{j\alpha}$，则得

$$\dot{B} = \dot{A}e^{j\alpha} = re^{j\psi}e^{j\alpha} = re^{j(\psi+\alpha)}$$

上式中，相量 $\dot{B}$ 的模不变，仍为 r。$\dot{B}$ 和实轴正方向间的夹角变为 $(\psi+\alpha)$。可见，一个相量乘以 $e^{j\alpha}$ 后，向逆时针方向（向前）旋转了 α 角，即相量 $\dot{B}$ 比相量 $\dot{A}$ 超前了 α 角。

同理，如果相量 $\dot{A}$ 乘以 $e^{-j\alpha}$，则

$$\dot{C} = re^{j(\psi-\alpha)}$$

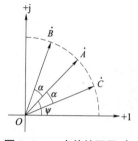

图 3-8 α 度旋转因子 $e^{j\alpha}$

由此看出，一个相量乘以 $e^{-j\alpha}$ 后，向顺时针方向（向后）旋转了 α 角，即相量 $\dot{C}$ 比相量 $\dot{A}$ 滞后了 α 角。

当 $\alpha = \pm 90°$ 时，则

$$e^{\pm j90°} = \cos 90° \pm j\sin 90° = \pm j$$

由图 3-8 可知，任意一个相量乘以 +j，就是把这个相量逆时针旋转 90°；相量乘以 -j 就是把相量顺时针旋转 90°，所以 j 称为 90°的旋转因子，$e^{j\alpha}$ 为 α 度的旋转因子。

例 3-3 试写出表示 $u_A = 220\sqrt{2}\sin 314t$ V，$u_B = 220\sqrt{2}\sin(314t-120°)$ V 和 $u_C = 220\sqrt{2}\sin(314t+120°)$ V 的相量，并画出相量图。

解：分别用有效值相量 $\dot{U}_A$、$\dot{U}_B$ 和 $\dot{U}_C$ 表示正弦电压 u_A、u_B 和 u_C，则

$$\dot{U}_A = 220\angle 0° = 220 \text{（V）}$$

$$\dot{U}_B = 220\angle -120° = 220\left(-\frac{1}{2} - j\frac{\sqrt{3}}{2}\right) \text{（V）}$$

$$\dot{U}_C = 220\angle 120° = 220\left(-\frac{1}{2} + j\frac{\sqrt{3}}{2}\right) \text{（V）}$$

相量图如图 3-9 所示。

例 3-4 图 3-10（a）所示电路中，已知元件 1 中的电流 $i_1 = 5\sqrt{2}\sin(\omega t+30°)$A，元件 2 中的电流 $i_2 = 6\sqrt{2}\sin(\omega t-60°)$A，电压 $u = 100\sqrt{2}\sin(\omega t+30°)$V。(1) 求总电流 i；(2) 画出电压、电流相量图。

解：(1) 将 i_1 和 i_2 用相量表示为

$$\dot{I}_1 = 5\angle 30° = 4.33 + j2.5 \text{（A）}$$

$$\dot{I}_2 = 6\angle -60° = 3 - j5.2 \text{（A）}$$

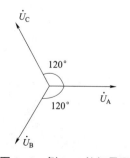

图 3-9 例 3-3 的相量图

根据基尔霍夫电流定律,得

$$\dot{I} = \dot{I}_1 + \dot{I}_2 = (4.33+j2.5)+(3-j5.2)=7.33-j2.7=7.81\angle -20°\text{ (A)}$$

$$i=7.81\sqrt{2}\sin(\omega t-20°)\text{A}$$

(2) 由电压相量 $\dot{U}=100\angle 30°$ V 和电流相量 $\dot{I}_1$、$\dot{I}_2$ 作相量图,如图 3-10(b)所示。

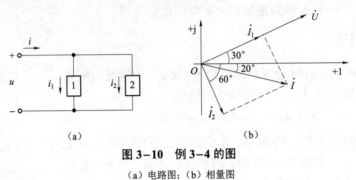

图 3-10 例 3-4 的图
(a) 电路图;(b) 相量图

3.3 电阻元件的交流电路

在实际的交流电路中存在着电阻 R、电感 L 和电容 C 这三个参数。但在研究某一具体电路时,为了使问题简化,经常抓住起主要作用的参数,而忽略其余两个参数的影响,这样电路中只有单一参数在起作用。当掌握了单一参数电路中电压和电流的关系以及功率关系以后,再去研究复杂的电路就方便多了。

本节介绍电阻元件交流电路的电压和电流的相量关系,并讨论电路中能量的转换和功率问题。

一、电压和电流的关系

如图 3-11(a)所示电阻元件的交流电路。设电压 u 和电流 i 取关联参考方向。由欧姆定律

$$u=Ri$$

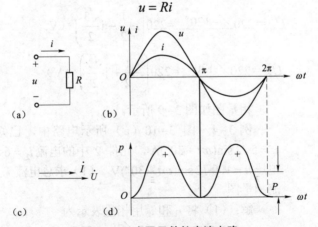

图 3-11 电阻元件的交流电路
(a) 电路图;(b) 正弦电压和电流的波形;(c) 电压和电流的相量图;(d) 功率波形

设电路中的电流 i 为参考正弦量

$$i = I_\mathrm{m} \sin \omega t$$

则

$$u = Ri = RI_\mathrm{m} \sin \omega t = U_\mathrm{m} \sin \omega t \tag{3-19}$$

由式（3-19）可知，电压 u 也是参考正弦量，u 和 i 同相位。它们的角频率也相同，都为 ω。u 和 i 的波形如图 3-11（b）所示。

电压 u 和电流 i 的幅值关系为

$$U_\mathrm{m} = RI_\mathrm{m}$$

或

$$\frac{U_\mathrm{m}}{I_\mathrm{m}} = \frac{U}{I} = R$$

即

$$U = RI \tag{3-20}$$

由式（3-20）可知，电压和电流的有效值关系符合欧姆定律。

根据上述的电流和电压的瞬时值表达式，对应的电流和电压的相量分别表示为 $\dot{I} = I \angle 0°$，$\dot{U} = U \angle 0°$。

电压和电流的相量关系为

$$\frac{\dot{U}}{\dot{I}} = \frac{U}{I} = R$$

即

$$\dot{U} = R\dot{I} \tag{3-21}$$

式（3-21）为欧姆定律的相量表示式。电压和电流的相量图如图 3-11（c）所示。

可见，在电阻元件的交流电路中，电压和电流的瞬时值、有效值和相量关系都具有欧姆定律的形式。

电路中，如果电流不是参考正弦量，即电流的初相位不等于 0，则电压的初相位等于电流的初相位，角频率相等，相量图发生变化。但电压和电流的瞬时值、有效值和相量关系仍符合欧姆定律。

二、电阻元件的功率

瞬时功率表示在任意瞬间，电压瞬时值 u 与电流瞬时值 i 的乘积，用小写字母 p 表示。

在电阻元件的交流电路中，瞬时功率为

$$p = ui = U_\mathrm{m} \sin \omega t \times I_\mathrm{m} \sin \omega t = \frac{U_\mathrm{m} I_\mathrm{m}}{2}(1 - \cos 2\omega t)$$
$$= UI(1 - \cos 2\omega t) \tag{3-22}$$

p 随时间变化的波形如图 3-11（d）所示。由图可见，由于 u 与 i 同相，即同时为正，同时为负，所以瞬时功率总是正值，即 $p \geq 0$。说明电阻元件从电源取用电能转换为热能，这种能量转换的过程是不可逆的。电阻元件是耗能元件。

在一个周期内，电阻 R 消耗电能的平均速率，即瞬时功率的平均值称为电阻电路的平均功率或有功功率，用符号 P 表示，单位为瓦（W），即

$$P = \frac{1}{T}\int_0^T p\mathrm{d}t = \frac{1}{T}\int_0^T UI(1-\cos 2\omega t)\mathrm{d}t = UI = RI^2 = \frac{U^2}{R} \tag{3-23}$$

在一个周期 T 内，电阻消耗的电能为

$$W = \int_0^T p\mathrm{d}t$$

在时间 t 内消耗的电能为

$$W = Pt$$

电能的单位为焦耳（J）。

例 3-5 把一个 200 Ω 电阻，接到频率为 50 Hz，电压有效值为 12 V 的正弦电源上。电流有效值为多少？如电压值不变，电源频率为 500 Hz，电流有效值为多少？

解： 因为电阻与频率无关，所以电压有效值不变时，电流有效值不变，即

$$I = \frac{U}{R} = \frac{12}{200} = 0.06\text{（A）} = 60\text{（mA）}$$

3.4 电感元件的交流电路

一个空心线圈，当忽略其电阻效应（线圈的电阻）和电容效应（匝间、层间分布电容）时，可视为线性电感元件。

本节首先介绍电感元件及其特性，然后分析其在交流电路中电压和电流的关系，并讨论交流电路中电感的能量转换过程和功率问题。

一、电感元件

电感元件简称为电感，是实际电感器［用导线绕制的线圈，如图 3-12（a）所示］的理想化模型。当有电流 i 通过线圈时，其周围将产生磁场。电感元件是用来表征电路中储存磁场能量这一物理性质的理想元件，其电路符号如图 3-12（b）所示。流经电感的电流 i 和端电压 u 习惯上选取关联参考方向。

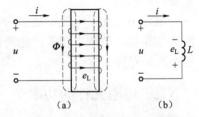

图 3-12 电感元件及其符号
(a) 实际电感器；(b) 电感器电路符号

在图 3-12（a）中，设线圈的匝数为 N，电流 i 通过线圈时产生的磁通为 Φ，两者的乘积

$$\Psi = N\Phi \tag{3-24}$$

称为磁链，即与线圈各匝相链的磁通总和。它与电流的比值

$$L = \frac{\Psi}{i} \tag{3-25}$$

称为线圈的电感，也称为自感。如果 L 是一个与磁通和电流无关的常数，则称为线性电感。

磁链和磁通的单位为韦伯（Wb），电感的单位为亨利（H）。

线圈的电感与线圈的尺寸、匝数以及附近介质的导磁性能等有关。即

$$L = \mu \frac{SN^2}{l} \tag{3-26}$$

式中，μ 为介质的磁导率（H/m）；l 为电感线圈的长度（m）；S 为电感线圈的截面积（m²）；N 为电感线圈总匝数。

当线圈中的电流 i 变化时，磁通 $\varPhi$ 和磁链 $\varPsi$ 随之变化，将会在线圈中产生自感电动势 e_L。

图 3-12（a）中，各个物理量的参考方向是这样选定的：电源电压 u 的参考方向任意设定（设上端为高电位，下端为低电位，即由上指向下），电流与电压取关联参考方向，磁通 $\varPhi$ 的参考方向根据电流的参考方向用右手螺旋定则确定，规定自感电动势 e_L 的参考方向与磁通的参考方向之间符合右手螺旋定则。

根据电磁感应定律，自感电动势

$$e_L = -\frac{d\varPsi}{dt} = -N\frac{d\varPhi}{dt} \tag{3-27}$$

将磁链 $\varPsi = Li$ 代入上式，得

$$e_L = -L\frac{di}{dt} \tag{3-28}$$

在图 3-12（b）中，按照图中规定的参考方向根据基尔霍夫电压定律可写出：

$$u = -e_L$$

即

$$u = -e_L = L\frac{di}{dt} \tag{3-29}$$

式（3-29）说明，电感元件的端电压 u 与电流 i 的导数成正比。当把电感 L 接到直流电路中时，因 $di/dt = 0$，所以电感的端电压为 0，即电感元件对直流电路相当于短路。

电感不消耗能量，是储能元件。当流过电感的电流为 i 时，它储存的磁场能量为

$$w_L = \frac{1}{2}Li^2 \tag{3-30}$$

二、电感元件的电压和电流的关系

如图 3-13（a）所示电感元件的交流电路，当电感元件中通过交流电流 i 时，产生自感电动势 e_L。设电流 i、电压 u 和电动势 e_L 取关联参考方向。

设电流为参考正弦量

$$i = I_m \sin \omega t$$

根据基尔霍夫电压定律得

$$u = -e_L = L\frac{di}{dt}$$

则

$$\begin{aligned} u &= L\frac{d(I_m \sin \omega t)}{dt} = \omega L I_m \cos \omega t \\ &= \omega L I_m \sin(\omega t + 90°) = U_m \sin(\omega t + 90°) \end{aligned} \tag{3-31}$$

由式（3-31）可知，电压 u 和电流 i 为同频率的正弦量，电压的初相位为 90°。u 和 i 的波形如图 3-13（b）所示。

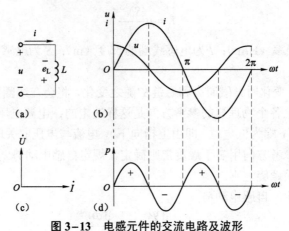

图 3-13 电感元件的交流电路及波形

(a) 电路图；(b) 正弦电压和电流的波形；(c) 电压和电流的相量图；(d) 功率波形

可见，对于电感元件的交流电路，在相位上，电压 u 比电流 i 超前 90°，或 i 比 u 滞后 90°（相位差 $\varphi = \psi_u - \psi_i = 90° - 0° = 90°$）。

在式（3-31）中，电压 u 和电流 i 的幅值关系为

$$U_m = \omega L I_m$$

或

$$\frac{U_m}{I_m} = \frac{U}{I} = \omega L$$

令

$$\omega L = X_L$$

则

$$\frac{U}{I} = X_L$$

即

$$U = X_L I \tag{3-32}$$

由式（3-32）可知，电压和电流的有效值关系具有欧姆定律的形式。

可见，在电感元件电路中，电压的有效值和电流的有效值之比值为 X_L，它的单位为欧姆。当电压 U 一定时，X_L 越大，I 越小，表现出对交流电流起阻碍作用的物理性质，称之为感抗。即

$$X_L = \omega L = 2\pi f L \tag{3-33}$$

当 U 和 L 一定时，X_L 和 I 随 f 变化的关系曲线如图 3-14 所示。

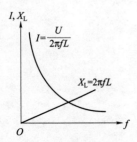

图 3-14 X_L 和 I 随 f 变化的关系

由于感抗 X_L 与频率 f 成正比（L 一定时），f 越高，X_L 越

大，I 越小。当 $f \to \infty$ 时，$X_L \to \infty$，$I \to 0$，电感元件相当于开路；反之，f 越低，X_L 越小，I 越大；当 $f = 0$（直流）时，$X_L = 0$，电感元件相当于短路。因此，电感元件具有通低频（电流）、阻高频的作用。

需要注意的是，电压和电流的有效值之比等于感抗，它们的瞬时值之比 $\dfrac{u}{i} \neq X_L$。

根据上述的电流和电压的瞬时值表达式，对应的电流和电压的相量分别表示为

$$\dot{I} = I \angle 0°，\quad \dot{U} = U \angle 90°$$

电压和电流的相量关系为

$$\frac{\dot{U}}{\dot{I}} = \frac{U}{I} \angle 90° = jX_L$$

即

$$\dot{U} = jX_L \dot{I} \tag{3-34}$$

式中，$jX_L = X_L \angle 90°$ 为复（数）感抗。引入复（数）感抗后，式（3-34）为欧姆定律的相量表示式。电压和电流的相量图如图 3-13（c）所示。

在电路中，如果电流不是参考正弦量，则电压的初相位等于电流的初相位加 90°，角频率相等，相量图发生变化。但电压和电流的瞬时值、有效值和相量关系仍不变。

三、电感元件的功率

在电感元件的交流电路中，瞬时功率为

$$\begin{aligned} p &= ui = U_m \sin(\omega t + 90°) \times I_m \sin \omega t \\ &= U_m I_m \sin \omega t \cos \omega t = UI \sin 2\omega t \end{aligned} \tag{3-35}$$

可见，p 为一个幅值为 UI，角频率为 2ω 的正弦交变量，其波形如图 3-13（d）所示。由图 3-13（b）、（d）可以看出，在第一、第三个 1/4 周期内，u、i 方向相同，$p>0$，表明电感元件处于负载状态，吸收能量，将电能转换为磁场能量储存在线圈的磁场中；在第二、第四个 1/4 周期内，u、i 方向相反，$p<0$，表明电感元件处于电源状态，放出能量，将磁场能量转换成电能送还给电源。

电感元件的平均功率（有功功率）为

$$P = \frac{1}{T} \int_0^T p \, \mathrm{d}t = \frac{1}{T} \int_0^T UI \sin 2\omega t \, \mathrm{d}t = 0 \tag{3-36}$$

由图 3-13（d）的波形也容易看出，p 的平均值为 0。线圈从电源吸收的能量和放出的能量相等。即电感元件不消耗能量，只与电源交换能量（电能与磁场能量的相互转换）。所以，电感元件是储能元件。

为了衡量电源和电感元件之间能量交换的规模，将能量交换的最大速率（即瞬时功率的最大值）UI，定义为电感元件的无功功率（感性无功功率），用 Q 表示，单位是乏（var）或千乏（kvar）。

$$Q = UI = X_L I^2 = \frac{U^2}{X_L} \tag{3-37}$$

电感元件和电源进行能量互换是工作需要。虽然电感元件不消耗能量，但对电源来说，

是一种负担,所以电源和电感元件之间交换的功率为无功功率。

例 3-6 一个电感为 0.2 H 的线圈(忽略线圈电阻),接到频率为 50 Hz,电压有效值为 12 V 的正弦电源上。则电流有效值为多少?如电压值不变,电源频率为 500 Hz 时,电流有效值为多少?

解:当 $f=50$ Hz 时

$$X_L = 2\pi fL = 2\times 3.14\times 50\times 0.2 = 62.8 \text{ (}\Omega\text{)}$$

$$I = \frac{U}{X_L} = \frac{12}{62.8} = 0.191 \text{ (A)} = 191 \text{ (mA)}$$

当 $f=500$ Hz 时

$$X_L = 2\times 3.14\times 500\times 0.2 = 628 \text{ (}\Omega\text{)}$$

$$I = \frac{12}{628} = 0.0191 \text{ (A)} = 19.1 \text{ (mA)}$$

可见,在电压有效值一定时,频率越高,通过电感元件的电流有效值越小。

3.5 电容元件的交流电路

各种电容器,当忽略它的电阻效应(漏电阻)时,均可视为线性电容元件。

本节首先介绍电容元件及其特性,然后分析其在交流电路中时电压和电流的关系,并讨论交流电路中电容的能量转换过程和功率问题。

一、电容元件

电容元件简称为电容,是实际电容器的理想化模型。当电容元件两端加电压 u 时,它的极板(由绝缘材料隔开的两个金属导体)上会储存等量异号的电荷量 q,介质内出现电场,储存电场能量。电容元件是用来表征电路中储存电场能量这一物理性质的理想元件,其电路符号如图 3-15 所示。流经电容的电流 i 和端电压 u 习惯上选取关联参考方向。q 与 u 的比值

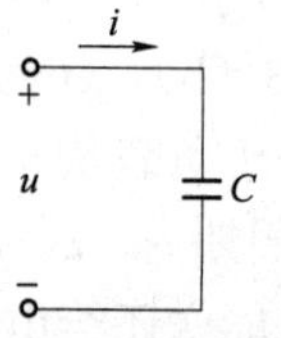

图 3-15 电容元件电路

$$C = \frac{q}{u} \tag{3-38}$$

称为电容,代表一个电容器储存电荷的能力。如果 C 是一个与电荷量和电压无关的常数,则称为线性电容。电容的单位是法拉(F)。由于法拉的单位太大,工程上常采用微法(μF)或皮法(pF)。$1 \text{ μF} = 10^{-6}$ F,$1 \text{ pF} = 10^{-12}$ F。

电容器的电容与极板的尺寸及其间介质的介电常数有关,即

$$C = \varepsilon \frac{S}{d} \tag{3-39}$$

式中,ε 称为介质的介电常数(F/m);S 为极板面积(m^2);d 为极板间的距离(m)。

当电容电压 u 随时间变化时,极板上的电荷量 q 也随之变化,在电路中电流

$$i = \frac{dq}{dt} = C\frac{du}{dt} \tag{3-40}$$

式（1-40）表明电容电流正比于电容电压的变化率。当把电容接到直流电路中时，因 $du/dt=0$，所以电容的电流为 0，即电容元件对直流电路相当于开路。

电容不消耗能量，是储能元件。当电容两端的电压为 u 时，它储存的电场能量为

$$w_C = \frac{1}{2}Cu^2 \tag{3-41}$$

二、电容元件的电压和电流关系

如图 3-16（a）所示电容元件的交流电路，设电压 u 和电流 i 取关联参考方向。

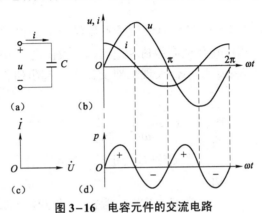

图 3-16　电容元件的交流电路

(a) 电路图；(b) 正弦电压和电流的波形；(c) 电压和电流的相量图；(d) 功率波形

当电压变化时，电容器极板上的电荷量也随着变化，在电路中引起电流 i 的变化，即

$$i = \frac{dq}{dt} = C\frac{du}{dt}$$

当在电容元件两端加一正弦电压（参考正弦量）

$$u = U_m \sin\omega t$$

则

$$\begin{aligned} i &= C\frac{d(U_m \sin\omega t)}{dt} = \omega C U_m \cos\omega t \\ &= \omega C U_m \sin(\omega t + 90°) = I_m \sin(\omega t + 90°) \end{aligned} \tag{3-42}$$

由式（3-42）可知，电压 u 和电流 i 为同频率的正弦量，电流的初相位为 90°。u 和 i 的波形如图 3-16（b）所示。

可见，电容元件的交流电路，在相位上，电压 u 比电流 i 滞后 90°，或 i 比 u 超前 90°（相位差 $\varphi = \psi_u - \psi_i = 0° - 90° = -90°$）。

在式（3-42）中，电压 u 和电流 i 的幅值关系为

$$I_m = \omega C U_m$$

或

$$\frac{U_m}{I_m} = \frac{U}{I} = \frac{1}{\omega C} \tag{3-43}$$

令

$$\frac{1}{\omega C} = X_C$$

则

$$\frac{U}{I} = X_C$$

即

$$U = X_C I \tag{3-44}$$

由式（3-44）可知，电压和电流的有效值关系具有欧姆定律的形式。

可见，在电容元件电路中，电压的有效值和电流的有效值之比值为 X_C，它的单位为欧姆。当电压 U 一定时，X_C 越大，I 越小，表现出对交流电流起阻碍作用的物理性质，称之为容抗。即

$$X_C = \frac{1}{\omega C} = \frac{1}{2\pi f C} \tag{3-45}$$

当 U 和 C 一定时，X_C 和 I 随 f 变化的关系曲线如图 3-17 所示。

当 C 一定时，容抗 X_C 与频率 f 成反比，f 越高，X_C 越小，I 越大；反之，f 越低，X_C 越大，I 越小；当 $f = 0$（直流）时，呈现的容抗 $X_C \to \infty$，电容元件相当于开路。因此，电容元件具有通高频、阻低频和隔直流的作用。

需要注意的是，电压和电流的有效值之比等于容抗，它们的瞬时值之比 $\dfrac{u}{i} \neq X_C$。

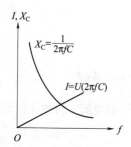

图 3-17 X_C 和 I 随 f 变化的关系

根据上述的电压和电流的瞬时值表达式，对应的电压和电流的相量分别表示为

$$\dot{U} = U \angle 0°, \quad \dot{I} = I \angle 90°$$

电压和电流的相量关系为

$$\frac{\dot{U}}{\dot{I}} = \frac{U}{I} \angle -90° = -jX_C$$

即

$$\dot{U} = -jX_C \dot{I} \tag{3-46}$$

式（3-46）中，$-jX_C = X_C \angle -90°$ 为复（数）容抗。引入复（数）容抗后，式（3-46）为欧姆定律的相量表示式。电压和电流的相量图如图 3-16（c）所示。

电路中，如果电压不是参考正弦量，则电流的初相位等于电压的初相位加 90°，角频率相等，相量图发生变化。但电压和电流的瞬时值、有效值和相量关系仍不变。

三、电容元件的功率

在电容元件的交流电路中，瞬时功率为

$$p = ui = U_m \sin\omega t \times I_m \sin(\omega t + 90°) \qquad (3-47)$$
$$= U_m I_m \sin\omega t \cos\omega t = UI \sin 2\omega t$$

可见，p 为一个幅值为 UI，角频率为 2ω 的正弦交变量，其波形如图 3-16（d）所示。由图 3-16（b）、(d) 可以看出，在第一、第三个 1/4 周期内，u、i 方向相同，$p>0$，表明电容元件处于负载状态，吸收能量（电压值增高，充电），将电能转换为电场能量储存在电容极板间的电场中；在第二、第四个 1/4 周期内，u、i 方向相反，$p<0$，表明电容元件处于电源状态，释放能量（电压值降低，放电），将储存的电场能量转换成电能送还给电源。

电容元件的平均功率（有功功率）为

$$P = \frac{1}{T}\int_0^T p\,dt = \frac{1}{T}\int_0^T UI \sin 2\omega t\, dt = 0 \qquad (3-48)$$

由图 3-16（d）的波形也容易看出，p 的平均值为 0。电容元件从电源吸收的能量和放出的能量相等。电容元件也不消耗能量，只与电源交换能量（电能与电场能量的相互转换）。所以，电容元件也是储能元件。

和电感电路一样，为了衡量电源和电容元件之间能量交换的规模，定义电容元件的无功功率（容性无功功率，单位为乏），等于电容电路中瞬时功率 p 的幅值，即

$$Q = -UI = -X_C I^2 = -\frac{U^2}{X_C} \qquad (3-49)$$

为了加以区别，电感性无功功率取正值，电容性无功功率取负值。

例 3-7 一个电容为 20 μF 的电容器，接到频率为 50 Hz，电压有效值为 12 V 的正弦电源上。则电流有效值是多少？如电压值不变，电源频率为 500 Hz 时，电流有效值为多少？

解： 当 $f = 50$ Hz 时

$$X_C = \frac{1}{2\pi fC} = \frac{1}{2\times 3.14\times 50\times (20\times 10^{-6})} = 159.2\ (\Omega)$$

$$I = \frac{U}{X_C} = \frac{12}{159.2} = 0.0754\ (A) = 75.4\ (mA)$$

当 $f = 500$ Hz 时

$$X_C = \frac{1}{2\times 3.14\times 500\times (20\times 10^{-6})} = 15.9\ (\Omega)$$

$$I = \frac{U}{X_C} = \frac{12}{15.9} = 0.755\ (A) = 755\ (mA)$$

可见，在电压有效值一定时，频率越高，通过电容元件的电流有效值越大。

3.6 电阻、电感和电容元件串联的交流电路

前面分析了单一参数的交流电路，而实际电路往往是由各种参数经不同连接构成的。所以，研究含有复合参数较复杂的交流电路更具有实际意义。现在我们直接应用上面分析的结果来讨论电阻、电感和电容元件串联的交流电路。

一、电压和电流的关系

电阻、电感和电容元件串联的交流电路如图 3-18(a) 所示。设电流 i 和电压 u_R、u_L、u_C、u 均取关联参考方向。下面分析电路中电压和电流的关系。

1. 相量图解法

相量图解法是利用相量图的几何关系求解的方法。因为串联电路中的电流为公共量，所以设其为参考正弦量，即

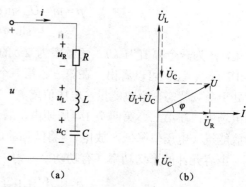

图 3-18 电阻、电感和电容元件串联的交流电路
(a) 电路图；(b) 相量图

$$i = I_m \sin \omega t$$

则电阻元件上的电压为

$$u_R = U_{Rm} \sin \omega t$$

上式中

$$U_{Rm} = \sqrt{2} U_R$$

电感元件上的电压为

$$u_L = U_{Lm} \sin(\omega t + 90°)$$

上式中

$$U_{Lm} = \sqrt{2} U_L$$

电容元件上的电压为

$$u_C = U_{Cm} \sin(\omega t - 90°)$$

上式中

$$U_{Cm} = \sqrt{2} U_C$$

同频率的正弦量相加，和仍为同频率的正弦量。根据基尔霍夫电压定律，电源电压

$$u = u_R + u_L + u_C = U_m \sin(\omega t + \psi_u) \quad (3-50)$$

上式中

$$U_m = \sqrt{2} U$$

U_m 为 u 的幅值，U 为 u 的有效值，ψ_u 为 u 的初相位。

因为电压和电流的相位差 φ 定义为电压超前电流的角度，即

$$\varphi = \psi_u - \psi_i = \psi_u - 0° = \psi_u$$

则

$$u = \sqrt{2} U \sin(\omega t + \varphi) \quad (3-51)$$

为求出有效值 U 和相位差 ψ_u（φ），利用相量图解法最为简便。为此，将电压 u_R、u_L 和 u_C 分别用相量 $\dot{U}_R = U_R \angle 0°$，$\dot{U}_L = U_L \angle 90°$ 和 $\dot{U}_C = U_C \angle -90°$ 表示，并画出电流和电压的

相量图，如图 3-18（b）所示。

由基尔霍夫电压定律的相量形式

$$\dot{U} = \dot{U}_R + \dot{U}_L + \dot{U}_C \tag{3-52}$$

在相量图上，将相量 $\dot{U}_R$、$\dot{U}_L$ 和 $\dot{U}_C$ 相加可求出电源电压相量 $\dot{U}$。把由 $\dot{U}_R$、$\dot{U}_X(=\dot{U}_L+\dot{U}_C)$（电抗电压，其有效值 $U_X = U_L - U_C$）和 $\dot{U}$ 组成的直角三角形，称为电压三角形，如图 3-18（b）和图 3-20 所示。由电压三角形，可求出电源电压的有效值，即

$$U = \sqrt{U_R^2 + (U_L - U_C)^2} = \sqrt{(RI)^2 + (X_L I - X_C I)^2} \tag{3-53}$$
$$= I\sqrt{R^2 + (X_L - X_C)^2}$$

或

$$\frac{U}{I} = \sqrt{R^2 + (X_L - X_C)^2} \tag{3-54}$$

令

$$\sqrt{R^2 + (X_L - X_C)^2} = |Z|$$

则

$$\frac{U}{I} = |Z|$$

即

$$U = |Z|I \tag{3-55}$$

由式（3-55）可知，电压和电流的有效值关系具有欧姆定律的形式。

可见，在电阻、电感和电容元件串联的交流电路中，电压和电流的有效值的比值为 $|Z|$，它的单位为欧姆。当电压 U 一定时，$|Z|$ 越大，I 越小。表现出对交流电流起阻碍作用的物理性质，称之为电路的阻抗模，即

$$|Z| = \sqrt{R^2 + (X_L - X_C)^2} = \sqrt{R^2 + \left(\omega L - \frac{1}{\omega C}\right)^2} \tag{3-56}$$

式（3-56）中，$X = X_L - X_C$，称为电路的电抗。由 R、$X(=X_L-X_C)$ 和 $|Z|$ 组成的直角三角形，称为阻抗三角形。在阻抗三角形中，φ 称为阻抗角，如图 3-20 所示。

根据电压三角形或阻抗三角形可求得电源电压 u 和电流 i 之间的相位差 φ，即

$$\varphi = \arctan\frac{U_L - U_C}{U_R} = \arctan\frac{X_L - X_C}{R} = \arctan\frac{X}{R} \tag{3-57}$$

可见，电压 u 和电流 i 之间的相位差 φ 等于阻抗角。当电路参数不同时，u 和 i 之间的相位差 φ 也不同。所以，φ 角的大小由负载的参数决定。电源电压的初相位为

$$\psi_u = \psi_i + \varphi = 0 + \varphi = \varphi$$

因此电源电压为

$$u = \sqrt{2}U\sin(\omega t + \varphi)$$

2. 相量分析法（符号法）

相量分析法是用复数计算正弦交流电路的方法，也称为符号法。相量形式的电阻、电感

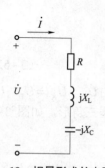

图 3-19 相量形式的电阻、电感和电容串联电路

和电容串联电路如图 3-19 所示。电流和各电压仍取关联参考方向。

设电流为参考相量，即

$$\dot{I} = I \angle 0°$$

则电阻元件上的电压

$$\dot{U}_R = R\dot{I} = U_R \angle 0°$$

电感元件上的电压

$$\dot{U}_L = jX_L\dot{I} = U_L \angle 90°$$

电容元件上的电压

$$\dot{U}_C = -jX_C\dot{I} = U_C \angle -90°$$

由基尔霍夫电压定律的相量形式

$$\dot{U} = \dot{U}_R + \dot{U}_L + \dot{U}_C = R\dot{I} + jX_L\dot{I} - jX_C\dot{I}$$
$$= [R + j(X_L - X_C)]\dot{I} = (R + jX)\dot{I}$$

将上式写成

$$\frac{\dot{U}}{\dot{I}} = R + j(X_L - X_C) \quad (3-58)$$

令

$$R + j(X_L - X_C) = Z$$

则

$$\frac{\dot{U}}{\dot{I}} = Z$$

即

$$\dot{U} = Z\dot{I} \quad (3-59)$$

由式（3-59）可知，电压和电流的相量关系具有欧姆定律的形式，既表示了电路中电压和电流之间的大小关系（反映在阻抗模 $|Z|$ 上），又表示了相位关系（反映在阻抗角 φ 上）。可见，在电阻、电感和电容元件串联的交流电路中，电压和电流的相量之比值为 Z，它的单位为欧姆，称为电路的阻抗，即

$$Z = R + jX = R + j(X_L - X_C) = |Z| \angle \varphi \quad (3-60)$$

$$|Z| = \sqrt{R^2 + (X_L - X_C)^2}$$

$$\varphi = \arctan\frac{X_L - X_C}{R} = \arctan\frac{X}{R}$$

阻抗 Z 的模 $|Z|$ 即为电路的阻抗模，阻抗 Z 的辐角 φ 即为阻抗角，其值等于电源电压和电流的相位差。于是可得电源电压

$$u = \sqrt{2}U\sin(\omega t + \varphi)$$

需注意的是，在电阻、电感和电容元件串联的交流电路中，由于各元件中通过的是同一个电流，因此 u_R、u_L、u_C 和 u 之间出现相位差，这时电路的电源电压有效值就不等于各部

分电压有效值之和,即

$$U \neq U_R + U_L + U_C \text{ 和 } |Z|I \neq RI + (X_L - X_C)I$$

及

$$|Z| \neq R + (X_L - X_C) \text{ 和 } Z \neq R + X_L - X_C$$

还应注意,阻抗不同于正弦量的复数表示,即它不是相量,而是复数计算量。

3. 电阻、电感和电容串联电路性质的讨论

由式(3-57)可知,在频率一定时,阻抗角 φ 的大小,即电压 u 和电流 i 的相位差 φ 都和电路参数 R、L、C 有关。

(1) 当 $X_L > X_C$ 时,$X>0$,即 $\varphi>0$,$U_L > U_C$,电压 u 比电流 i 超前 φ 角,电路是电感性的,如图3-18(b)所示。

(2) 当 $X_L < X_C$ 时,$X<0$,即 $\varphi<0$,$U_L < U_C$,u 比 i 滞后 φ 角,电路是电容性的。

(3) 当 $X_L = X_C$ 时,$X=0$,即 $\varphi=0$,$U_L = U_C$,u 和 i 同相位,电路是电阻性的,处于串联谐振状态,也称为串联谐振电路。

二、电路的功率

设电路中电流和电压的瞬时值分别为

$$i = I_m \sin \omega t, \quad u = U_m \sin(\omega t + \varphi)$$

则瞬时功率为

$$p = ui = U_m \sin(\omega t + \varphi) \times I_m \sin \omega t$$

因为

$$\sin(\omega t + \varphi)\sin \omega t = \frac{1}{2}[\cos \varphi - \cos(2\omega t + \varphi)]$$

和

$$U_m I_m = 2UI$$

所以

$$p = UI\cos \varphi - UI\cos(2\omega t + \varphi) \tag{3-61}$$

1. 有功功率(平均功率)P

$$P = \frac{1}{T}\int_0^T p \, dt = \frac{1}{T}\int_0^T [UI\cos \varphi - UI\cos(2\omega t + \varphi)] \, dt$$
$$= UI\cos \varphi$$

由电压三角形(见图3-18(b))可得出

$$U\cos \varphi = U_R$$

所以

$$P = UI\cos\varphi = U_R I = RI^2 = \frac{U_R^2}{R} \tag{3-62}$$

在式（3-62）中，$\cos\varphi$ 称为功率因数。

2. 无功功率 Q

由于电感元件和电容元件的能量储放，电路必然要与电源交换能量。因为 $\dot{U}_L$ 和 $\dot{U}_C$ 反相位，而串联电路中通过同一电流 $\dot{I}$，则电感吸收功率时，电容必定在释放功率；反之亦然。可见，电感元件和电容元件的无功功率有相互补偿的作用，而电源只与电路交换补偿后的差额部分。因此，电阻、电感和电容串联电路的无功功率为

$$Q = Q_L + Q_C = U_L I - U_C I = (U_L - U_C)I$$

由电压三角形可知

$$U_L - U_C = U\sin\varphi$$

所以

$$Q = UI\sin\varphi = U_X I = XI^2 = \frac{U_X^2}{X} \tag{3-63}$$

式（3-62）和式（3-63）是计算正弦交流电路有功功率和无功功率的一般公式。

3. 视在功率 S

在交流电路中，有功功率一般不等于电压和电流有效值的乘积。将电压和电流有效值的乘积定义为视在功率 S，即

$$S = UI = |Z|I^2 \tag{3-64}$$

由于有功功率 P、无功功率 Q 和视在功率 S 代表的意义不同，为了区别，采用不同的单位。视在功率的单位是伏安（V·A）或千伏安（kV·A）。

交流电气设备是按照额定电压 U_N 和额定电流 I_N 设计和使用的。通常把额定电压和额定电流的乘积定义为额定视在功率，也称为额定容量，如下式

$$S_N = U_N I_N$$

三个功率之间的关系为

$$S = \sqrt{P^2 + Q^2} \tag{3-65}$$

由式（3-65），P、Q 和 S 组成的直角三角形称为功率三角形，如图 3-20 所示。在功率三角形中，φ 称为功率因数角。

阻抗三角形、电压三角形和功率三角形是相似的，把它们画在同一图（见图 3-20）中，便于分析与记忆相应的关系。可以看出，φ 既是阻抗三角形中的阻抗角，又是功率三角形的功率因数角，同时等于电压和电流的相位差。

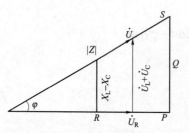

图 3-20 阻抗三角形、电压三角形和功率三角形

应注意，电压三角形各边都是相量，功率 P、Q 和 S

都不是正弦量，不能用相量表示。

例 3-8 在电阻、电感和电容元件串联的交流电路中，已知 $R=30\,\Omega$，$L=127\,\text{mH}$，$C=40\,\mu\text{F}$，电源电压 $u=220\sqrt{2}\sin(314t+20°)\,\text{V}$。试求：（1）感抗 X_L、容抗 X_C 和阻抗模 $|Z|$；（2）电流的有效值 I 和瞬时值 i 的表达式；（3）电阻、电感和电容电压的有效值和瞬时值的表达式；（4）画出电压、电流相量图；（5）功率 P、Q、S 和功率因数 $\cos\varphi$。

解：（1）$X_L = \omega L = 314 \times 127 \times 10^{-3} = 40\,(\Omega)$

$$X_C = \frac{1}{\omega C} = \frac{1}{314 \times 40 \times 10^{-6}} = 80\,(\Omega)$$

$$|Z| = \sqrt{R^2 + (X_L - X_C)^2} = \sqrt{30^2 + (40-80)^2} = 50\,(\Omega)$$

（2）$I = \dfrac{U}{|Z|} = \dfrac{220}{50} = 4.4\,(\text{A})$

$$\varphi = \arctan\frac{X_L - X_C}{R} = \arctan\frac{40-80}{30} = -53°\ （电容性）$$

$$i = 4.4\sqrt{2}\sin(314t+20°+53°) = 4.4\sqrt{2}\sin(314t+73°)\,(\text{A})$$

（3）$U_R = RI = 30 \times 4.4 = 132\,(\text{V})$

$$u_R = 132\sqrt{2}\sin(314t+73°)\,\text{V}$$

$$U_L = X_L I = 40 \times 4.4 = 176\,(\text{V})$$

$$u_L = 176\sqrt{2}\sin(314t+73°+90°) = 176\sqrt{2}\sin(314t+163°)\,\text{V}$$

$$U_C = X_C I = 80 \times 4.4 = 352\,(\text{V})$$

$$u_C = 352\sqrt{2}\sin(314t+73°-90°) = 352\sqrt{2}\sin(314t-17°)\,\text{V}$$

显然，$U \neq U_R + U_L + U_C$。

（4）电压、电流相量图如图 3-21 所示。

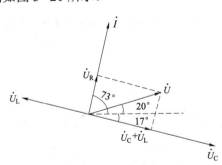

图 3-21 例 3-8 的相量图

（5）$P = UI\cos\varphi = 220 \times 4.4 \times \cos(-53°) = 220 \times 4.4 \times 0.6 = 580.8\,(\text{W})$

$$Q = UI\sin\varphi = 220 \times 4.4 \sin(-53°) = 220 \times 4.4 \times (-0.8) = -774.4\,(\text{var})\ （电容性）$$

$$S = UI = 220 \times 4.4 = 968\,(\text{V}\cdot\text{A})$$

或

$$S = \sqrt{P^2 + Q^2} = \sqrt{580.8^2 + (-774.4)^2} = 968\,(\text{V}\cdot\text{A})$$

$$\cos\varphi = \cos(-53°) = 0.6$$

例 3-9 在电阻、电感和电容元件串联的交流电路中，已知 $R=30\,\Omega$，$L=382\,\text{mH}$，$C=40\,\mu\text{F}$，接在电压 $u=220\sqrt{2}\sin(\omega t-15°)\text{V}$，$f=50\,\text{Hz}$ 的电源上。试求：(1) 电流相量 $\dot{I}$；(2) 电压相量 $\dot{U}_R$、$\dot{U}_L$ 和 $\dot{U}_C$。

解：(1) $\dot{U}=220\angle-15°$ (V)

$$X_L=2\pi fL=2\times3.14\times50\times382\times10^{-3}=120\,(\Omega)$$

$$X_C=\frac{1}{2\pi fC}=\frac{1}{2\times3.14\times50\times40\times10^{-6}}=80\,(\Omega)$$

$$Z=R+\text{j}(X_L-X_C)=30+\text{j}(120-80)=30+\text{j}40=50\angle53.1°\,(\Omega)$$

$$\dot{I}=\frac{\dot{U}}{Z}=\frac{220\angle-15°}{50\angle53.1°}=4.4\angle-68.1°\,(\text{A})$$

(2) $\dot{U}_R=R\dot{I}=30\times4.4\angle-68.1°=132\angle-68.1°$ (V)

$\dot{U}_L=\text{j}X_L\dot{I}=120\angle90°\times4.4\angle-68.1°=528\angle21.9°$ (V)

$\dot{U}_C=-\text{j}X_C\dot{I}=80\angle-90°\times4.4\angle-68.1°=352\angle-158.1°$ (V)

3.7 正弦交流电路的计算

在正弦交流电路中，引入相量、阻抗、欧姆定律和基尔霍夫定律的相量形式以后，直流电路中介绍的分析方法同样适用于正弦交流电路的分析和计算。

一、阻抗串联的交流电路

当 n 个阻抗串联时，如图 3-22(a) 所示，电流和各电压取关联参考方向。应用基尔霍夫电压定律，电路总电压为

$$\dot{U}=\dot{U}_1+\dot{U}_2+\cdots+\dot{U}_{n-1}+\dot{U}_n=Z_1\dot{I}+Z_2\dot{I}+\cdots+Z_{n-1}\dot{I}+Z_n\dot{I}$$
$$=\dot{I}\sum_{i=1}^{n}Z_i \tag{3-66}$$

式 (3-66) 中

$$Z=\sum_{i=1}^{n}Z_i=\sum_{i=1}^{n}R_i+\text{j}\sum_{i=1}^{n}X_i=\sum_{i=1}^{n}R_i+\text{j}\left(\sum_{i=1}^{n}X_{Li}-\sum_{i=1}^{n}X_{Ci}\right)=|Z|\angle\varphi \tag{3-67}$$

$$|Z|=\sqrt{\left(\sum_{i=1}^{n}R_i\right)^2+\left(\sum_{i=1}^{n}X_i\right)^2}$$

$$\varphi=\arctan\frac{\sum_{i=1}^{n}X_i}{\sum_{i=1}^{n}R_i}$$

式 (3-67) 中的 Z 是串联电路的总阻抗，又称等效阻抗。它的实部是串联电路的各电阻之和，虚部等于串联电路的各电抗之代数和。图 3-22(a) 阻抗串联的交流电路的等效电路如图 3-22(b) 所示。

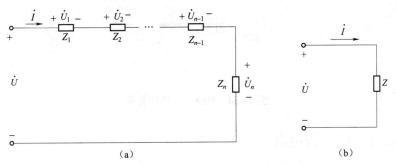

图 3-22 阻抗串联的交流电路及等效电路
(a) 阻抗串联的交流电路；(b) 等效电路

根据图 3-22（b）可以写出

$$\dot{U} = Z\dot{I} \quad (3-68)$$

式（3-68）为阻抗串联交流电路电压和电流的相量关系式，具有欧姆定律的形式，同时表示出电压和电流的大小关系（即有效值关系 $U = |Z|I$）和相位关系（$\psi_u = \varphi + \psi_i$）。

因为一般情况下，

$$U \neq U_1 + U_2 + \cdots + U_{n-1} + U_n$$

即

$$|Z|I \neq |Z_1|I + |Z_2|I + \cdots + |Z_{n-1}|I + |Z_n|I$$

所以

$$|Z| \neq |Z_1| + |Z_2| + \cdots + |Z_{n-1}| + |Z_n|$$

可见，只有等效阻抗才等于各个串联阻抗之和。

对两个阻抗串联的交流电路，如图 3-23 所示。在运用相量计算时的分压公式为

$$\dot{U}_1 = Z_1 \dot{I} = \frac{Z_1}{Z_1 + Z_2} \cdot \dot{U} \quad (3-69)$$

$$\dot{U}_2 = Z_2 \dot{I} = \frac{Z_2}{Z_1 + Z_2} \cdot \dot{U} \quad (3-70)$$

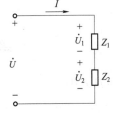

图 3-23 两个阻抗串联的交流电路

例 3-10 两个阻抗串联的交流电路如图 3-23 所示。已知阻抗 $Z_1 = 0.39 + \text{j}1 = 1.073\angle 68.7°\ \Omega$，$Z_2 = 13.61 + \text{j}12 = 18.15\angle 41.4°\ \Omega$，电源电压相量为 $\dot{U} = 230\angle 0°$ V。(1) 试用相量分析法计算电路中的电流 $\dot{I}$ 和各阻抗的电压 $\dot{U}_1$、$\dot{U}_2$。(2) 画出电压、电流相量图。

解： $Z = Z_1 + Z_2 = (0.39 + \text{j}1) + (13.61 + \text{j}12) = 14 + \text{j}13 = 19.1\angle 42.9°$ （Ω）

$$\dot{I} = \frac{\dot{U}}{Z} = \frac{230\angle 0°}{19.1\angle 42.9°} = 12.04\angle -42.9° \text{ (A)}$$

$$\dot{U}_1 = Z_1 \dot{I} = (1.073\angle 68.7°) \times (12.04\angle -42.9°) = 12.92\angle 25.8° \text{ (V)}$$

$$\dot{U}_2 = Z_2 \dot{I} = (18.15\angle 41.4°) \times (12.04\angle -42.9°) = 219\angle -1.5° \text{ (V)}$$

(2) 电压、电流相量图如图 3-24 所示。

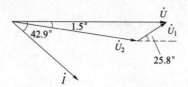

图 3-24 例 3-10 的相量图

二、阻抗并联的交流电路

当 n 个阻抗并联时，如图 3-25（a）所示，电压和各电流取关联参考方向。应用基尔霍夫电流定律，电路总电流为

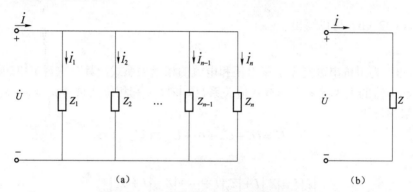

图 3-25 阻抗并联的交流电路和等效电路

(a) 阻抗并联的交流电路；(b) 等效电路

$$\dot{I} = \dot{I}_1 + \dot{I}_2 + \cdots + \dot{I}_{n-1} + \dot{I}_n = \frac{\dot{U}}{Z_1} + \frac{\dot{U}}{Z_2} + \cdots + \frac{\dot{U}}{Z_{n-1}} + \frac{\dot{U}}{Z_n}$$
$$= \dot{U} \sum_{k=1}^{n} \frac{1}{Z_k} \tag{3-71}$$

式 (3-71) 中

$$\frac{1}{Z} = \frac{1}{Z_1} + \frac{1}{Z_2} + \cdots + \frac{1}{Z_{n-1}} + \frac{1}{Z_n} = \sum_{k=1}^{n} \frac{1}{Z_k} \tag{3-72}$$

式（3-72）中的 Z 是并联电路的等效阻抗。阻抗并联交流电路的等效电路如图 3-25（b）所示。可见阻抗串联或并联后，其等效阻抗的计算公式和电阻串联或并联后等效电阻的计算公式是相似的，但计算时必须按复数运算的方法进行运算。

根据图 3-25（b）可以写出

$$\dot{U} = Z\dot{I} \tag{3-73}$$

式（3-73）为阻抗并联交流电路电压和电流的相量关系式，也具有欧姆定律的形式。

因为一般

$$I \neq I_1 + I_2 + \cdots + I_{n-1} + I_n$$

即

$$\frac{U}{|Z|} \neq \frac{U}{|Z_1|} + \frac{U}{|Z_2|} + \cdots + \frac{U}{|Z_{n-1}|} + \frac{U}{|Z_n|}$$

所以
$$\frac{1}{|Z|} \neq \frac{1}{|Z_1|} + \frac{1}{|Z_2|} + \cdots + \frac{1}{|Z_{n-1}|} + \frac{1}{|Z_n|}$$

可见，只有等效阻抗的倒数才等于各个并联阻抗的倒数之和。

对两个阻抗并联的交流电路，如图 3-26 所示，等效阻抗的倒数为

$$\frac{1}{Z} = \frac{1}{Z_1} + \frac{1}{Z_2}$$

即

$$Z = \frac{Z_1 Z_2}{Z_1 + Z_2}$$

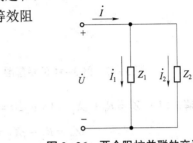

图 3-26 两个阻抗并联的交流电路

在运用相量计算时的分流公式为

$$\dot{I}_1 = \frac{\dot{U}}{Z_1} = \frac{Z\dot{I}}{Z_1} = \frac{Z_2}{Z_1 + Z_2} \cdot \dot{I} \quad (3-74)$$

$$\dot{I}_2 = \frac{\dot{U}}{Z_2} = \frac{Z\dot{I}}{Z_2} = \frac{Z_1}{Z_1 + Z_2} \cdot \dot{I} \quad (3-75)$$

例 3-11 在图 3-26 中，已知 $Z_1 = 3 + j4\,\Omega$，$Z_2 = 8 - j6\,\Omega$，电源电压相量 $\dot{U} = 220\angle 0°$ V。试求：(1) 支路电流相量 $\dot{I}_1$、$\dot{I}_2$ 和总电流 $\dot{I}$。(2) 画出电压、电流相量图。

解：(1) $Z_1 = 3 + j4 = 5\angle 53°$ (Ω)，$Z_2 = 8 - j6 = 10\angle -37°$ (Ω)

$$Z = \frac{Z_1 Z_2}{Z_1 + Z_2} = \frac{5\angle 53° \times 10\angle -37°}{(3+j4)+(8-j6)} = \frac{50\angle 16°}{11.8\angle -10.5°}$$

$$= 4.47\angle 26.5° \;(\Omega)$$

$$\dot{I}_1 = \frac{\dot{U}}{Z_1} = \frac{220\angle 0°}{5\angle 53°} = 44\angle -53° \;(A)$$

$$\dot{I}_2 = \frac{\dot{U}}{Z_2} = \frac{220\angle 0°}{10\angle -37°} = 22\angle 37° \;(A)$$

$$\dot{I} = \dot{I}_1 + \dot{I}_2 = 44\angle -53° + 22\angle 37° = (26.4 - j35.2) + (17.6 + j13.2)$$

$$= 44 - j22 = 49.2\angle -26.5° \;(A)$$

或

$$\dot{I} = \frac{\dot{U}}{Z} = \frac{220\angle 0°}{4.47\angle 26.5°} = 49.2\angle -26.5° \;(A)$$

(2) 电压和电流的相量图如图 3-27 所示。

三、较复杂的交流电路

下面举例说明较复杂的交流电路的分析计算方法。

例 3-12 如图 3-28 所示的电路中，已知 $R_1 = R_2 = 15\,\Omega$，$X_L = X_C = 20\,\Omega$，电源电压为 $\dot{U} = 100\angle 0°$ V。试求：(1) 电流 $\dot{I}_1$、$\dot{I}_2$、$\dot{I}$ 和电压 $\dot{U}_{ab}$。(2) 功率 P、Q 和 S。

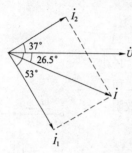

图 3-27 例 3-11 的相量图

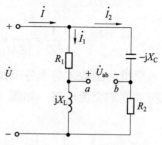

图 3-28 例 3-12 的电路图

解：（1） $Z_1 = R_1 + jX_L = 15 + j20 = 25\angle 53.1°$ （Ω）

$$Z_2 = R_2 - jX_C = 15 - j20 = 25\angle -53.1° \text{ (Ω)}$$

$$\dot{I}_1 = \frac{\dot{U}}{Z_1} = \frac{100\angle 0°}{25\angle 53.1°} = 4\angle -53.1° \text{ (A)}$$

$$\dot{I}_2 = \frac{\dot{U}}{Z_2} = \frac{100\angle 0°}{25\angle -53.1°} = 4\angle 53.1° \text{ (A)}$$

$\dot{I} = \dot{I}_1 + \dot{I}_2 = 4\angle -53.1° + 4\angle 53.1° = (2.4 - j3.2) + (2.4 + j3.2) = 4.8 = 4.8\angle 0°$ （A）

$\dot{U}_{ab} = -R_1\dot{I}_1 - jX_C\dot{I}_2 = -(15 \times 4\angle -53.1°) - j(20 \times 4\angle 53.1°)$

$= -(36 - j48) - j(48 + j64) = 28 = 28\angle 0°$ （V）

（2） $P = UI\cos\varphi = 100 \times 4.8 \times \cos 0° = 100 \times 4.8 \times 1 = 480$ （W）

$$Q = UI\sin\varphi = 100 \times 4.8 \times \sin 0° = 100 \times 4.8 \times 0 = 0$$

$$S = UI = 100 \times 4.8 = 480 \text{ (V·A)}$$

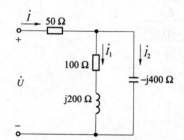

图 3-29 例 3-13 的电路图

例 3-13 在图 3-29 所示的电路中，已知电源电压 $u = 220\sqrt{2}\sin\omega t$ V。试求：（1）电路的等效阻抗 Z。（2）支路电流 $\dot{I}_1$、$\dot{I}_2$ 和总电流 $\dot{I}$。

解：（1） $Z = 50 + \dfrac{(100 + j200)(-j400)}{(100 + j200) + (-j400)} = 50 +$

$(320 + j240) = 370 + j240 = 440\angle 33°$ （Ω）

（2）电源电压的相量为：

$$\dot{U} = 220\angle 0° \text{ (V)}$$

$$\dot{I} = \frac{\dot{U}}{Z} = \frac{220\angle 0°}{440\angle 33°} = 0.5\angle -33° \text{ (A)}$$

根据分流公式有

$$\dot{I}_1 = \frac{-j400}{(100 + j200) - j400} \times 0.5\angle -33°$$

$$= \frac{400\angle -90°}{224\angle -63.4°} \times 0.5\angle -33° = 0.89\angle -59.6° \text{ (A)}$$

$$\dot{I}_2 = \frac{100 + j200}{(100 + j200) - j400} \times 0.5\angle -33°$$

$$= \frac{224\angle 63.4°}{224\angle -63.4°} \times 0.5\angle -33° = 0.5\angle 93.8° \text{ (A)}$$

3.8 RLC 电路的谐振

在具有电感和电容元件的交流电路中，由于感抗和容抗都是频率的函数，当电源频率变化时，电路可能表现为电感性，也可能表现为电容性。在某一特定的频率下，电路还可能呈现出纯电阻性，电压和电流同相位，阻抗角 $\varphi = 0$，这种现象称为电路的谐振现象或谐振。研究谐振的目的是认识这种客观现象，在生产上充分利用谐振的特征，预防它所产生的危害。谐振现象广泛应用于电子技术、无线电工程和通信工程中，以达到选频和滤波的目的。在强电电路或电力系统中，电路的谐振会使某些元件产生过电压和过电流，造成设备的损坏，从而使系统不能正常工作。

根据电路的连接方式不同，谐振分为串联谐振和并联谐振。本节将讨论这两种谐振的条件、特征和谐振电路的频率特性。

一、串联谐振

在图 3-18（a）所示的电阻、电感和电容串联的交流电路中，发生的谐振叫作串联谐振。

1. 串联谐振的条件

在 3.6 节中，根据讨论得到的电路性质可知，当 $X_L = X_C$ 时，$X = X_L - X_C = 0$，$U_L = U_C$，$\varphi = 0$，$\dot{U}$ 和 $\dot{I}$ 同相位，电路处于谐振状态。所以，串联谐振的条件为

$$X_L = X_C \quad 或 \quad \omega L = \frac{1}{\omega C} \tag{3-76}$$

由此得出谐振角频率和谐振频率，即

$$\begin{cases} \omega_0 = \frac{1}{\sqrt{LC}} \\ f_0 = \frac{1}{2\pi\sqrt{LC}} \end{cases} \tag{3-77}$$

即当电源频率 f 和电路参数 L 和 C 之间满足式（3-77）关系时，发生谐振。可见，只要调节 L、C 或电源频率 f，则能使电路发生谐振。

2. 串联谐振的特征

1）电路的阻抗最小

谐振时，$X = 0$，所以电路的阻抗具有最小值，即

$$Z_0 = R + j(X_L - X_C) = R + jX = R \tag{3-78}$$

2）电路中的电流最大

在电源电压 U 一定时,电路中的电流在谐振时达到最大值,即

$$\dot{I}_0 = \frac{\dot{U}}{Z_0} = \frac{\dot{U}}{R}$$

式中,$\dot{I}_0$ 称为串联谐振电流,则

$$I_0 = \frac{U}{R}$$

3)电压谐振

谐振时 $X_L = X_C$,$U_L = X_L I$,$U_C = X_C I$,因此 $U_L = U_C$。同时 $\dot{U}_L$ 和 $\dot{U}_C$ 反相位,互相抵消,对整个电路不起作用,即 $\dot{U}_L + \dot{U}_C = 0$。根据基尔霍夫电压定律

$$\dot{U} = \dot{U}_R + \dot{U}_L + \dot{U}_C = \dot{U}_R$$

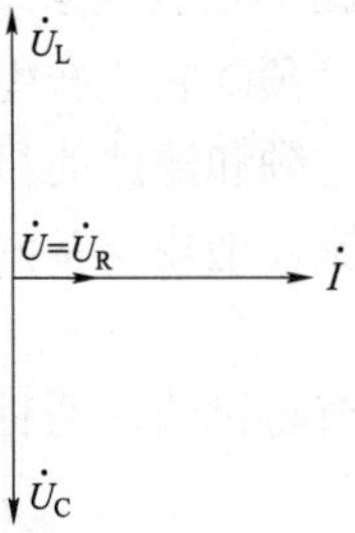

电阻、电感和电容串联的交流电路串联谐振时的相量图如图3-30所示。

谐振时,感抗(或容抗)与电阻的比值,称为谐振电路的品质因数,用 Q 表示(或简称为 Q 值),即

$$Q = \frac{\omega_0 L}{R} = \frac{1}{\omega_0 CR} \qquad (3-79)$$

图 3-30 串联谐振时的相量图

品质因数 Q 的值一般可为几十到几百。

谐振时各元件上的电压为

$$\dot{U}_R = R\dot{I}_0$$
$$\dot{U}_L = jX_L\dot{I}_0 = jQR\dot{I}_0 = jQ\dot{U}$$
$$\dot{U}_C = -jX_C\dot{I}_0 = -jQR\dot{I}_0 = -jQ\dot{U}$$

所以,谐振时有

$$U_L = U_C = QU \qquad (3-80)$$

从式(3-80)可知,在谐振时电感或电容元件上的电压是电源电压的 Q 倍。当电压过高时,将击穿线圈和电容器的绝缘。例如,$Q=100$,$U=220\text{ V}$ 时,谐振时电容或电感元件上的电压高达 22 000 V。因此,在电力系统中一般应避免发生串联谐振,而在无线电技术中常利用串联谐振获得较高电压。

因为串联谐振时 U_L 和 U_C 可能超过电源电压许多倍,所以串联谐振也称为电压谐振。

4)电路具有选择性

当电压 U 一定时,X_L、X_C、$|Z|$、φ、I、U_L 和 U_C 等随频率 f 变化的关系曲线,称为频率特性,其中电流的有效值随频率 f 变化的曲线称为电流谐振曲线。在图3-31中,分别画出了阻抗模和电流等的频率特性。从图中可看出,只有当频率 $f=f_0$(谐振)时,电流最大,频率 f 偏

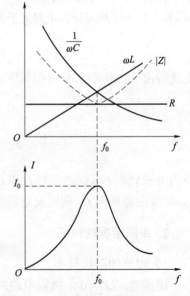

图 3-31 阻抗模 $|Z|$ 和电流 I 等随频率 f 变化的曲线

离 f_0 时，电流都减小。说明谐振电路具有从不同频率的电流中选择一个频率电流的能力，即具有选择性。例如，串联谐振在接收机里被用来选择信号，它的作用是将需要接收的信号从天线接收的许多频率不同的信号之中选出来，其他不需要的信号尽量加以抑制。

如图 3-32 所示，当谐振曲线比较尖锐时，稍偏离谐振频率 f_0 的信号，就大大减弱。在电流 I 值等于最大值 I_0 的 70.7% 处频率的上下限之间宽度称为通频带宽度，即

$$\Delta f = f_2 - f_1$$

通频带宽度越窄，谐振曲线越尖锐，电路的频率选择性越好。谐振曲线的尖锐或平坦与 Q 值有关，如图 3-33 所示。Q 值越大，谐振曲线越尖锐，选择性越好。

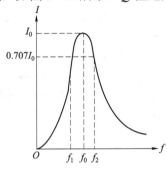

图 3-32 通频带宽度

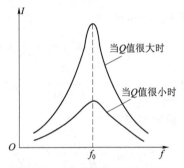

图 3-33 Q 和谐振曲线的关系

由于谐振时电路对电源呈现电阻性，电源供给电路的能量全被电阻消耗，电源和电路之间不发生能量的互换。能量的互换只发生在电感线圈和电容器之间。

例 3-14 有一个 $C=300$ pF 的电容器和一个线圈相串联，线圈的电感 $L=0.3$ mH，电阻 $R=10\ \Omega$。在电路的输入端加一个谐振的信号电压 $U=1$ mV。试求：(1) 谐振频率 f_0、谐振电流 I_0、品质因数 Q 和电容电压 U_C。(2) 如电压 U 的有效值不变，而频率偏离谐振频率 +10% 时，求电容电压 U_C。

解：(1) $f_0 = \dfrac{1}{2\pi\sqrt{LC}} = \dfrac{1}{2\times 3.14\times\sqrt{0.3\times 10^{-3}\times 300\times 10^{-12}}} = 531\times 10^3$（Hz）

$X_L = 2\pi f_0 L = 2\times 3.14\times 531\times 10^3\times 0.3\times 10^{-3} = 1\,000$（Ω）

$X_C = \dfrac{1}{2\pi f_0 C} = \dfrac{1}{2\times 3.14\times 531\times 10^3\times 300\times 10^{-12}} = 1\,000$（Ω）

$I_0 = \dfrac{U}{R} = \dfrac{1\times 10^{-3}}{10} = 0.1$（mA）

$Q = \dfrac{\omega_0 L}{R} = \dfrac{1\,000}{10} = 100$

$U_C = QU = 100\times 1\times 10^{-3} = 0.1$（V）$= 100$（mV）

(2) 当 $f = (1+0.1)f_0 = 584\times 10^3$ Hz 时

$X_L = 2\pi fL = 2\times 3.14\times 584\times 10^3\times 0.3\times 10^{-3} = 1\,100$（Ω）

$X_C = \dfrac{1}{2\pi fC} = \dfrac{1}{2\times 3.14\times 584\times 10^3\times 300\times 10^{-12}} = 908$（Ω）

$|Z| = \sqrt{R^2 + (X_L - X_C)^2} = \sqrt{10^2 + (1\,100-908)^2} = 192.26$（Ω）

$$I = \frac{U}{|Z|} = \frac{1\times 10^{-3}}{192.26} = 0.0052 \text{ (mA)} (<I_0)$$

$$U_C = X_C I = 908 \times 0.0052 = 4.72 \text{ (mV)} (<100 \text{ mV})$$

可见，电容两端输出电压 U_C 比谐振时下降了许多，谐振电路的选频作用明显。

二、并联谐振

如图 3-34 所示具有电阻 R 和电感 L 的线圈和电容器并联的交流电路，当电路总电流 $\dot{I}$ 与电压 $\dot{U}$ 同相位时，发生并联谐振。

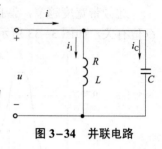

图 3-34 并联电路

1. 并联谐振的条件

图 3-34 电路中，两个支路电流和总电流的相量表达式分别为

$$\dot{I}_1 = \frac{\dot{U}}{R+jX_L}, \quad \dot{I}_C = \frac{\dot{U}}{-jX_C}$$

根据基尔霍夫电流定律

$$\dot{I} = \dot{I}_1 + \dot{I}_C = \frac{\dot{U}}{R+jX_L} + \frac{\dot{U}}{-jX_C} = \frac{\dot{U}}{R+j\omega L} + \frac{\dot{U}}{-j\frac{1}{\omega C}} \tag{3-81}$$

$$= \dot{U}\left[\frac{R-j\omega L}{(R+j\omega L)(R-j\omega L)} + j\omega C\right] = \dot{U}\left[\frac{R}{R^2+\omega^2 L^2} + j\left(\omega C - \frac{\omega L}{R^2+\omega^2 L^2}\right)\right]$$

式（3-81）中，当括号内的虚部等于 0 时，$\dot{I}$ 和 $\dot{U}$ 同相位，电路处于谐振状态。所以，并联谐振的条件为

$$\omega C - \frac{\omega L}{R^2+\omega^2 L^2} = 0 \tag{3-82}$$

由此得出谐振角频率和谐振频率

$$\begin{cases} \omega_0 = \frac{1}{\sqrt{LC}}\sqrt{1-\frac{C}{L}R^2} \\ f_0 = \frac{1}{2\pi\sqrt{LC}}\sqrt{1-\frac{C}{L}R^2} \end{cases} \tag{3-83}$$

通常线圈的电阻 R 很小，一般在谐振时，$\omega L \gg R$，所以谐振角频率和谐振频率可近似表达为

$$\begin{cases} \omega_0 \approx \frac{1}{\sqrt{LC}} \\ f_0 \approx \frac{1}{2\pi\sqrt{LC}} \end{cases} \tag{3-84}$$

与串联谐振频率近于相等。

2. 并联谐振的特征

1) 电路的阻抗最大

谐振时，电路的阻抗最大，为

$$Z_0 = \frac{\dot{U}}{\dot{I}} = \frac{R^2 + \omega_0^2 L^2}{R} \tag{3-85}$$

将式（3-83）代入式（3-85）可得

$$Z_0 = \frac{L}{RC} \tag{3-86}$$

2）电路中的总电流最小

在电源电压 U 一定时，电路中的总电流在谐振时达到最小值，即

$$\dot{I}_0 = \frac{\dot{U}}{Z_0} = \dot{U}\frac{R}{R^2 + \omega_0^2 L^2}$$

3）电流谐振

并联谐振电路的品质因数与串联谐振电路相同，即

$$Q = \frac{\omega_0 L}{R} = \frac{1}{\omega_0 CR} \tag{3-87}$$

忽略线圈电阻 R，谐振时各支路电流为

$$\dot{I}_1 = \frac{\dot{U}}{R + jX_L} \approx \frac{Z_0 \dot{I}_0}{j\omega_0 L} = \frac{\frac{L}{RC}}{j\omega_0 L}\dot{I}_0 = -j\frac{1}{\omega_0 CR}\dot{I}_0 = -jQ\dot{I}_0$$

$$\dot{I}_C = \frac{\dot{U}}{-jX_C} = \frac{Z_0 \dot{I}_0}{-j\frac{1}{\omega_0 C}} = j\omega_0 C \frac{L}{RC}\dot{I}_0 = j\frac{\omega_0 L}{R}\dot{I}_0 = jQ\dot{I}_0$$

并联谐振电路的相量图如图 3-35 所示。由图可见，$\dot{I}_C$ 超前 $\dot{I}_0$ 90°，$\dot{I}_1$ 滞后 $\dot{I}_0$ 近 90°，总电流 $\dot{I}_0 = \dot{I}_1 + \dot{I}_C$ 数值很小，即

$$I_1 \approx I_C = QI_0 \tag{3-88}$$

由式（3-88）可知，谐振时，支路电流 I_1 和 I_C 近于相等，是总电流 I_0 的 Q 倍，因此，并联谐振也称电流谐振。

4）电路具有选择性

如果图 3-34 所示的并联电路改由恒流源 $\dot{I}$ 供电，当电源电压为某一频率时，电路发生谐振，则电路阻抗最大，电流通过时在电路两端产生的电压也最高。当电源电压为其他频率时，电路不发生谐振，阻抗较小，电路两端的电压也较低，起到了选频的作用。电路的品质因数 Q 值越大，选择性越好。

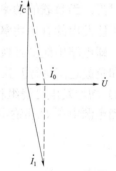

图 3-35　并联谐振电路的相量图

3.9　功率因数的提高

一、提高功率因数的意义

在交流供电线路上，接有各种各样的负载，它们的功率因数取决于负载本身的参数。白炽灯和电阻炉是纯电阻性负载，只消耗有功功率，其功率因数为 1。生产上大量使用的异步

电动机，可以等效地看成是由电阻和电感组成的感性负载，除消耗有功功率之外，还取用大量的感性无功功率，其在额定负载时的功率因数为 0.7～0.9，轻载时功率因数更低。其他如电焊变压器、交流接触器和日光灯等负载的功率因数也较低。对其他负载，功率因数介于 0 和 1 之间。

1. 功率因数低时存在的问题

由正弦交流电路有功功率和无功功率的计算公式

$$P = UI\cos\varphi = S\cos\varphi$$

和

$$Q = UI\sin\varphi$$

当电压和电流之间有相位差时，功率因数低，出现无功功率，电路中发生能量互换时，存在下面的问题。

1）电源设备的容量不能充分利用

电源的额定容量（额定视在功率）为

$$S_N = U_N I_N$$

上式表示电源能输出的最大有功功率。但电源究竟向负载供给多大的有功功率，不取决于电源本身，而取决于负载的大小和性质。

例如，已知发电机的容量 $S_N = 1\,000\,\text{kV}\cdot\text{A}$，当 $\cos\varphi = 1$ 时，发电机发出 $1\,000\,\text{kW}$ 的有功功率，当 $\cos\varphi = 0.6$ 时，发电机发出 $600\,\text{kW}$ 的有功功率。

可见，当负载的功率因数 $\cos\varphi < 1$，且发电机的电压和电流又不许超过额定值时，这时发电机能发出的有功功率就减小了。功率因数越低，发电机发出的有功功率越小，无功功率越大，即电路中能量互换的规模越大，则发电机发出的能量不能充分利用，其中一部分在发电机和负载之间进行互换。

2）增加发电机绕组和输电线路的电压和功率损耗

当电源电压 U 和输出的有功功率 P 一定时，线路电流 I 与功率因数 $\cos\varphi$ 成反比，即

$$I = \frac{P}{U\cos\varphi}$$

显然，功率因数越低，通过线路的电流越大。

发电机绕组和线路上的电压损失 ΔU、功率损耗 ΔP 和 $\cos\varphi$ 的关系分别如下

$$\Delta U = rI = \left(r\frac{P}{U}\right)\frac{1}{\cos\varphi}$$

$$\Delta P = rI^2 = \left(r\frac{P^2}{U^2}\right)\frac{1}{\cos^2\varphi}$$

式中，r 是发电机绕组和线路的电阻。由此可知，当功率因数越低时，线路电流越大，发电机绕组和线路上的电压损失 ΔU、功率损耗 ΔP 越大。

2. 提高功率因数的意义

功率因数提高以后，既能使电感性负载取得所需要的无功功率，又减少了电源和负载之间能量的互换，在同样发电设备的条件下能够多输出有功功率，使发电设备的容量得到充分利用，电能得到大量节约。从技术经济观点出发，提高电网的功率因数对国民经济的发展具有非常重要的意义。

按供用电规则，高压供电的工业企业的平均功率因数不低于 0.95，其他单位不低于 0.9。

二、提高功率因数的方法

功率因数低的主要原因是大量电感性负载的存在，电感性负载需要一定的无功功率。

提高功率因数，常用的方法是在电感性负载两端并联电容器，如图 3-36（a）所示。

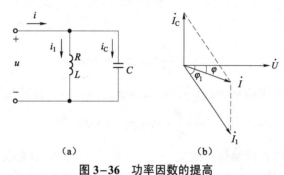

图 3-36 功率因数的提高
(a) 电路图；(b) 相量图

在电感性负载两端并联电容器以后，等效负载的阻抗角 φ 减小了，提高了电路的功率因数。电感性负载所需要的无功功率，大部分或全部由电容器提供，即能量的互换发生在电感性负载和电容器之间，用电容性无功功率去补偿电感性无功功率，使电路总无功功率减小，减少了电源和负载之间的能量互换，使发电机容量得到了充分利用。同时，并联电容器以后减小了线路电流，因而减小了电压和功率损耗。

需要注意的是，并联电容器后，电感性负载的电流 $I_1 = \dfrac{U}{\sqrt{R^2 + X_L^2}}$，功率因数 $\cos\varphi_1 = \dfrac{R}{\sqrt{R^2 + X_L^2}}$ 都没变化，是因为所加电压和负载参数没有改变。但电压 u 和线路电流 i 之间的相位差 φ 减小了，即 $\cos\varphi$ 提高了。我们所说的提高功率因数，是指提高电源或电网（即整个电路）的功率因数，不是提高某个电感性负载的功率因数。还需注意，并联电容器以后有功功率不变，因为电容器是不消耗电能的。

三、并联电容器电容量的计算

在图 3-36（a）所示的电路中，已知电感性负载的有功功率 P、功率因数 $\cos\varphi_1$、电源电压 U 和角频率 ω，要求把电路的功率因数提高到 $\cos\varphi$（φ_1 和 φ 分别为并联电容器前、后的功率因数角），计算并联电容器的电容量 C。

图 3-36（b）所示为提高功率因数的相量图。因为并联电容器前后电路所消耗的有功功率不变，即

$$P = UI_1\cos\varphi_1 = UI\cos\varphi$$

由图 3-36（b）相量图可知

$$I_C = I_1\sin\varphi_1 - I\sin\varphi = \left(\frac{P}{U\cos\varphi_1}\right)\sin\varphi_1 - \left(\frac{P}{U\cos\varphi}\right)\sin\varphi$$

$$= \frac{P}{U}(\tan\varphi_1 - \tan\varphi)$$

又因为

$$I_C = \frac{U}{X_C} = \omega CU$$

所以

$$\omega CU = \frac{P}{U}(\tan\varphi_1 - \tan\varphi)$$

由此得出，把电路的功率因数从 $\cos\varphi_1$ 提高到 $\cos\varphi$ 所需并联电容值的计算公式为

$$C = \frac{P}{\omega U^2}(\tan\varphi_1 - \tan\varphi) \qquad (3-89)$$

式（3-89）中，电容 C 的单位为法拉（F），当并联电容器的 C 值越大时，功率因数 $\cos\varphi$ 越高，$\cos\varphi=1$ 最理想。但是，当 $\cos\varphi=1$ 时，并联的 C 值大，电容器的投资大，从全局来考虑反而不经济，所以，一般 $\cos\varphi$ 不要求提高到 1。

并联电容器后，补偿的电容性无功功率为

$$Q_C = -UI_C = -X_C I_C^2 = -\frac{U^2}{X_C} \qquad (3-90)$$

例 3-15 一台发电机的额定容量 $S_N = 10$ kV·A，额定电压 $U_N = 220$ V，频率 $f = 50$ Hz，给一负载供电，该负载的功率因数 $\cos\varphi_1 = 0.6$，试求：(1) 当发电机满载（输出额定电流）运行时，输出的有功功率、无功功率和线路电流。(2) 在负载不变的情况下，将一电容器与负载并联，使供电系统的功率因数提高到 0.85，所需的电容量和线路电流。

解：(1) 发电机输出的有功功率为

$$P = S_N \cos\varphi_1 = 10 \times 0.6 = 6 \text{ (kW)}$$

发电机输出的无功功率为

$$Q = \sqrt{S_N^2 - P^2} = \sqrt{10^2 - 6^2} = 8 \text{ (kvar)}$$

这时的线路电流为

$$I_1 = \frac{S_N}{U_N} = \frac{10 \times 10^3}{220} = 45.5 \text{ (A)}$$

或

$$I_1 = \frac{P}{U_N \cos \varphi_1} = \frac{6 \times 10^3}{220 \times 0.6} = 45.5 \text{ (A)}$$

（2）负载不变，即有功功率仍为 6 kW，功率因数由 0.6 提高到 0.85 时，所需的电容量计算如下：

当 $\cos \varphi_1 = 0.6$ 时，$\varphi_1 = 53°$， $\tan \varphi_1 = 1.33$
当 $\cos \varphi = 0.85$ 时，$\varphi = 31.8°$， $\tan \varphi = 0.62$
$$\omega = 2\pi f = 2 \times 3.14 \times 50 = 314 \text{ (rad/s)}$$

所需电容值为

$$C = \frac{P}{\omega U^2}(\tan \varphi_1 - \tan \varphi) = \frac{6 \times 10^3}{314 \times 220^2} \times (1.33 - 0.62) \times 10^6 = 280.31 \text{ (}\mu\text{F)}$$

并联电容器后的线路电流为

$$I = \frac{P}{U_N \cos \varphi} = \frac{6 \times 10^3}{220 \times 0.85} = 32.09 \text{ (A)} (<I_1)$$

习　题

3-1　一正弦电流 $i = 10\sqrt{2}\sin(628t + 30°)$ A，求电流的有效值 I、频率 f 和初相位 ψ_i。

3-2　已知 $u = U_m \sin \omega t$，$U_m = 310$ V， $f = 50$ Hz，试求有效值 U 和 $t = \frac{1}{10}$ s 时 u 的瞬时值。

3-3　绘出正弦量 $u(t) = 100\sin\left(5\,000t - \frac{\pi}{6}\right)$ V 的波形图，该函数的最大值、角频率、频率和周期各为多少？该函数与下列各函数的相位关系为何？$i_1 = 10\cos 5\,000t$ A，$i_2 = 100\sin 5\,000t$ A，$i_3 = 20\sin\left(5\,000t - \frac{\pi}{3}\right)$ A， $i_4 = 5\cos\left(5\,000t + \frac{\pi}{4}\right)$ A。

3-4　找出正弦量 u_2 超前于 u_1 的相位角。（1）$u_1 = 4\cos(1\,000t - 40°)$ V， $u_2 = \sin(1\,000t + 40°)$ V；（2）$u_1 = 5\sin(314t - 180°)$ V， $u_2 = -2\cos(314t - 120°)$ V。

3-5　已知复数的直角坐标式 $A = -3 + j4$，$B = -3 - j4$，$C = 3 - j4$，求它们的极坐标式。

3-6　试求下列各相量所代表的同频率正弦量之和，并写出它们的时间表达式：（1）$\dot{I}_1 = 1.5 \angle 17°$ A， $\dot{I}_2 = 700 \angle -43°$ mA；（2）$\dot{I}_{1m} = 40 \angle 150°$ A， $\dot{I}_{2m} = 0.025 \angle -30°$ kA。

3-7　如图 3-37 所示电路，已知 $i_1 = 5\sqrt{2}\sin(314t - 30°)$ A， $i_2 = 10\sqrt{2}\cos 314t$ A，求 i_3 和三个电流表的读数（电流表的读数是有效值）。

3-8　把一个 100 Ω 的电阻元件接到频率为 50 Hz、电压有效值为 10 V 的正弦电源上，则电流是多少？如保持电压值不变，电源频率改变为 5 000 Hz 时，电流为多少？

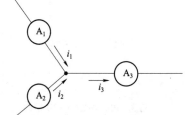

图 3-37　习题 3-7 电路

3-9 把一个 0.1 H 的电感元件接到频率为 50 Hz、电压有效值为 10 V 的正弦电源上，问电流是多少？如保持电压值不变，电源频率改变为 5 000 Hz 时，电流为多少？

3-10 如图 3-38 所示电感电路，（1）已知 $i = 0.675\sin 100\pi t$ A，求 u。（2）$\dot{U} = 127\angle -30°$ V，$f = 50$ Hz，求 i。

3-11 把一个 25 μF 的电容元件接到频率为 50 Hz、电压有效值为 10 V 的正弦电源上，问电流是多少？如保持电压值不变，电源频率变为 5 000 Hz 时，电流为多少？

3-12 如图 3-39 所示电容电路，试回答下列两个问题，并绘出波形图和相量图。（1）设 $u = 311\sin 100\pi t$ V，求电流 i；（2）设 $\dot{I} = 0.1\angle -60°$ A，$f = 50$ Hz，求电压 $\dot{U}$。

图 3-38 习题 3-10 电路   图 3-39 习题 3-12 电路

3-13 已知一个线圈的电阻 $R = 28\ \Omega$，电感 $L = 59.9$ mH，接于 10 V、255 Hz 的电源上，求电流 I。

3-14 一个电感线圈，接直流 120 V 时，测得电流为 20 A；接 50 Hz、220 V 正弦交流电时，测得电流为 28.2 A，试求该线圈的电阻 R 和电感 L。

3-15 已知 L、C 串联电路中的电流 $i = I_m \sin(\omega t + 45°)$ A，求 L、C 上的电压相量。

3-16 设某电路的端电压 $u = 150\sin(5\ 000t + 45°)$ V，电流 $i = 3\sin(5\ 000t - 15°)$ A。（1）画出电压和电流的相量图；（2）设此电路是两个参数组成的串联电路，求电路的参数及功率 P、Q 和 S。

3-17 在电阻、电感和电容元件串联的电路中，已知：（1）$\dot{U} = 220\angle -30°$ V，$Z = 50\angle -20°\ \Omega$；（2）$\dot{U} = 220\angle 30°$ V，$Z = 50\angle 70°\ \Omega$，试求电路中电流 $\dot{I}$。

3-18 在电阻、电感和电容元件串联的电路中，已知 $R = 30\ \Omega$，$L = 127$ mH，$C = 40$ μF，电源电压 $u = 220\sqrt{2}\sin(314t + 20°)$ V。试用相量（复数）计算电流 $\dot{I}$ 和各部分电压 $\dot{U}_R$、$\dot{U}_L$ 和 $\dot{U}_C$。

3-19 $R = 120\ \Omega$ 和 $X_L = 160\ \Omega$ 的线圈与 $X_C = 70\ \Omega$ 的电容相串联的电路，通过的电流为 0.2 A，求总电压和线圈电压 U_{RL}。

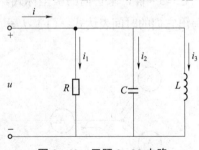

图 3-40 习题 3-20 电路

3-20 在图 3-40 所示电路中，已知 $R = 20\ \Omega$，$C = 150$ μF，$L = 40$ mH，当外加电压 $U = 230$ V 和 $f = 50$ Hz 时，求各支路电流和总电流，绘出电压和电流相量图，计算电路功率 P、Q、S 和功率因数。

3-21 阻抗 Z_1、Z_2 串联的正弦交流电路中，阻抗两端电压 U_1、U_2 与总电压 U 取关联参考方向，其有效值的关系为 $U = U_1 + U_2$，求阻抗 Z_1 和 Z_2 的关系。

3-22 如图 3-41 所示电路中，有两个阻抗 $Z_1 = 6.16 + j9\ \Omega$，$Z_2 = 2.5 - j4\ \Omega$，把它们串联接在 $\dot{U} = 220\angle 30°$ V 的电源上。试用相量分析法计算电路中的电流 $\dot{I}$ 和各个阻抗上的电压 $\dot{U}_1$ 和 $\dot{U}_2$，并作相量图。

3-23 如图3-42所示电路中，已知电阻$R_1=16\,\Omega$，$R_2=20\,\Omega$，X为电感性，$U_1=160\,\text{V}$，$U_2=250\,\text{V}$，求电源电压有效值U、电路的功率因数$\cos\varphi$，并画出电压和电流相量图。

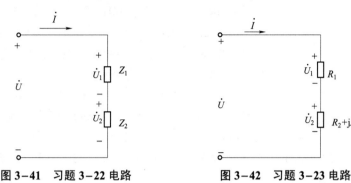

图3-41 习题3-22电路　　　图3-42 习题3-23电路

3-24 如图3-43所示电路，$Z_1=3\angle 45°\,\Omega$，$Z_2=10+\text{j}10\,\Omega$，$Z_3=-\text{j}5\,\Omega$，已知$Z_1$的电压$\dot{U}_1=27\angle -10°\,\text{V}$，求$\dot{U}$的值，并绘出相量图。

3-25 在图3-43电路中，已知$Z_1=30+\text{j}40\,\Omega$，$Z_2=20-\text{j}20\,\Omega$，$Z_3=80+\text{j}60\,\Omega$，电源电压$\dot{U}=220\angle 30°\,\text{V}$。试求：(1)电流$\dot{I}$及电压$\dot{U}_1$、$\dot{U}_2$和$\dot{U}_3$；(2)电路的有功功率、无功功率、视在功率和功率因数。

3-26 电路如图3-44所示，试求：(1)$\dot{I}_1$、$\dot{I}_2$和$\dot{I}$；(2)写出i_1、i_2和i的表达式。

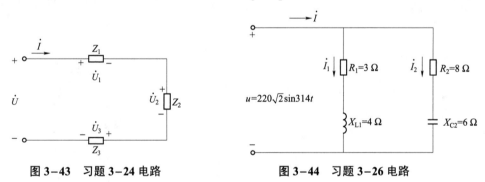

图3-43 习题3-24电路　　　图3-44 习题3-26电路

3-27 如图3-45所示电路中，已知电源电压$U=100\,\text{V}$，$f=50\,\text{Hz}$，$I=I_1=I_2=10\,\text{A}$，整个电路的功率因数等于1。求阻抗Z_1和Z_2（设Z_1为电感性，Z_2为电容性）。

3-28 在图3-46所示电路中，$u=220\sqrt{2}\sin 314t\,\text{V}$，$i_1=2\sqrt{2}\sin(314t-30°)\,\text{A}$，$i_2=1.82\sqrt{2}\sin(314t-60°)\,\text{A}$，$C=38.5\,\mu\text{F}$，求$i$、总有功功率$P$和总阻抗$Z$，并画出电压和电流相量图。

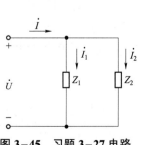 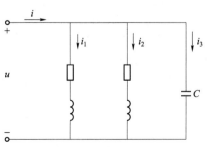

图3-45 习题3-27电路　　　图3-46 习题3-28电路

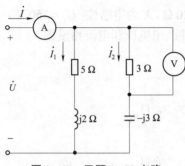

图 3-47 习题 3-29 电路

3-29 如图 3-47 所示电路中，已知电压表的读数为 30 V，试求电流表的读数。

3-30 将一个 $L=4$ mH，$R=50$ Ω 的线圈和 $C=160$ pF 的电容器串联，接在 $U=25$ V 的电源上。(1) 当 $f_0=200$ kHz 时发生谐振，求电流和电容器上的电压；(2) 当频率增加 10% 时，求电流和电容器上的电压。

3-31 某收音机的输入电路如图 3-48（a）所示，线圈的电感 $L=0.3$ mH，电阻 $R=16$ Ω。现要收听 640 kHz 某电台的广播，应将可变电容 C 调到多少皮法？如在调谐回路中感应出电压 $U=2$ μV，试求回路中该信号的电流、线圈（或电容）两端的电压[图 3-48（b）为图 3-48（a）的等效电路]。

3-32 某电感性负载用并联电容器的方法提高电路的功率因数后，该负载的无功功率 Q_1 将如何变化？整个电路的无功功率 Q 将如何变化？

3-33 如图 3-49 所示电路，设感性负载的额定电压 $U=380$ V，$P=50$ kW，$\cos\varphi_1=0.5$，$f=50$ Hz。并联电容器后将功率因数提高到 $\cos\varphi=0.9$，求所需电容 C 的数值和补偿的容性无功功率。

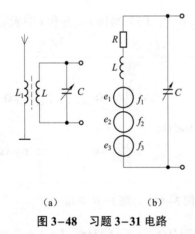

图 3-48 习题 3-31 电路

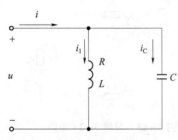

图 3-49 习题 3-33 电路

3-34 如图 3-49 所示电路中，电感性负载的功率 $P=10$ kW，功率因数 $\cos\varphi_1=0.6$，接在电压 $U=220$ V 的电源上，电源频率 $f=50$ Hz。(1) 如将功率因数提高到 $\cos\varphi=0.95$，求并联电容器的电容值和并联电容器前后的线路电流。(2) 如将功率因数从 0.95 再提高到 1，问并联电容器的电容值需增加多少？

3-35 有一盏 40 W 的日光灯，使用时灯管与镇流器串联接在电压 220 V、频率为 50 Hz 的电源上。已知灯管工作时属纯电阻负载，灯管两端的电压等于 110 V。试求镇流器的感抗和电感，这时电路的功率因数是多少？若将功率因数提高到 0.8，问应并联多大电容？

第 4 章

三相交流电路

由三个幅值相等、频率相同、相位互差120°的单相交流电源所构成的电源，称为三相电源。由三相电源供电的电路，称为三相电路。目前世界上电力系统所采用的供电方式，绝大多数是三相制电路。三相电路的分析和计算有它自身的特点。本章着重介绍三相电源和负载的连接，三相电压、三相电流及功率的计算。

4.1 三相交流电源

一、对称三相电压

三相电源一般来自三相发电机或变压器副边的三个绕组，由三个电压源（可视为理想电压源）按一定方式连接而成。每个电压源称为一相，共A、B、C三相，如图4-1所示。图中所标A、B、C为三个绕组的始端，X、Y、Z为绕组的末端。u_A、u_B、u_C分别为A、B、C三个相的电压，参考方向都假设从始端指向末端，其对应的相量分别为$\dot{U}_A$、$\dot{U}_B$、$\dot{U}_C$。如以A相为参考正弦量，则三相电源电压的瞬时值表达式为

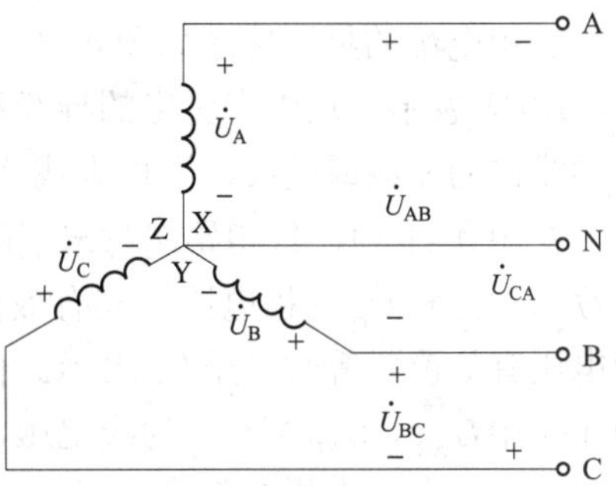

图 4-1 三相四线制电源

$$\left.\begin{aligned} u_A &= U_m \sin\omega t \\ u_B &= U_m \sin(\omega t - 120°) \\ u_C &= U_m \sin(\omega t + 120°) \end{aligned}\right\} \quad (4-1)$$

对应的相量表达式为

$$\left.\begin{aligned} \dot{U}_A &= U \angle 0° \\ \dot{U}_B &= U \angle -120° \\ \dot{U}_C &= U \angle +120° \end{aligned}\right\} \quad (4-2)$$

式（4-2）中，有效值 $U = \dfrac{U_m}{\sqrt{2}}$。三相电压的波形图和相量图如图4-2表示。

在电工技术中，把幅值相等，频率相同，相位互差120°的三相电压、电流和电动势，称为对称三相电压、电流和电动势。能输出对称三相电压的电源称为对称三相电源。实际中，三相电源都是对称的。显然，对称三相电压的瞬时值或相量之和为0，即

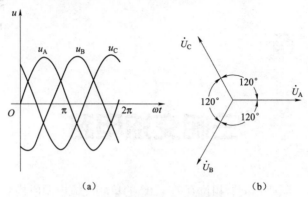

图 4-2 三相电源相电压的波形图和相量图

(a) 波形图；(b) 相量图

$$\left.\begin{array}{c} u_A + u_B + u_C = 0 \\ \dot{U}_A + \dot{U}_B + \dot{U}_C = 0 \end{array}\right\} \quad (4-3)$$

三相交流电出现正幅值（或相应零值）的顺序称为相序。式（4-1）中三个电压的相序为 A→B→C，称为正相序；若相序为 A→C→B，称为负相序。

二、三相电源的连接

三相电源有星形连接（Y接）和三角形连接（△接）两种方式，但多用星形连接。

三相电源的星形接法如图 4-1 所示，即将三个末端连在一起，这一连接点称为中点或零点，用 N 表示。从中点引出的导线称为中线或零线，俗称地线。从始端 A、B、C 引出的三根导线称为相线或端线，俗称火线。

在图 4-1 中，每相始端与末端间的电压，即相线与中线间的电压，称为相电压。图 4-1 中 $\dot{U}_A$、$\dot{U}_B$ 和 $\dot{U}_C$ 为相电压，其有效值分别用 U_A、U_B 和 U_C 表示。一般地，三相电源的三个相电压有效值相等时，用 U_P 表示。任意两始端间的电压，即两相线间的电压，称为线电压，图 4-1 中 $\dot{U}_{AB}$、$\dot{U}_{BC}$ 和 $\dot{U}_{CA}$ 为线电压，其参考方向如图中所示，有效值分别用 U_{AB}、U_{BC} 和 U_{CA} 表示。当三个线电压有效值相等时，用 U_L 表示。

当三相电源连成星形时，根据图 4-1 中标出的参考方向，应用基尔霍夫电压定律，可得出线电压和相电压之间的瞬时值关系式为

$$\left.\begin{array}{c} u_{AB} = u_A - u_B \\ u_{BC} = u_B - u_C \\ u_{CA} = u_C - u_A \end{array}\right\} \quad (4-4)$$

相量关系式为

$$\left.\begin{array}{c} \dot{U}_{AB} = \dot{U}_A - \dot{U}_B \\ \dot{U}_{BC} = \dot{U}_B - \dot{U}_C \\ \dot{U}_{CA} = \dot{U}_C - \dot{U}_A \end{array}\right\} \quad (4-5)$$

图 4-3 是对称相电压与线电压的相量图。由图可见，三个电压三角形相等，线电压也是对称的。在相位上，各线电压超前对应的相电压 30°。线电压和相电压的大小关系为

$$\frac{1}{2}U_L = U_P \cos 30° = \frac{\sqrt{3}}{2}U_P$$

得出

$$U_L = \sqrt{3}U_P \qquad (4-6)$$

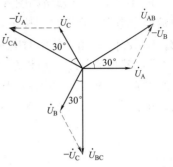

式（4-6）表明，在数值上，线电压等于相电压的$\sqrt{3}$倍。

线电压和相电压的相量关系为

$$\left.\begin{array}{l}\dot{U}_{AB} = \sqrt{3}\dot{U}_A \angle 30°\\ \dot{U}_{BC} = \sqrt{3}\dot{U}_B \angle 30°\\ \dot{U}_{CA} = \sqrt{3}\dot{U}_C \angle 30°\end{array}\right\} \qquad (4-7)$$

图 4-3 对称相电压与线电压的相量图

当三相电源的绕组连成星形时，引出三根相线，一根中线，称为三相四线制。此时，对外电路输出两种电压，即在三相四线制电路中，线电压有效值为380 V，相电压有效值为220 V。

当三相电源的绕组连成星形时，如果不引出中线，为三相三线制。

4.2 星形连接的三相电路分析

使用交流电的电气设备中，很多是需要由三相交流电源供电的。常用的三相电动机属于三相负载，需接到三相交流电源上才能工作。如图 4-4 所示的是有中线星形连接的三相四线制电路，电源的线电压为 380 V，相电压为 220 V。

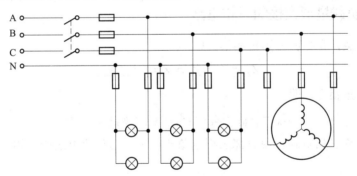

图 4-4 三相四线制星形负载电路

三相电动机内部的三相绕组可以连成星形或三角形，它的连接方法在铭牌上标出，例如 380 V、Y接法，或 380 V、△接法。在实际使用时，应根据三相电动机绕组的额定电压和电源的线电压决定电动机内部绕组的连接方法，其三个接线端应和电源的三根相线相连，如图 4-4 所示。

照明电灯的额定电压为 220 V，是单相负载，应接在相线和中线之间。由于电灯的使用量大，因此，不能集中接在一相上，应当比较均匀地分配在各相之中，如图 4-4 所示。从总的线路来看，电灯的这种连接法称为星形连接。其他的单相负载，例如单相电动机、电炉、家用电器和交流接触器的吸引线圈等，应接在相线之间还是相线与中线之间，应根据其额定电压是 380 V 还是 220 V 而定。

三相电路中负载的连接方法也有两种：星形连接和三角形连接。

图 4-4 的电路模型如图 4-5 所示，图 4-5 为负载星形连接的三相四线制电路。电压和电流的参考方向在图中已标出。三相负载的阻抗为 Z_A、Z_B 和 Z_C，对应的阻抗模分别为 $|Z_A|$、$|Z_B|$ 和 $|Z_C|$。每相负载中的电流称为相电流。每根相线中的电流称为线电流，分别用 i_A、i_B 和 i_C 表示，其相量为 $\dot{I}_A$、$\dot{I}_B$ 和 $\dot{I}_C$，对应的有效值分别用 I_A、I_B 和 I_C 表示。显然，负载星形连接时各线电流等于相应的相电流。当三个相电流有效值相等时，用 I_P 表示。当三个线电流有效值相等时，用 I_L 表示。中线的电流称为中线电流，用 i_N 表示，相量为 $\dot{I}_N$，参考方向也已在图中标出。

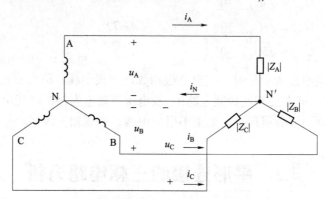

图 4-5 负载星形连接的三相四线制电路

根据三相电路各相负载的阻抗是否相等，可分为对称三相负载和不对称三相负载。我们先分析对称三相负载星形连接的三相电路。

一、对称负载星形连接的三相电路

对称三相负载，是指各相阻抗相等，即

$$Z_A = Z_B = Z_C = Z = |Z| \angle \varphi \qquad (4-8)$$

或阻抗模和阻抗角相等，即

$$|Z_A| = |Z_B| = |Z_C| = |Z|, \quad \varphi_A = \varphi_B = \varphi_C = \varphi$$

三相电动机是对称三相负载。由对称三相电源和对称三相负载组成的三相电路称为对称三相电路。

三相电源都是对称的，设 A 相电源相电压 $\dot{U}_A$ 为参考相量，则三相电源相电压可表示为

$$\dot{U}_A = U_P \angle 0°, \quad \dot{U}_B = U_P \angle -120°, \quad \dot{U}_C = U_P \angle 120°$$

则对称三相电路中各相负载的相电流（也是线电流）为

$$\left.\begin{aligned} \dot{I}_A &= \frac{\dot{U}_A}{Z_A} = \frac{U_P \angle 0°}{|Z| \angle \varphi} = I_P \angle -\varphi \\ \dot{I}_B &= \frac{\dot{U}_B}{Z_B} = \frac{U_P \angle -120°}{|Z| \angle \varphi} = I_P \angle -120° - \varphi \\ \dot{I}_C &= \frac{\dot{U}_C}{Z_C} = \frac{U_P \angle 120°}{|Z| \angle \varphi} = I_P \angle 120° - \varphi \end{aligned}\right\} \qquad (4-9)$$

三相电流有效值及三相阻抗角均相等，即

$$I_A = I_B = I_C = I_P = \frac{U_P}{|Z|}$$

$$\varphi_A = \varphi_B = \varphi_C = \varphi = \arctan\frac{X}{R}$$

由此可见，三相电流也对称。三相电路的计算可转化为单相处理，可以只计算一相，其余两相按对称关系直接写出，即

$$\left.\begin{aligned}\dot{I}_A &= \frac{\dot{U}_A}{Z} = \frac{U_P\angle 0°}{|Z|\angle\varphi} = I_P\angle -\varphi \\ \dot{I}_B &= \dot{I}_A\angle -120° \\ \dot{I}_C &= \dot{I}_A\angle 120°\end{aligned}\right\} \tag{4-10}$$

在对称负载星形连接的三相电路中，相电流即为线电流，即

$$I_L = I_P \tag{4-11}$$

对称负载星形连接时电压和电流的相量图如图 4-6 所示。

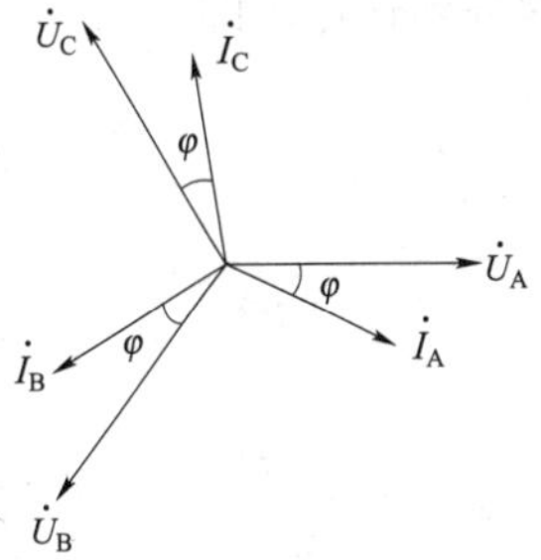

按图 4-5 中各电流的参考方向，根据基尔霍夫电流定律，中线电流可表示为

$$\dot{I}_N = \dot{I}_A + \dot{I}_B + \dot{I}_C \tag{4-12}$$

将式（4-10）求得的对称三相电流 $\dot{I}_A$、$\dot{I}_B$ 和 $\dot{I}_C$ 代入式（4-12），得

$$\dot{I}_N = 0$$

图 4-6 对称负载星形连接时电压和电流的相量图

可见，对称负载星形连接的三相电路中线电流等于零。

中线中没有电流通过，中线可省去。即对称负载星形连接可采用三相三线制供电。三相三线制电路在生产上的应用极为广泛。计算对称负载星形连接的三相三线制电路，同样只需计算一相，其他两相直接写出。

例 4-1 一组星形连接三相负载，每相阻抗均为电阻 8 Ω 与感抗 6 Ω 串联，接于线电压为 380 V 的对称三相电源上，线电压 $\dot{U}_{AB}$ 的初相位为 60°，求各相电流 $\dot{i}_A$、$\dot{i}_B$ 和 $\dot{i}_C$。

解：由已知可写出 $\dot{U}_{AB} = 380\angle 60°$ V，根据对称三相电源的线电压和相电压的关系可得

$$\dot{U}_A = \frac{\dot{U}_{AB}}{\sqrt{3}}\angle -30° = \frac{380\angle 60°}{\sqrt{3}}\angle -30° = 220\angle 30°\text{（V）}$$

每相阻抗为

$$Z = R + jX_L = 8 + j6\ \Omega$$

A 相电流为

$$\dot{I}_A = \frac{\dot{U}_A}{Z} = \frac{220\angle 30°}{8+j6} = \frac{220\angle 30°}{10\angle 36.9°} = 22\angle -6.9°\text{（A）}$$

B 和 C 两相电流可根据对称关系直接写出

$$\dot{I}_B = \dot{I}_A\angle -120° = 22\angle -126.9°\text{（A）}$$

$$\dot{I}_C = \dot{I}_A \angle 120° = 22 \angle 113.1° \quad (A)$$

各相电流的瞬时值表达式为

$$i_A = 22\sqrt{2}\sin(\omega t - 6.9°)A$$
$$i_B = 22\sqrt{2}\sin(\omega t - 126.9°)A$$
$$i_C = 22\sqrt{2}\sin(\omega t + 113.1°)A$$

二、不对称负载星形连接的三相电路

不对称三相负载，是指各相阻抗不相等，即 $Z_A \neq Z_B \neq Z_C$。以下分析不对称负载星形连接的三相电路。

设三相电源相电压为

$$\dot{U}_A = U_A \angle 0°, \quad \dot{U}_B = U_B \angle -120°, \quad \dot{U}_C = U_C \angle 120°$$

在图 4-5 的电路中，电源相电压即为每相负载电压。每相负载中的相电流（也是线电流）需分别计算，即

$$\left. \begin{aligned} \dot{I}_A &= \frac{\dot{U}_A}{Z_A} = \frac{U_A \angle 0°}{|Z_A| \angle \varphi_A} = I_A \angle -\varphi_A \\ \dot{I}_B &= \frac{\dot{U}_B}{Z_B} = \frac{U_B \angle -120°}{|Z_B| \angle \varphi_B} = I_B \angle -120° - \varphi_B \\ \dot{I}_C &= \frac{\dot{U}_C}{Z_C} = \frac{U_C \angle 120°}{|Z_C| \angle \varphi_C} = I_C \angle 120° - \varphi_C \end{aligned} \right\} \quad (4-13)$$

式中，三相负载中电流的有效值分别为

$$I_A = \frac{U_A}{|Z_A|}, \quad I_B = \frac{U_B}{|Z_B|}, \quad I_C = \frac{U_C}{|Z_C|} \quad (4-14)$$

三相负载的阻抗角，即电压和电流之间的相位差分别为

$$\varphi_A = \arctan\frac{X_A}{R_A}, \quad \varphi_B = \arctan\frac{X_B}{R_B}, \quad \varphi_C = \arctan\frac{X_C}{R_C} \quad (4-15)$$

中线电流为

$$\dot{I}_N = \dot{I}_A + \dot{I}_B + \dot{I}_C \neq 0$$

由此可见，当三相负载不对称时，三个相电流（线电流）也是不对称的，中线电流不等于 0。

当不对称负载星形连接时，通常采用三相四线制（有中线）。中线的存在，可以保证负载的相电压基本上等于电源的相电压。这就是说，星形连接的不对称三相负载，采用三相四线制时，仍然能使负载获得对称的三相电压。中线的作用是使星形连接的不对称负载的相电压对称。为了保证负载的相电压对称，就不应让中线断开。因此，中线（指干线）内不接入熔断器或闸刀开关。

当负载不对称又没有中线时，负载的相电压就不对称。当负载的相电压不对称时，引起

有的相的电压过高，高于负载的额定电压；有的相的电压过低，低于负载的额定电压，这都是不允许的。三相负载的相电压必须对称。

例 4-2 在图 4-7 中，电源电压对称，每相电压 $U_P = 220\text{ V}$；负载为电灯组，在额定电压下其电阻分别为 $R_A = 5\,\Omega$，$R_B = 10\,\Omega$，$R_C = 20\,\Omega$。试求负载相电压、负载电流及中线电流。电灯的额定电压为 220 V。

解： 在负载不对称有中线（其上电压降可忽略不计）的情况下，负载相电压和电源相电压相等，也是对称的，其有效值为 220 V。

用相量计算求中线电流较容易。先计算各相电流：

$$\dot{I}_A = \frac{\dot{U}_A}{R_A} = \frac{220\angle 0°}{5} = 44\angle 0°\text{（A）}$$

$$\dot{I}_B = \frac{\dot{U}_B}{R_B} = \frac{220\angle -120°}{10} = 22\angle -120°\text{（A）}$$

$$\dot{I}_C = \frac{\dot{U}_C}{R_C} = \frac{220\angle 120°}{20} = 11\angle 120°\text{（A）}$$

根据图中电流的参考方向，中线电流为

$$\dot{I}_N = \dot{I}_A + \dot{I}_B + \dot{I}_C = 44\angle 0° + 22\angle -120° + 11\angle 120°$$
$$= 44 + (-11 - \text{j}18.9) + (-5.5 + \text{j}9.45) = 27.5 - \text{j}9.45$$
$$= 29.1\angle -19°\text{（A）}$$

例 4-3 在例 4-2 中，(1) 当 A 相短路时，(2) 当 A 相短路而中线又断开时（见图 4-8），试求各相负载上的电压。

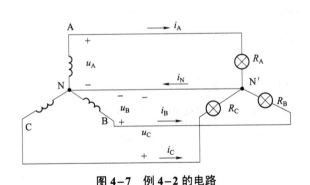

图 4-7 例 4-2 的电路

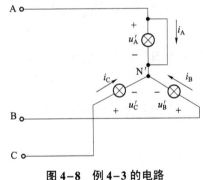

图 4-8 例 4-3 的电路

解：（1）A 相短路时电流很大，会将 A 相中的熔断器熔断；B 相和 C 相未受影响，其相电压仍为 220 V。

（2）负载中点 N′ 即为 A，因此负载各相电压为

$$\dot{U}'_A = 0，\quad U'_A = 0$$
$$\dot{U}'_B = \dot{U}'_{BA}，\quad U'_B = 380\text{ V}$$
$$\dot{U}'_C = \dot{U}'_{CA}，\quad U'_C = 380\text{ V}$$

在这种情况下，B 相与 C 相的电灯组上所加的电压都超过电灯的额定电压（220 V），这

是不允许的。

4.3 三角形连接的三相电路分析

当每相负载的额定电压等于电源的线电压时,三相负载各相依次连接在三相电源的两根端线之间,则必然连接成负载三角形连接的三相电路,如图 4-9 所示。三相负载的阻抗为 Z_{AB}、Z_{BC} 和 Z_{CA},对应的阻抗模分别为 $|Z_{AB}|$、$|Z_{BC}|$ 和 $|Z_{CA}|$。负载三角形连接时,三相负载的相电流为 i_{AB}、i_{BC} 和 i_{CA}。三相端线(相线)的线电流为 i_A、i_B 和 i_C。各电压和电流的参考方向在图中已标出。

由于每相负载直接接在电源的线电压上,所以每相负载的相电压等于对应的电源的线电压。因为电源的线电压对称,所以不论负载对称与否,负载的相电压也是对称的,即

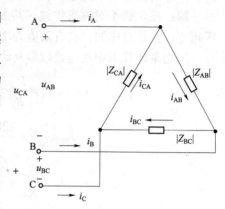

图 4-9 负载三角形连接的三相电路

$$U_{AB} = U_{BC} = U_{CA} = U_P = U_L \qquad (4-16)$$

在负载三角形连接时,也分为对称和不对称三相负载。我们先分析对称三相负载三角形连接的三相电路。

一、对称负载三角形连接的三相电路

在负载三角形连接的电路中,对称三相负载相等,即

$$Z_{AB} = Z_{BC} = Z_{CA} = Z = |Z| \underline{/\varphi} \qquad (4-17)$$

或阻抗模及阻抗角分别相等,即

$$|Z_{AB}| = |Z_{BC}| = |Z_{CA}| = |Z|, \quad \varphi_{AB} = \varphi_{BC} = \varphi_{CA} = \varphi$$

三相电源都是对称的,设 $\dot{U}_{AB}$ 为参考相量,则三相电源线电压可表示为

$$\dot{U}_{AB} = U_L \underline{/0°}, \quad \dot{U}_{BC} = U_L \underline{/-120°}, \quad \dot{U}_{CA} = U_L \underline{/120°}$$

根据欧姆定律,各相电流为

$$\left.\begin{aligned}\dot{I}_{AB} &= \frac{\dot{U}_{AB}}{Z_{AB}} = \frac{U_L \underline{/0°}}{|Z| \underline{/\varphi}} = I_P \underline{/-\varphi} \\ \dot{I}_{BC} &= \frac{\dot{U}_{BC}}{Z_{BC}} = \frac{U_L \underline{/-120°}}{|Z| \underline{/\varphi}} = I_P \underline{/-120°-\varphi} \\ \dot{I}_{CA} &= \frac{\dot{U}_{CA}}{Z_{CA}} = \frac{U_L \underline{/120°}}{|Z| \underline{/\varphi}} = I_P \underline{/120°-\varphi}\end{aligned}\right\} \qquad (4-18)$$

三相电流有效值及三相阻抗角均相等,即

$$I_{AB} = I_{BC} = I_{CA} = I_P = \frac{U_P}{|Z|} = \frac{U_L}{|Z|} \tag{4-19}$$

$$\varphi_{AB} = \varphi_{BC} = \varphi_{CA} = \varphi = \arctan\frac{X}{R}$$

由此可见，三相相电流是对称的。三相电路的计算可化为单相处理，可以只计算一相，其余两相按对称关系直接写出，即

$$\left.\begin{array}{l} \dot{I}_{AB} = \dfrac{\dot{U}_{AB}}{Z} = \dfrac{U_L\angle 0°}{|Z|\angle\varphi} = I_P\angle{-\varphi} \\ \dot{I}_{BC} = \dot{I}_{AB}\angle{-120°} \\ \dot{I}_{CA} = \dot{I}_{AB}\angle{120°} \end{array}\right\} \tag{4-20}$$

按图中各电流的参考方向，根据基尔霍夫电流定律，三相线电流可表示为

$$\left.\begin{array}{l} \dot{I}_A = \dot{I}_{AB} - \dot{I}_{CA} \\ \dot{I}_B = \dot{I}_{BC} - \dot{I}_{AB} \\ \dot{I}_C = \dot{I}_{CA} - \dot{I}_{BC} \end{array}\right\} \tag{4-21}$$

当三相负载对称时，由式（4-21）线电流和相电流的关系作出相量图，如图 4-10 所示。由图看出，在相位上，各线电流滞后相应的相电流 30°，线电流和相电流在大小上的关系为

$$\frac{1}{2}I_L = I_P\cos 30° = \frac{\sqrt{3}}{2}I_P$$

由此得

$$I_L = \sqrt{3}I_P \tag{4-22}$$

即线电流等于相电流的 $\sqrt{3}$ 倍，线电流也是对称的。

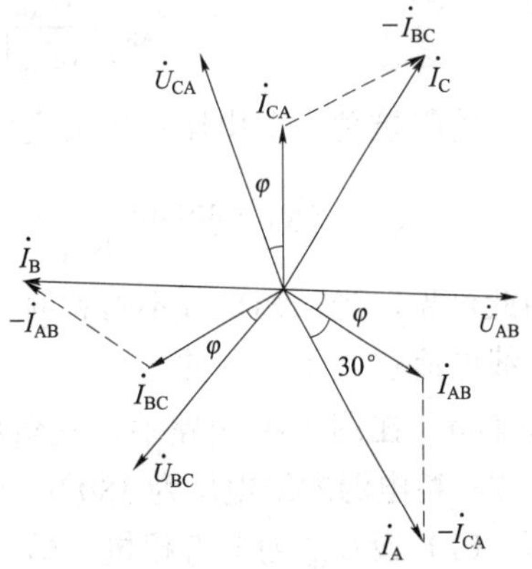

图 4-10 对称负载三角形连接时电压和电流的相量图

线电流和相电流的相量关系为

$$\left.\begin{array}{l} \dot{I}_A = \sqrt{3}\dot{I}_{AB}\angle{-30°} \\ \dot{I}_B = \sqrt{3}\dot{I}_{BC}\angle{-30°} \\ \dot{I}_C = \sqrt{3}\dot{I}_{CA}\angle{-30°} \end{array}\right\} \tag{4-23}$$

线电流也可只计算一相，其余两相按对称关系直接写出，即

$$\left.\begin{array}{l} \dot{I}_A = \sqrt{3}\dot{I}_{AB}\angle{-30°} \\ \dot{I}_B = \dot{I}_A\angle{-120°} \\ \dot{I}_C = \dot{I}_A\angle{120°} \end{array}\right\} \tag{4-24}$$

二、不对称负载三角形连接的三相电路

不对称负载三角形连接的三相电路中,负载不对称,即 $Z_{AB} \neq Z_{BC} \neq Z_{CA}$。以下分析不对称负载三角形连接的三相电路。

设三相电源线电压为

$$\dot{U}_{AB} = U_{AB} \angle 0°, \quad \dot{U}_{BC} = U_{BC} \angle -120°, \quad \dot{U}_{CA} = U_{CA} \angle 120°$$

每相负载中的相电流需分别计算,即

$$\left.\begin{array}{l}\dot{I}_{AB} = \dfrac{\dot{U}_{AB}}{Z_{AB}} = \dfrac{U_{AB} \angle 0°}{|Z_{AB}| \angle \varphi_{AB}} = I_{AB} \angle -\varphi_{AB} \\[2mm] \dot{I}_{BC} = \dfrac{\dot{U}_{BC}}{Z_{BC}} = \dfrac{U_{BC} \angle -120°}{|Z_{BC}| \angle \varphi_{BC}} = I_{BC} \angle -120° - \varphi_{BC} \\[2mm] \dot{I}_{CA} = \dfrac{\dot{U}_{CA}}{Z_{CA}} = \dfrac{U_{CA} \angle 120°}{|Z_{CA}| \angle \varphi_{CA}} = I_{CA} \angle 120° - \varphi_{CA}\end{array}\right\} \quad (4-25)$$

上式中,三相负载相电流的有效值分别为

$$I_{AB} = \frac{U_{AB}}{|Z_{AB}|}, \quad I_{BC} = \frac{U_{BC}}{|Z_{BC}|}, \quad I_{CA} = \frac{U_{CA}}{|Z_{CA}|}$$

三相负载的阻抗角,即电压和电流之间的相位差分别为

$$\varphi_{AB} = \arctan \frac{X_{AB}}{R_{AB}}, \quad \varphi_{BC} = \arctan \frac{X_{BC}}{R_{BC}}, \quad \varphi_{CA} = \arctan \frac{X_{CA}}{R_{CA}}$$

由此可见,当三相负载不对称时,三个相电流不对称,三个线电流应按式(4-21)分别计算,线电流也是不对称的。

例 4-4 在图 4-9 电路中,三角形连接的对称三相负载 $Z_{AB} = Z_{BC} = Z_{CA} = Z = 4 + j3 \, \Omega$,所接对称三相电源的线电压为 380 V。(1)求各相电流和线电流。(2)对该电路进行事故分析。

解:(1)设 $\dot{U}_{AB}$ 为参考相量,即

$$\dot{U}_{AB} = 380 \angle 0° \text{ V}$$

则

$$\dot{I}_{AB} = \frac{\dot{U}_{AB}}{Z} = \frac{380 \angle 0°}{4 + j3} = \frac{380 \angle 0°}{5 \angle 36.9°} = 76 \angle -36.9° \text{ (A)}$$

$$\dot{I}_{BC} = \dot{I}_{AB} \angle -120° = 76 \angle -156.9° \text{ (A)}$$

$$\dot{I}_{CA} = \dot{I}_{AB} \angle 120° = 76 \angle 83.1° \text{ (A)}$$

$$\dot{I}_{A} = \sqrt{3} \dot{I}_{AB} \angle -30° = \sqrt{3} \times 76 \angle -36.9° -30° = 131.6 \angle -66.9° \text{ (A)}$$

$$\dot{I}_{B} = \dot{I}_{A} \angle -120° = 131.6 \angle 173.1° \text{ (A)}$$

$$\dot{I}_{C} = \dot{I}_{A} \angle 120° = 131.6 \angle 53.1° \text{ (A)}$$

(2)事故分析,设有如下三种情况:

AB 相短路:A、B 两端线中将有很大的短路电流通过,A、B 两端线中的熔断器熔断,则各相负载中均无电流。

AB 相负载断路:此时 $\dot{I}_{AB} = 0$,但 $\dot{I}_A = -\dot{I}_{CA}$,$\dot{I}_B = \dot{I}_{BC}$,且 $\dot{I}_C$、$\dot{I}_{BC}$ 和 $\dot{I}_{CA}$ 均不受影响。

A 线断开：BC 相负载不受影响；AB 相及 CA 相负载成为串联，且连接在 B、C 两端线之间，其相电压和相电流均将减小。如果 $|Z_{AB}| \neq |Z_{CA}|$，两相负载上的电压显然不能相等，应按两串联阻抗分压进行计算。

4.4 三相交流电路的功率

一、有功功率

在三相电路中，总的有功功率都等于各相有功功率之和，即

$$P = P_A + P_B + P_C = U_A I_A \cos\varphi_A + U_B I_B \cos\varphi_B + U_C I_C \cos\varphi_C \tag{4-26}$$

式中，U_A、U_B、U_C 为各相电压有效值；I_A、I_B、I_C 为各相电流有效值；φ_A、φ_B、φ_C 为各相负载的阻抗角，等于对应的各相电压和相电流的相位差。

当三相负载对称时，三相的有功功率相等。因此三相总的有功功率为

$$P = 3P_P = 3U_P I_P \cos\varphi \tag{4-27}$$

式中，φ 角是每相相电压和相电流之间的相位差，也是每相的功率因数角。

当对称负载采用星形连接时，$I_L = I_P$，$U_L = \sqrt{3}U_P$；当对称负载采用三角形连接时，$U_L = U_P$，$I_L = \sqrt{3}I_P$。因此，无论对称负载采用星形连接还是三角形连接，将上述关系代入式（4-27），得出对称三相负载总有功功率都为

$$P = \sqrt{3}U_L I_L \cos\varphi \tag{4-28}$$

注意，式（4-28）中的 φ 角仍是相电压和相电流之间的相位差。

用式（4-27）和式（4-28）都可计算三相有功功率。因为在实际应用中，线电压和线电流的数值容易测量，线电压一般是已知的，因此常用式（4-28）。

二、无功功率

总的无功功率等于各相无功功率之和，即

$$Q = Q_A + Q_B + Q_C = U_A I_A \sin\varphi_A + U_B I_B \sin\varphi_B + U_C I_C \sin\varphi_C \tag{4-29}$$

因为每相负载可能是电感性的，也可能是电容性的，每相无功功率可正可负，所以总无功功率为各相无功功率的代数和。

当三相负载对称时，三相的无功功率相等。因此三相总的无功功率为

$$Q = 3U_P I_P \sin\varphi \tag{4-30}$$

类似于有功功率，在对称三相电路中，无论负载是星形连接还是三角形连接，三相总无功功率为

$$Q = \sqrt{3}U_L I_L \sin\varphi \tag{4-31}$$

三、视在功率

按规定，三相总的视在功率为

$$S = \sqrt{P^2 + Q^2} \tag{4-32}$$

式中，P 和 Q 分别为三相总有功功率和总无功功率，即

$$P = P_A + P_B + P_C$$
$$Q = Q_A + Q_B + Q_C$$

在对称三相电路中，视在功率为

$$S = \sqrt{P^2 + Q^2} = \sqrt{(3U_P I_P \cos \varphi)^2 + (3U_P I_P \sin \varphi)^2}$$
$$= 3U_P I_P = \sqrt{3} U_L I_L \qquad (4-33)$$

注意，总的视在功率不等于各相视在功率之和，即

$$S \ne S_A + S_B + S_C$$

例 4-5 三相电源线电压为 660 V，接有一个对称的三相负载 $Z = 12 + j16 = 20 \angle 53.13°$ Ω。求负载连接成星形和三角形两种情况下的有功功率、无功功率和视在功率。

解：（1）星形连接时：

由 $U_L = 660$ V，得 $U_P = \dfrac{U_L}{\sqrt{3}} = \dfrac{660}{\sqrt{3}} = 380$（V）

每相电流为

$$I_L = I_P = \frac{U_P}{|Z|} = \frac{380}{20} = 19 \text{（A）}$$

所以

$$P_Y = \sqrt{3} U_L I_L \cos \varphi = \sqrt{3} \times 660 \times 19 \times \cos 53.13° = 13.03 \text{（kW）}$$
$$Q_Y = \sqrt{3} U_L I_L \sin \varphi = \sqrt{3} \times 660 \times 19 \times \sin 53.13° = 17.38 \text{（kvar）}$$
$$S_Y = \sqrt{3} U_L I_L = \sqrt{3} \times 660 \times 19 = 21.72 \text{（kV·A）}$$

（2）三角形连接时，$U_P = U_L = 660$（V）。

每相电流为

$$I_P = \frac{U_P}{|Z|} = \frac{660}{20} = 33 \text{（A）}$$

线电流为

$$I_L = \sqrt{3} I_P = \sqrt{3} \times 33 = 57.16 \text{（A）}$$

所以

$$P_\triangle = \sqrt{3} U_L I_L \cos \varphi = \sqrt{3} \times 660 \times 57.16 \times \cos 53.13 = 39.20 \text{（kW）}$$
$$Q_\triangle = \sqrt{3} U_L I_L \sin \varphi = \sqrt{3} \times 660 \times 57.16 \times \sin 53.13 = 52.27 \text{（kvar）}$$
$$S_\triangle = \sqrt{3} U_L I_L = \sqrt{3} \times 660 \times 57.16 = 65.34 \text{（kV·A）}$$

比较（1）、（2）的结果可知，在相同的三相电源电压作用下，同一负载连接成三角形的功率（有功功率、无功功率和视在功率）是连接成星形时的 3 倍。

习 题

4-1 有一对称三相负载，每相的电阻 $R = 80$ Ω，感抗 $X_L = 60$ Ω，额定相电压为 220 V。试问能否由线电压为 380 V 的三相电源供电？如果可以，则负载的相电流和线电流是多少？

4-2 三个相等的阻抗 $Z = 4 + j3$ Ω，星形连接，接在 $U_L = 380$ V 的对称电源上。设传输

端线的压降可以不计。电源中点和负载中点通过阻抗 Z_N 连接起来。试问负载电流与 Z_N 有无关系？如 $Z_N = 1+ j0.5\,\Omega$ 或 $Z_N = 0$，试求负载的电流。

4-3　在对称线电压为 380 V 的三相四线制电路中，接对称星形连接负载，每相阻抗 $Z = 60 + j80\,\Omega$。(1) 求各相电流、线电流及中线电流相量；(2) 作电压和电流相量图；(3) 如去掉中线，各相电压和电流为多少？

4-4　线电压为 380 V 的三相四线制电路中，星形连接负载的各相阻抗为 $Z_A = 4 + j3\,\Omega$，$Z_B = R_B = 6\,\Omega$，$Z_C = R_C = 10\,\Omega$。求各相电流和中线电流。

4-5　对称线电压为 380 V 的三相三线制电路中，接对称三角形连接负载，每相阻抗 $Z = 60 + j80\,\Omega$。(1) 求各相电流和线电流相量；(2) 作电压和电流相量图。

4-6　额定电压为 220 V，额定功率分别为 40 W、60 W 和 100 W 的白炽灯三盏，由线电压为 380 V 的三相电源供电，接成如图 4-11 所示三相四线制电路。试问：(1) 当开关全闭合时，负载的相电压、相电流和中线电流是多少？若开关 S_a 断开，对负载的工作有无影响？(2) 若因故中线断掉，且开关 S_a 断开，则 B、C 两相的相电压和相电流是多少？若开关 S_b 也断开，对剩下的 C 相负载有无影响？

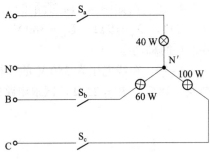

图 4-11　习题 4-6 电路

4-7　三相四线制供电线路，送到某楼房作照明的电源 $U_L = 380\,V$，设每相各装 220 V、40 W 的白炽灯 100 盏，求各端线的电流和中线电流。如 A 相的总线的熔丝熔断，此相的电灯全部熄灭，问各线的电流有何改变？画出第二种情形的电压和电流相量图。

4-8　一个三相电源的相序测试电路如图 4-12 所示，由一电感线圈和两组相同的白炽灯组成，电源线电压为 380 V，$X_L = R$。试求负载的相电压，并由此证明：白炽灯较亮的一相为 C 相，较暗的一相为 B 相。

4-9　有一台三相异步电动机绕组为星形连接，已知线电压为 380 V，线电流为 6.1 A，有功功率为 3.3 kW，试求电动机每相绕组的 R 和 X_L。

4-10　对称负载星形连接的三相电路中，已知每相阻抗 $Z = 30.8 + j23.1\,\Omega$，电源的线电压为 380 V。求三相功率 P、Q、S 和功率因数 $\cos\varphi$。

4-11　有一星形连接的对称三相负载电路如图 4-13 所示，每相的电阻 $R = 6\,\Omega$，感抗 $X_L = 8\,\Omega$。电源电压对称，设电源线电压 $u_{AB} = 380\sqrt{2}\sin(\omega t + 30°)\,V$，试求：(1) 电流 i_A、i_B 和 i_C；(2) 三相功率 P、Q 和 S。

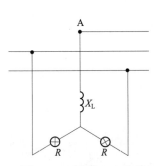

图 4-12　习题 4-8 电路

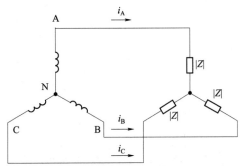

图 4-13　习题 4-11 电路

4-12　有一台三相电动机，每相的等效电阻 $R=29\,\Omega$，等效感抗 $X_L=21.8\,\Omega$，试求在下列两种情况下电动机的相电流、线电流以及从电源输入的功率，并比较所得结果：(1) 绕组连成星形接于 $U_L=380\text{ V}$ 的三相电源上；(2) 绕组连成三角形接于 $U_L=220\text{ V}$ 的三相电源上。

4-13　对称负载三角形连接的三相电路，已知线电流 $I_L=5.5\text{ A}$，有功功率 $P=7760\text{ W}$，功率因数 $\cos\varphi=0.8$。求电源的线电压 U_L、电路的视在功率 S 和负载的每相阻抗 Z。

4-14　三角形连接的对称阻抗，每相为 $Z=30+\text{j}40\,\Omega$，接在对称的三相电源上。设电源有两种情况：(1) 电源线电压 $U_L=380\text{ V}$；(2) 电源线电压 $U_L=220\text{ V}$。分别计算两种情况的相电流和线电流；负载吸收的有功功率和无功功率。

4-15　在如图 4-14 所示的三相电路中，电源为三角形连接，负载为星形连接，已知 $R=12\,\Omega$，$X_L=9\,\Omega$，$U_L=380\text{ V}$。试求：(1) 负载的相电流；(2) 电源的相电流；(3) 负载消耗的总功率。

4-16　在线电压为 380 V 的三相电源上，接两组电阻性对称负载，如图 4-15 所示。已知 $R_1=38\,\Omega$，$R_2=22\,\Omega$，试求电路的线电流。

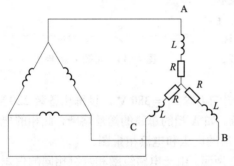

图 4-14　习题 4-15 电路

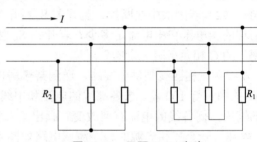

图 4-15　习题 4-16 电路

第 5 章

电路的暂态分析

前几章讨论的是电路工作时的稳定状态,简称稳态。这时电路中的各物理量(电流和电压等)达到了给定条件下的稳态值,对于直流电,它的数值稳定不变;对于交流电,它的幅值、频率和变化规律稳定不变。但是电路中的各物理量从接通电源前的零值,达到接通电源后的稳态值,要有一个变化过程。另外,在已经达到稳态的电路中,如果电源电动势(或电激流)或电路某些参数有了改变,则电路中的各物理量也要变化到另一稳态值。

电路中这种从一个稳态(包括电路未接通前的零状态)变化到另一个稳态的过程,称为电路的暂态过程,又称为过渡过程,电路在暂态过程中的工作状态常称为暂态。分析电路从一个稳态变到另一个稳态的过程称为暂态分析或瞬态分析。

某些电路在接通或断开的暂态过程中,要产生电压过高(过电压)或电流过大(过电流)的现象,使电气设备或器件遭受损坏。

研究暂态过程的目的是:认识并掌握这种客观存在的物理现象的规律,在生产上充分利用暂态过程的特性,预防它产生危害。

电路为什么会有暂态过程呢?这是因为电路中能量的储存和释放需要一定的时间。当电路中有储能元件电容或电感时,电路从一个稳态变化到另一个稳态时,将引起电容中的电场能量和电感中的磁场能量发生变化,电路就会出现暂态过程。

在 RC 串联直流电路中,当接通直流电压后,电容器被充电,其电压逐渐增长到稳态值,电路中的充电电流逐渐衰减到零。也就是说,RC 串联电路从其与直流电压接通时,直至达到稳定状态,要经历一个暂态过程。

本章主要分析 RC 和 RL 一阶线性电路的暂态过程,为线性电路中的暂态过程分析打下初步的理论基础;着重讨论暂态过程中电压和电流随时间变化的规律和影响暂态过程快慢的电路的时间常数。

5.1 换 路 定 则

电路的工作状态发生变化,如电路中开关的接通、断开或改接,电路连接方式的改变,电路参数和电源的突然变化等,统称为电路的换路。

在暂态分析中,通常规定换路是瞬间完成的。设 $t=0$ 为换路瞬间,以 $t=0_-$ 表示换路前的终了瞬间,$t=0_+$ 表示换路后的初始瞬间。0_- 和 0_+ 在数值上都等于 0,但前者是指 t 从负值趋近于零,后者是指 t 从正值趋近于零。

换路定则是指一个具有储能元件的电路中,在换路瞬间,电容元件的端电压不能跃变,

电感元件的电流不能跃变,数学表达式为

$$\begin{cases} u_C(0_+) = u_C(0_-) \\ i_L(0_+) = i_L(0_-) \end{cases} \tag{5-1}$$

换路定则仅适用于换路瞬间,可根据它来确定 $t=0_+$ 时电路中电压和电流的值,即暂态过程的初始值。确定各个电压和电流的初始值时,先由 $t=0_-$ 的电路求出 $u_C(0_-)$ 或 $i_L(0_-)$,而后由 $t=0_+$ 的电路在已求得的 $u_C(0_+)$ 或 $i_L(0_+)$ 的条件下,求其他电压和电流的初始值。

换路定则实质上反映了储能元件所储存的能量不能跃变。因为电容和电感所储存的能量分别为 $\frac{1}{2}Cu_C^2$ 和 $\frac{1}{2}Li_L^2$,电容电压 u_C 和电感电流 i_L 的跃变意味着元件所储存能量的跃变,而能量 w 的跃变要求电源提供的功率 $p=\dfrac{\mathrm{d}w}{\mathrm{d}t}$ 达到无穷大,这在实际上是不可能的。因此电容电压和电感电流只能是连续变化,不能跃变。由此可见,含有储能元件的电路发生暂态过程的根本原因在于能量不能跃变。

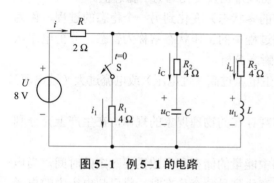

图 5-1 例 5-1 的电路

在直流激励下,换路前,如果储能元件储有能量,并设电路已处于稳态,则在 $t=0_-$ 的电路中,电容元件可视作开路,电感元件可视作短路;换路前,如果储能元件没有储能,则在 $t=0_-$ 和 $t=0_+$ 的电路中,可将电容元件短路,将电感元件开路。

例 5-1 确定图 5-1 所示电路中各个电压和电流的初始值。设换路前电路处于稳态。

解:先由 $t=0_-$ 的电路 [见图 5-2(a),电容元件视作开路,电感元件视作短路] 求得

$$i_L(0_-) = \frac{R_1}{R_1+R_3} \times \frac{U}{R+\dfrac{R_1 R_3}{R_1+R_3}}$$

$$= \frac{4}{4+4} \times \frac{8}{2+\dfrac{4\times 4}{4+4}} = 1 \text{ (A)}$$

$$u_C(0_-) = R_3 i_L(0_-) = 4 \times 1 = 4 \text{ (V)}$$

在 $t=0_+$ 的电路中,

$$u_C(0_+) = u_C(0_-) = 4 \text{ (V)}$$
$$i_L(0_+) = i_L(0_-) = 1 \text{ (A)}$$

于是由图 5-2(b)可列出

$$\begin{cases} U = Ri(0_+) + R_2 i_C(0_+) + u_C(0_+) \\ i(0_+) = i_C(0_+) + i_L(0_+) \end{cases}$$

$$\begin{cases} 8 = 2i(0_+) + 4i_C(0_+) + 4 \\ i(0_+) = i_C(0_+) + 1 \end{cases}$$

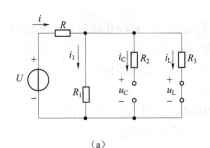
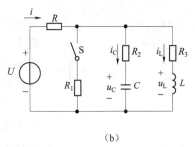

图 5-2　$t=0_-$ 与 $t=0_+$ 的电路
(a) $t=0_-$ 的电路；(b) $t=0_+$ 的电路

解之得

$$i_C(0_+) = \frac{1}{3}\text{（A）}, \quad i(0_+) = 1\frac{1}{3}\text{（A）}$$

并可得出

$$u_L(0_+) = R_2 i_C(0_+) + u_C(0_+) - R_3 i_L(0_+)$$
$$= 4 \times \frac{1}{3} + 4 - 4 \times 1 = 1\frac{1}{3}\text{（V）}$$

由上可知，$u_C(0_+) = u_C(0_-)$，不能跃变；$i_C(0_-) = 0$，$i_C(0_+) = \frac{1}{3}$ A，是可以跃变的。$i_L(0_+) = i_L(0_-)$，不能跃变；而 $u_L(0_-) = 0$，$u_L(0_+) = 1\frac{1}{3}$ V，可以跃变。此外，$i(0_-) = 2$ A，而 $i(0_+) = 1\frac{1}{3}$ A，也是可以跃变的。

因此，计算 $t=0_+$ 时电压和电流的初始值，只需计算 $t=0_-$ 时的 $i_L(0_-)$ 和 $u_C(0_-)$，因为它们不能跃变，即为初始值，而 $t=0_-$ 时的其余电压和电流都与初始值无关，不必去求。

5.2　RC 电路的暂态分析

电子电路中广泛应用由电阻 R 和电容 C 构成的电路，掌握 RC 电路暂态过程的规律，对分析某些电子电路的工作很有帮助。

前几章讨论的是直流和交流电路在稳态下的激励和响应。本章用经典法分析电路的暂态过程，根据激励通过求解电路的微分方程得出电路的响应。

电路暂态过程中的响应有 3 种情况，即零状态响应、零输入响应和全响应。下面按照这 3 种情况进行讨论。

一、RC 电路的零输入响应

RC 电路在无输入激励的情况下，由电容元件的初始状态 $u_C(0_+)$ 激励所产生的电路的响应，称为零输入响应。从物理意义上讲就是电容的放电过程。

图 5-3 是一个 RC 串联电路。在换路前，开关 S 合在位置 2 上，电容器上的电压为 U，

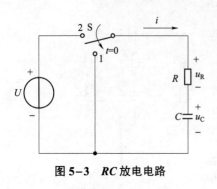

图 5-3 RC 放电电路

电路已经处于稳定状态。在 $t=0$ 时将开关从位置 2 合到位置 1，使电路脱离电源，输入信号为零。此时，电容元件的初始储能，其上电压的初始值 $u_C(0_+)=U_0=U$，电容元件经电阻 R 放电。

下面讨论换路后，即 $t \geq 0$ 时，电路中 u_R、u_C 和 i 随时间变化的规律。根据基尔霍夫电压定律可列出回路电压方程为

$$Ri + u_C = 0$$

电容 C 的放电电流为

$$i = C\frac{du_C}{dt}$$

所以

$$RC\frac{du_C}{dt} + u_C = 0 \tag{5-2}$$

式（5-2）为电路的一阶常系数线性齐次微分方程。求解此方程，就可得到 u_C 与时间 t 的函数关系，即 u_C 的时域响应。令其通解为

$$u_C = Ae^{pt}$$

上式中，A 为积分常数，p 为特征方程的根。将其代入式（5-2）并消去公因子 Ae^{pt}，得出该微分方程的特征方程为

$$RCp + 1 = 0$$

特征方程的根为

$$p = -\frac{1}{RC}$$

因此，式（5-2）的通解为

$$u_C = Ae^{-\frac{1}{RC}t} \tag{5-3}$$

下面确定积分常数 A。根据换路定则，在 $t=0_+$ 时，$u_C(0_+)=U_0=A$，则

$$u_C = U_0 e^{-\frac{1}{RC}t} = U_0 e^{-\frac{t}{\tau}} \tag{5-4}$$

式（5-4）中，u_C 随时间变化的曲线如图 5-4 所示。它的初始值为 U_0，按指数规律衰减趋于 0。

式（5-4）中，

$$\tau = RC \tag{5-5}$$

式（5-5）中，当 R 的单位为欧姆（Ω），C 的单位为法拉（F）时，τ 的单位可导出如下：

$$欧（Ω）\cdot 法（F） = \frac{伏（V）}{安（A）} \cdot \frac{库（C）}{伏（V）} = \frac{伏（V）}{安（A）} \cdot \frac{安（A）\cdot 秒（s）}{伏（V）} = 秒（s）$$

可见，τ 具有时间的量纲，故称 $\tau = RC$ 为 RC 电路的时间常数。电压 u_C 衰减的快慢取决于电路的时间常数。

当 $t = \tau$ 时，

$$u_C = U_0 e^{-1} = \frac{U_0}{2.718} = 36.8\% U_0$$

由此可见，时间常数 τ 等于电压 u_C 衰减到初始值 U_0 的 36.8%时所需的时间。图 5-4（a）中，过初始点的切线与横轴相交于 τ，用公式表示为

$$\left.\frac{du_C}{dt}\right|_{t=0} = -\frac{U_0}{\tau}$$

指数曲线上任意点的次切距的长度都等于 τ。

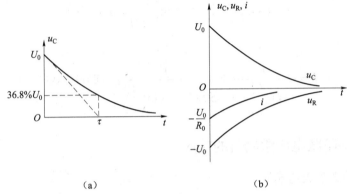

（a）　　　　　　　（b）

图 5-4　u_C、u_R 和 i 的变化曲线

从理论上说电容的电压经过 $t = \infty$ 的时间达到稳态值。但根据指数函数的变化规律，实际上经过 $\tau = 5$ 的时间，可认为达到稳定状态。这时

$$u_C = U_0 e^{-5} = 0.007 U_0 = 0.7\% U_0$$

图 5-5 反映了零输入响应电路 u_C 与 τ 的函数关系，时间常数 τ 越大，电容电压 u_C 衰减越慢，即电容器放电越慢。因为在一定初始电压 U_0 下，电容 C 越大，储存的电荷量越多；电阻 R 越大，放电电流越小，则放电变慢。因此，改变 C 或 R 的数值，即改变电路的时间常数 τ，可以改变电容器放电的快慢。

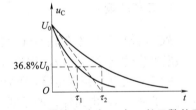

图 5-5　零输入响应 u_C 与 τ 的函数关系

从式（5-4）得出 $t \geq 0$ 时，电容器的放电电流为

$$i = C\frac{du_C}{dt} = -\frac{U_0}{R} e^{-\frac{t}{\tau}} \tag{5-6}$$

电阻元件 R 两端的电压为

$$u_R = Ri = -U_0 e^{-\frac{t}{\tau}} \tag{5-7}$$

上两式中的负号表示放电电流以及电阻电压的实际方向与图 5-3 中所选定的参考方向相反。u_C、u_R 和 i 随时间变化的曲线如图 5-4（b）所示。

例 5-2　在图 5-3 所示 RC 放电电路中，在 $t = 0$ 时将开关从位置 2 合到位置 1，已知电容器的初始电压 $u_C(0_+) = U_0 = 12\text{ V}$，$C = 50\text{ μF}$，$R = 10\text{ kΩ}$，试求：（1）零输入响应电容电

压 u_C 和电流 i；(2) 电容电压衰减到 3 V 时所需时间；(3) 欲使在 $t=1\text{s}$ 时电容器电压衰减到 1.2 V，则放电电阻 R 的值应为多大？

解：(1) 时间常数 $\tau = RC = 10\times 10^3 \times 50\times 10^{-6} = 0.5$（s）

$$u_C = U_0 e^{-\frac{t}{\tau}} = 12 e^{-\frac{t}{0.5}} = 12 e^{-2t} \text{ (V)}$$

$$i = -\frac{U_0}{R} e^{-\frac{t}{\tau}} = -\frac{12}{10\times 10^3} e^{-\frac{t}{0.5}} = -1.2 e^{-2t} \text{ (mA)}$$

(2) 由 $u_C = U_0 e^{-\frac{t}{\tau}}$ 得

$$t = \tau \cdot \ln\left(\frac{U_0}{u_C}\right) = 0.5 \times \ln\left(\frac{12}{3}\right) = 0.69 \text{ (s)}$$

(3) 由 (2) 得

$$R = \frac{t}{C\cdot \ln\left(\frac{U_0}{u_C}\right)} = \frac{t}{50\times 10^{-6} \times \ln\left(\frac{12}{1.2}\right)} = 8.69 \text{ (k}\Omega\text{)}$$

二、RC 电路阶跃电压激励时的响应

阶跃电压 u 的数学表达式为

$$u = \begin{cases} 0, & t<0 \\ U, & t>0 \end{cases} \tag{5-8}$$

式 (5-8) 中 U 为其幅值。u 随时间变化的曲线如图 5-6 所示。下面分析 RC 电路在两种初始状态下的响应。

1. 零状态响应

RC 电路的零状态是指 $t=0_-$ 时，电容元件未储有能量，即 $u_C(0_-)=0$。在此条件下，由电源激励产生的电路的响应，称为零状态响应。从物理意义上讲就是电容的充电过程。

图 5-7 是 RC 充电电路，在 $t=0$ 时将开关 S 闭合，电路与一恒定电压为 U 的直流恒压源接通。此时，RC 电路输入的是式 (5-8) 所示的阶跃电压 u。

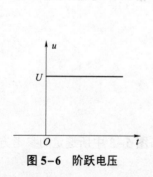

图 5-6 阶跃电压　　图 5-7 RC 充电电路

下面讨论换路后，即 $t\geqslant 0$ 时，电路中 u_R、u_C 和 i 随时间变化的规律。根据基尔霍夫电压

定律列出回路电压方程为

$$Ri + u_C = U$$

电容 C 的充电电流为

$$i = C\frac{du_C}{dt}$$

所以

$$RC\frac{du_C}{dt} + u_C = U \quad (5-9)$$

式（5-9）为电路的一阶常系数线性非齐次微分方程。它对应的齐次方程为

$$RC\frac{du_C}{dt} + u_C = 0$$

式（5-9）的通解 u_C 是它的一个特解 u'_C 和它对应的齐次方程的通解（也称为补函数）u''_C 之和，即

$$u_C = u'_C + u''_C \quad (5-10)$$

特解 u'_C 是满足式（5-9）的任何一个解。因为电路达到稳态时也满足式（5-9），且稳态值（$t = \infty$ 时，电路中电压和电流的值称为暂态过程的稳态值）很容易求得。当电容充电结束时，电路达到稳态，电容的端电压为 U，即电容电压 u_C 的稳态值为 U。因此特解为

$$u'_C = U$$

令对应齐次微分方程的通解为

$$u''_C = Ae^{pt}$$

将 u''_C 代入齐次微分方程，得该方程的特征方程为

$$RCp + 1 = 0$$

特征根为

$$p = -\frac{1}{RC}$$

则

$$u''_C = Ae^{-\frac{1}{RC}t}$$

因此，式（5-9）的通解为

$$u_C = u'_C + u''_C = U + Ae^{-\frac{1}{RC}t}$$

下面确定积分常数 A。根据换路定则，在 $t = 0_+$ 时，$u_C(0_+) = u_C(0_-) = 0$，即 $u_C(0_+) = U + A = 0$，则 $A = -U$。所以电容元件两端的电压

$$u_C = U - Ue^{-\frac{1}{RC}t} = U(1 - e^{-\frac{1}{RC}t}) = U(1 - e^{-\frac{t}{\tau}}) \quad (5-11)$$

式（5-11）中，$\tau = RC$ 为 RC 充电电路的时间常数。式中电压 u_C 随时间变化的曲线如图 5-8 所示。暂态过程中电压 u_C 按指数规律增长趋于稳态值。u_C 由两个分量相加，一是 u'_C，不随时间变化，是达到稳定状态时的电压，称为稳态分量（稳态值），它的变化规律及大小都

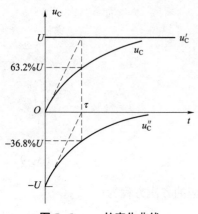

图 5-8 u_C 的变化曲线

和电源电压 U 有关；二是 u_C''，大小和电源电压有关，它的变化规律与电源电压无关，按指数规律衰减趋于零，存在于暂态过程中，称为暂态分量。

当 $t = \tau$ 时

$$u_C = U(1 - e^{-1}) = U(1 - 0.368) = 63.2\%U$$

即经过时间常数 τ，电压 u_C 按指数规律增长到稳态值 U 的 63.2% 倍。

$t \geq 0$ 时电容器充电电流，可求出为

$$i = C\frac{du_C}{dt} = \frac{U}{R}e^{-\frac{t}{\tau}} \tag{5-12}$$

电阻元件 R 上的电压

$$u_R = Ri = Ue^{-\frac{t}{\tau}} \tag{5-13}$$

u_C、u_R、i 随时间变化的曲线如图 5-9 所示。

例 5-3 在图 5-7 所示电路中，已知 $U = 200$ V，$R = 40\,\Omega$，零初始状态，在 $t = 0$ 时闭合开关 S，开关 S 闭合后 1.5 ms 时电流 i 为 0.25 mA。试求：(1) 充电的时间常数；(2) 电容器的电容量；(3) 充电电流的初始值；(4) 充电过程中的电容电压。

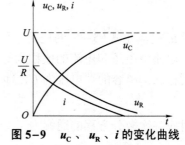

图 5-9 u_C、u_R、i 的变化曲线

解：(1) 根据式 (5-12)

$$i = \frac{U}{R}e^{-\frac{t}{\tau}} \qquad t \geq 0$$

将已知条件代入上式，得

$$0.25 \times 10^{-3} = \frac{200}{40}e^{-\frac{1.5 \times 10^{-3}}{\tau}}$$

所以

$$\tau = 0.151 \text{ ms}$$

(2) $$C = \frac{\tau}{R} = \frac{0.151 \times 10^{-3}}{40} = 3.79\ (\mu F)$$

(3) 因为 $u_C(0_+) = u_C(0_-) = 0$，所以 S 闭合瞬间，电容相当于短路，因而

$$i(0_+) = \frac{U}{R} = \frac{200}{40} = 5\ (A)$$

(4) $$u_C(t) = U(1 - e^{-\frac{t}{\tau}}) = 200(1 - e^{-6.62 \times 10^3 t})(V) \qquad t \geq 0$$

2. 全响应

在 RC 电路中，当 $t = 0_-$ 时，电容元件储有能量，称为非零状态。在此条件下，由电源激励产生的电路的响应，称为全响应（也称非零状态响应）。RC 电路的全响应，也可定义为：

电源激励和电容元件的初始状态 $u_C(0_+)$ 均不为零时电路的响应。

如图 5-7 所示电路，在 $t=0$ 时将开关 S 闭合，阶跃激励的幅值为 U，$t=0_-$ 时，$u_C(0_-)=U_0$。

下面讨论换路后，即 $t \geq 0$ 时，电路中 u_C、u_R 和 i 随时间变化的规律。电路的微分方程和式（5-9）相同，由此得出

$$u_C = u_C' + u_C'' = U + Ae^{-\frac{1}{RC}t}$$

积分常数 A 和零状态时不同。根据换路定则，在 $t=0_+$ 时，$u_C(0_+)=u_C(0_-)=U_0$。即 $u_C(0_+)=U+A=U_0$，则 $A=U_0-U$。所以

$$u_C = U + (U_0 - U)e^{-\frac{1}{RC}t} \tag{5-14}$$

将式（5-14）移项后得

$$u_C = U_0 e^{-\frac{t}{\tau}} + U(1 - e^{-\frac{t}{\tau}}) \tag{5-15}$$

式（5-15）中，右边第一项为式（5-4），是零输入响应；第二项为式（5-11），是零状态响应。于是

全响应 = 零输入响应 + 零状态响应

上式是叠加原理在暂态电路分析中的体现。在求全响应时，可把电容元件的初始状态 $u_C(0_+)$ 看作一个电压源。$u_C(0_+)$ 和电源激励分别单独作用时所得出的零输入响应和零状态响应的叠加，即为全响应。

式（5-14）中，右边第一项 U 恒定不变，为稳态分量；第二项 $(U_0-U)e^{-\frac{1}{RC}t}$ 按指数规律变化，为暂态分量，则全响应可表示为

全响应 = 稳态分量 + 暂态分量

电路中的电流和电阻电压随时间变化的函数式可按下面的公式计算

$$i = C\frac{du_C}{dt}, \quad u_R = Ri$$

例 5-4 如图 5-10 所示的电路中，已知电压源 $U_1=3$ V，$U_2=5$ V，$R_1=1$ kΩ，$R_2=2$ kΩ，$C=3$ μF。开关 S 长期合在位置 1，在 $t=0$ 时把 S 合到位置 2 后，求电容元件上的电压 u_C。

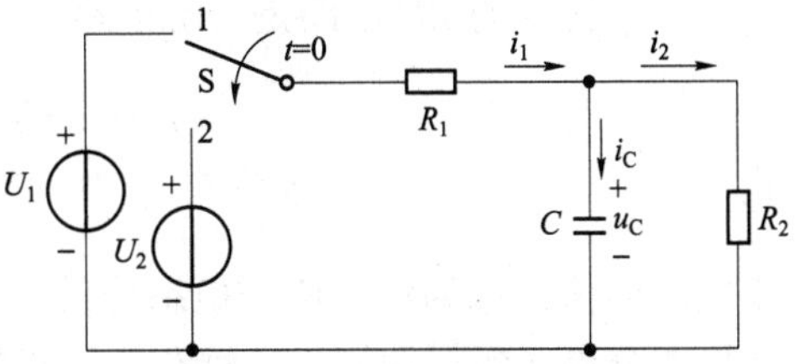

解： 在 $t=0_-$ 时

$$u_C(0_-) = \frac{R_2}{R_1+R_2}U_1 = \frac{2\times 10^3}{(1+2)\times 10^3}\times 3 = 2 \text{ (V)}$$

图 5-10 例 5-4 的电路图

在 $t \geq 0$ 时，根据基尔霍夫电流定律

$$i_1 - i_2 - i_C = 0$$

用电压表示各电流得

$$\frac{U_2 - u_C}{R_1} - \frac{u_C}{R_2} - C\frac{du_C}{dt} = 0$$

经整理后得

$$R_1C\frac{du_C}{dt}+\left(1+\frac{R_1}{R_2}\right)u_C=U_2$$

代入已知数得

$$(3\times10^{-3})\frac{du_C}{dt}+\frac{3}{2}u_C=5$$

求解后得

$$u_C=u_C'+u_C''=\frac{10}{3}+Ae^{-\frac{1}{2\times10^{-3}}t}\text{ V}$$

根据换路定则,有

$$u_C(0_+)=u_C(0_-)=2\text{ (V)}$$

代入上式,得

$$u_C(0_+)=\frac{10}{3}+A=2\text{ (V)}$$

所以

$$A=-\frac{4}{3}$$

电容电压为

$$u_C=\frac{10}{3}-\frac{4}{3}e^{-\frac{1}{2\times10^{-3}}t}=\frac{10}{3}-\frac{4}{3}e^{-500t}\text{ V}$$

5.3 一阶电路暂态分析的三要素法

仅含有一个储能元件或经化简后只含有一个独立储能元件的线性电路,因为它的微分方程是一阶常系数线性微分方程,故称为一阶电路。一阶电路是最简单和最常用的暂态电路。

上节讨论的 RC 电路是一阶电路,电路中响应的一般函数关系式可以表示为

$$f(t)=f'(t)+f''(t)=f(\infty)+Ae^{-\frac{t}{\tau}} \tag{5-16}$$

式(5-16)中,$f(t)$ 表示暂态电路中随时间变化的电压或电流,$f(\infty)$ 是换路后 $t=\infty$ 时电压或电流的值,称为稳态值(稳态分量)。$Ae^{-\frac{t}{\tau}}$ 按照指数规律变化,为暂态分量。因此,上式是稳态分量(包括零值)和暂态分量两部分的叠加。$f(t)$ 的初始值为 $f(0_+)$,由式(5-16),得 $f(0_+)=f(\infty)+A$,则 $A=f(0_+)-f(\infty)$,代入式(5-16)得

$$f(t)=f(\infty)+[f(0_+)-f(\infty)]e^{-\frac{t}{\tau}} \tag{5-17}$$

式(5-17)是分析一阶电路暂态过程任意变量的一般公式。可见,只要求出初始值 $f(0_+)$、稳态值 $f(\infty)$ 和时间常数 τ 这三个要素,就能直接写出电路的响应 $f(t)$,这种分析方法称为一阶电路暂态分析的三要素法。电路响应 $f(t)$ 的变化曲线如图 5-11 所示,都是按指数规律变化的(增长或衰减)。下面举例说明三要素法的应用。

例 5-5 如图 5-10 所示电路,已知 $R_1=3\text{ k}\Omega$,$R_2=6\text{ k}\Omega$,$C=5\text{ μF}$,$U_1=3\text{ V}$,$U_2=9\text{ V}$。

开关 S 长期合在位置 1，在 $t=0$ 时，把开关换接到位置 2，试应用三要素法求 $t \geq 0$ 时电容器上的电压 u_C。

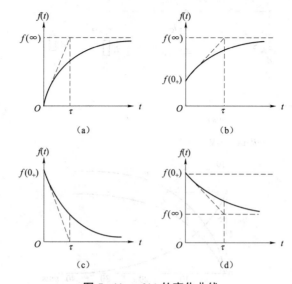

图 5-11 $f(t)$ 的变化曲线

(a) $f(0_+)=0$；(b) $f(0_+) \neq 0$；(c) $f(\infty)=0$；(d) $f(\infty) \neq 0$

解：（1）求 u_C 的初始值。

在 $t=0_-$ 时

$$u_C(0_-) = \frac{R_2}{R_1+R_2} \cdot U_1 = \frac{6}{3+6} \times 3 = 2 \text{（V）}$$

根据换路定则得

$$u_C(0_+) = u_C(0_-) = 2 \text{（V）}$$

（2）求 u_C 的稳态值。

开关 S 换接到位置 2 后，电容器继续充电，当 $t=\infty$ 时充电结束，稳态值

$$u_C(\infty) = \frac{R_2}{R_1+R_2} \cdot U_2 = \frac{6}{3+6} \times 9 = 6 \text{（V）}$$

（3）求电路的时间常数。

时间常数 $\tau=RC$ 中的 R 是从电容元件两端看进去的等效电阻，因而可以用戴维宁定理求戴维宁等效电阻的方法求得

$$R = \frac{R_1 R_2}{R_1+R_2} = \frac{3 \times 6}{3+6} = 2 \text{（k}\Omega\text{）}$$

所以

$$\tau = RC = 2 \times 10^3 \times 5 \times 10^{-6} = 0.01 \text{（s）}$$

（4）求电容电压 u_C 的全响应。

$$u_C(t) = u_C(\infty) + [u_C(0_+) - u_C(\infty)] e^{-\frac{t}{\tau}}$$

$$= 6 + (2-6)e^{-\frac{t}{0.01}} = 6 - 4e^{-100t} \text{ V} \qquad t \geq 0$$

例 5–6 电路如图 5–12（a）所示，已知电激流 $I_S = 2\,\text{mA}$，$R_S = 20\,\Omega$，$R = 5\,\text{k}\Omega$，$C = 2\,\mu\text{F}$。试求开关 S 断开后的暂态过程中 u、i_C 和 i_R 的表达式。

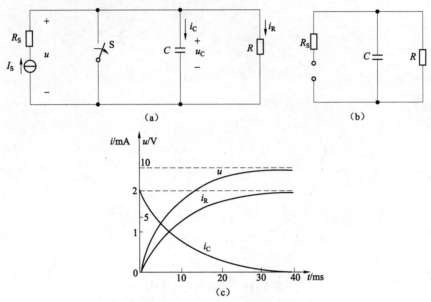

图 5–12 例 5–6 的电路和波形图

解：（1）求电压和电流的初始值。

在 $t = 0_-$ 时

$$u_C(0_-) = 0\,(\text{V})$$

在 $t = 0_+$ 时，根据换路定则得

$$u_C(0_+) = u_C(0_-) = 0\,(\text{V})$$

根据基尔霍夫电压定律得

$$u(0_+) = u_C(0_+) = 0\,(\text{V})$$

根据欧姆定律得

$$i_R(0_+) = \frac{u(0_+)}{R} = 0\,(\text{A})$$

根据基尔霍夫电流定律得

$$i_C(0_+) + i_R(0_+) = I_S$$

则

$$i_C(0_+) = I_S = 2\,(\text{mA})$$

（2）求电压和电流的稳态值。

在 $t = \infty$ 时，电容器充电结束相当于开路

$$i_C(\infty) = 0$$

根据基尔霍夫电流定律得

$$i_C(\infty) + i_R(\infty) = I_S$$

则
$$i_R(\infty) = I_S = 2\,(\text{mA})$$

根据欧姆定律得
$$u(\infty) = Ri_R(\infty) = 5\times10^3 \times 2\times10^{-3} = 10\,(\text{V})$$

(3) 求电路的时间常数。

开关 S 断开后且电激流 I_S 开路时的电路，如图 5–12 (b) 所示。这是由 R 和 C 串联的闭合电路，因此时间常数为
$$\tau = RC = 5\times10^3 \times 2\times10^{-6} = 0.01\,(\text{s})$$
$$\frac{1}{\tau} = 100\,(\text{s}^{-1})$$

(4) 求电压和电流的全响应。
$$u(t) = u(\infty) + [u(0_+) - u(\infty)]\text{e}^{-\frac{t}{\tau}} = 10 + (0-10)\text{e}^{-\frac{t}{\tau}} = 10(1-\text{e}^{-100t})\,(\text{V})$$
$$i_C(t) = i_C(\infty) + [i_C(0_+) - i_C(\infty)]\text{e}^{-\frac{t}{\tau}} = 0 + (2-0)\text{e}^{-\frac{t}{\tau}} = 2\text{e}^{-100t}\,(\text{mA})$$
$$i_R(t) = i_R(\infty) + [i_R(0_+) - i_R(\infty)]\text{e}^{-\frac{t}{\tau}} = 2 + (0-2)\text{e}^{-\frac{t}{\tau}} = 2(1-\text{e}^{-100t})\,(\text{mA})$$

u、i_C 和 i_R 的波形如图 5–12 (c) 所示。

例 5–7 在图 5–13 (a) 的电路中，设 $U_{S1}=10\,\text{V}$，$U_{S2}=5\,\text{V}$，$R_1=0.5\,\text{k}\Omega$，$R_2=1\,\text{k}\Omega$，$R_3=0.5\,\text{k}\Omega$，$C=0.1\,\mu\text{F}$，开关 S 原处于位置 3，电容无初始储能。在 $t=0$ 时，开关接到位置 1，经过一个时间常数后，又突然接到位置 2。试写出电容电压 u_C 的表达式，画出其波形，并求 S 接到位置 2 后电容电压变到 0 V 所需的时间。

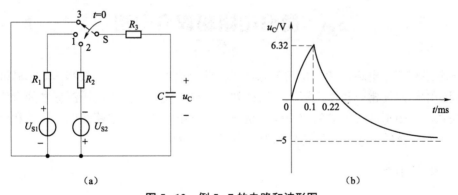

图 5–13 例 5–7 的电路和波形图
(a) 电路；(b) 波形图

解： 开关 S 接到位置 1 时（电容电压用 u_{C1} 表示）
$$u_{C1}(0_+) = u_{C1}(0_-) = 0$$
$$u_{C1}(\infty) = U_{S1} = 10\,(\text{V})$$
$$\tau_1 = (R_1+R_3)C = (0.5+0.5)\times10^3 \times 0.1\times10^{-6} = 0.1\,(\text{ms})$$

则

$$u_{C1}(t) = u_{C1}(\infty) + [u_{C1}(0_+) - u_{C1}(\infty)]e^{-\frac{t}{\tau}} = 10(1-e^{-\frac{t}{0.1}})\,(\text{V}) \qquad (t\text{ 以 ms 计})$$

在经过一个时间常数 τ_1 后，开关 S 接到位置 2（电容电压用 u_{C2} 表示），此时

$$u_{C2}(\tau_{1+}) = u_{C1}(\tau_{1-}) = 6.32\,(\text{V})$$

$$u_{C2}(\infty) = -U_{S2} = -5\,(\text{V})$$

$$\tau_2 = (R_2 + R_3)C = (1+0.5)\times 10^3 \times 0.1\times 10^{-6} = 0.15\,(\text{ms})$$

则

$$u_{C2}(t) = u_{C2}(\infty) + [u_{C2}(\tau_{1+}) - u_{C2}(\infty)]e^{-\frac{t-\tau_1}{\tau_2}}$$

$$= (-5 + 11.32 e^{-\frac{t-0.1}{0.15}})\,(\text{V}) \qquad (t \geqslant 0.1\text{ ms})$$

所以，在 $0 \leqslant t < \infty$ 时电容电压的表达式为

$$u_C(t) = \begin{cases} 10(1-e^{-\frac{t}{0.1}})\text{V}, & 0 \leqslant t < 0.1\text{ ms} \\ (-5 + 11.32 e^{-\frac{t-0.1}{0.15}})\text{V}, & t \geqslant 0.1\text{ ms} \end{cases}$$

在电容电压变到零时，即

$$-5 + 11.32 e^{-\frac{t-0.1}{0.15}} = 0$$

解得

$$t = 0.1 - 0.15 \ln \frac{5}{11.32} = 0.22\,(\text{ms})$$

u_C 的波形如图 5-13（b）所示。

5.4 微分电路和积分电路

微分电路和积分电路是 RC 电路暂态过程的两个实例，输入的一般都是矩形脉冲电压，选择不同的电路时间常数和输出端，可以得到输出电压波形和输入电压波形之间近似微分或积分的关系，将矩形波转换成尖脉冲或三角波。微分电路和积分电路在电子技术和计算技术等领域中得到广泛的应用。以下将分析微分电路和积分电路。

一、微分电路

如图 5-14 所示的 RC 电路，设电容元件原先未储能。输入激励 u_1 是周期矩形脉冲电压，波形如图 5-15 所示。u_1 的幅值为 U，脉冲持续时间（称脉冲宽度）为 t_p，周期为 T。从电阻 R 两端输出的电压为 u_2。

在图 5-14 所示电路中，设 $\tau \ll t_p$（RC 电路的时间常数远远小于脉冲宽度），在 $t = 0$ 时，u_1 从 0 突然上升到 U，开始对电容元件充电。由于电容元件两端电压不能跃变，该瞬间它相当于短路（$u_C = 0$），所以 $u_2 = U$。因为 $\tau \ll t_p$，电容元件充电很快，u_C 很快增长到 U；同时，u_2 很快衰减到 0，在电阻两端输出一个正尖脉冲。u_2 的表达式为 $u_2 = Ue^{-\frac{t}{\tau}}$，波形如图 5-15 所示。

在 $t=t_1$ 时，u_1 突然下降到 0（输入端短路），由于 u_C 不能跃变，在这瞬间，$u_2=-u_C=-U$，极性与前相反。而后电容元件经电阻很快放电，u_2 很快衰减到零，输出一个负尖脉冲。u_2 的表达式为 $u_2=-Ue^{-\frac{t}{\tau}}$，波形如图 5-15 所示。

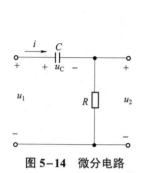

图 5-14 微分电路

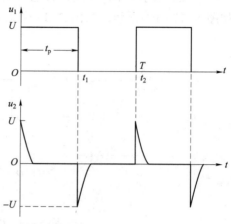

图 5-15 微分电路输入和输出电压的波形

在 $t=T$ 时，u_1 第二个周期的矩形脉冲电压输入，u_1 又从 0 突然上升到 U，电路的工作过程和第一个周期的相同，即 u_2 的波形为周期正、负尖脉冲电压，如图 5-15 所示。

比较 u_1 和 u_2 的波形，在 u_1 的上升跃变部分，从 0 跃变到 U，$u_2=U$，正值最大；在 u_1 的平直部分，$u_2\approx 0$；在 u_1 的下降跃变部分，从 U 跃变到 0，$u_2=-U$，负值最大。从而看出输出电压 u_2 和输入电压 u_1 近于成微分关系。输出尖脉冲反映了输入矩形脉冲的跃变部分，是对矩形脉冲微分的结果。

上述的关系可从下面的数学推导看出。由于 $\tau\ll t_p$，充放电很快，除电容器刚开始充电或放电的极短时间外，$u_1=u_C+u_2\approx u_C\gg u_2$，所以

$$u_2=Ri=RC\frac{du_C}{dt}\approx RC\frac{du_1}{dt} \qquad (5-18)$$

上式表明，输出电压 u_2 近似地和输入电压 u_1 对时间的微分成正比。所以图 5-14 所示的电路称为微分电路。

RC 微分电路具有两个条件：① $\tau\ll t_p$〔一般 $\tau<\left(\dfrac{1}{5}\sim\dfrac{1}{10}\right)t_p$〕；② 从电阻两端输出。

电压 u_2 的波形与电路的时间常数 τ 和脉冲宽度 t_p 的大小有关。当 t_p 一定时，改变 τ 和 t_p 的比值，电容元件充放电的快慢不同。当 $t=t_1=t_p$，$\tau=10t_p$ 时，因为 $\tau\gg t_p$，电容器充电很慢，经过一个脉冲宽度（$t=t_p$）时，输出电压 u_2 和输入电压 u_1 的波形接近，电路为一般的阻容耦合电路。随着 τ 和 t_p 比值的减小，在电阻两端逐步形成正、负尖脉冲输出，不同 τ 时对应 u_2 的波形如图 5-16 所示。

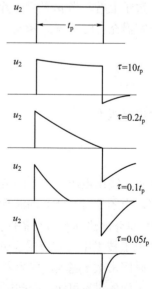

图 5-16 不同 τ 时对应 u_2 的波形

在电工技术中，常应用微分电路把矩形脉冲变换为尖脉冲，作为触发信号。

二、积分电路

如图 5-17（a）所示的 RC 电路，设电容元件原先未储能。输入激励 u_1 也是周期矩形脉冲电压，如图 5-17（b）所示，与图 5-15 中 u_1 相同。从电容 C 两端输出的电压为 u_2。

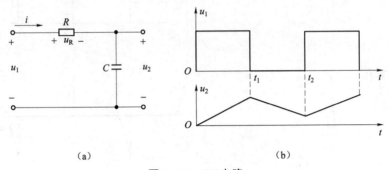

图 5-17 RC 电路
(a) 积分电路；(b) 输入电压和输出电压的波形

对图 5-17（a）电路，设 $\tau \gg t_p$，在 $t=0$ 时，u_1 从零突然上升到 U，电容充电。由于电容两端电压 u_2 不能跃变，该瞬间相当于短路（$u_2=0$）。因为 $\tau \gg t_p$，相对于 t_p，电容元件缓慢充电，其上的电压在整个脉冲持续时间内缓慢增长。在 $t=t_1$ 时，u_1 脉冲已结束，u_2 还未增长到稳态值 U，电容器上电压便缓慢衰减。

在 $t=T$ 时，u_1 第二个周期的矩形脉冲电压输入，u_1 又从零突然上升到 U，电容器缓慢充电，其上的电压在整个脉冲持续时间内缓慢增长，在输出端输出一个锯齿波电压，输出电压 u_2 的波形如图 5-17（b）所示。

从数学上看，当 u_1 的第一个矩形脉冲输入时，因为 $\tau \gg t_p$，电容电压 u_C 增长和衰减很缓慢，电容器充电时 $u_2 = u_C \ll u_R$，所以

$$u_1 = u_R + u_2 \approx u_R = Ri$$

$$i \approx \frac{u_1}{R}$$

所以输出电压为

$$u_2 = u_C = \frac{1}{C}\int i dt \approx \frac{1}{RC}\int u_1 dt \tag{5-19}$$

可见，输出电压 u_2 与输入电压 u_1 近于成积分关系。所以图 5-17（a）所示的电路称为积分电路。由图 5-17（b）的波形，也能看出对 u_1 积分的结果是 u_2。

RC 积分电路具有两个条件：① $\tau \gg t_p$；② 从电容器两端输出。

在电工技术中，常应用积分电路把矩形脉冲电压变换为锯齿波电压，作同步信号、扫描等用。时间常数 τ 越大，电容器充放电越缓慢，锯齿波电压的线性度也越好。

由上面的讨论可知，微分电路和积分电路都是 RC 串联电路，当条件不同时，所得结果相反。

5.5 RL 电路的暂态分析

一、RL 电路的零输入响应

RL 电路在无输入激励的情况下，由电感元件的初始状态 $i_L(0_+)$ 激励所产生的电路的响应，称为零输入响应。从物理意义上讲就是电感元件放出磁场能量的过程。

图 5-18 是一个 RL 串联电路。在换路前，开关 S 合在位置 2 上，电感元件中的电流为 I_0，电路已经处于稳定状态。在 $t=0$ 时将开关从位置 2 合到位置 1，使电路脱离电源，输入信号为零，RL 电路被短路。此时，电感元件的电流的初始值 $i(0_+) = I_0$，电感元件经电阻 R 放出磁场能量。

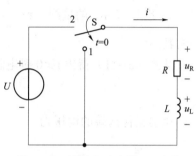

图 5-18 零输入响应的 RL 电路

下面讨论换路后，即 $t \geq 0$ 时，电路中 i、u_R 和 u_L 随时间变化的规律。根据基尔霍夫电压定律可列出回路电压方程为

$$Ri + u_L = 0$$

电感 L 两端的电压为

$$u_L = L\frac{di}{dt}$$

所以

$$Ri + L\frac{di}{dt} = 0 \qquad (5-20)$$

式（5-20）为电路的一阶常系数线性齐次微分方程。求解此方程，就可得到 i 与时间 t 的函数关系，即 i 的时域响应。令其通解为

$$i = Ae^{pt}$$

式中，A 为积分常数，p 为特征方程的根。将其代入到式（5-20）并消去公因子 Ae^{pt}，得出该微分方程的特征方程为

$$Lp + R = 0$$

特征方程的根为

$$p = -\frac{R}{L}$$

因此，式（5-20）的通解为

$$i = Ae^{-\frac{R}{L}t}$$

下面确定积分常数 A。根据换路定则，在 $t=0_+$ 时，$i(0_+) = I_0 = A$，则

$$i = I_0 e^{-\frac{R}{L}t} = I_0 e^{-\frac{t}{\tau}} \qquad (5-21)$$

式（5-21）中，i 随时间变化的曲线如图 5-19（a）所示。它的初始值为 I_0，按指数规律衰减趋于 0。

式（5-21）中，

$$\tau = \frac{L}{R} \tag{5-22}$$

式（5-22）中，当 R 的单位为欧姆（Ω），L 的单位为亨利（H）时，τ 的单位为

$$\frac{亨（H）}{欧（\Omega）} = \frac{欧（\Omega）\cdot 秒（s）}{欧（\Omega）} = 秒（s）$$

可见，τ 也具有时间的量纲，$\tau = \frac{L}{R}$ 为 RL 电路的时间常数。电流 i 衰减的快慢决定于电路的时间常数。

从式（5-21）得出 $t \geq 0$ 时电阻元件 R 两端的电压为

$$u_R = Ri = RI_0 e^{-\frac{t}{\tau}} \tag{5-23}$$

电感元件两端的电压为

$$u_L = L\frac{di}{dt} = -RI_0 e^{-\frac{t}{\tau}} \tag{5-24}$$

式（5-24）中的负号表示电感电压的实际方向与图 5-18 中所选定的参考方向相反。i、u_R 和 u_L 随时间变化的曲线如图 5-19 所示。

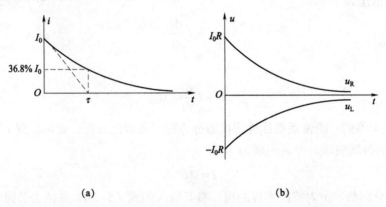

图 5-19　RL 电路零输入响应 i、u_R 和 u_L 的变化曲线

在图 5-18 中，RL 串联电路为线圈的电路模型。如果用开关 S 使线圈突然断开时，由于电流变化率很大，则自感电动势很大，使开关两触点之间的空气击穿，开关触点被烧坏。

为了加速线圈放电的过程，可用一个低值泄放电阻 R' 和线圈连接，如图 5-20 所示。泄放电阻不宜过大，否则在线圈两端会出现过电压。

如果在线圈两端原来并联了电压表，由于其内阻很大，实际工作中应先拆除电压表后再断开开关，以免引起过电压损坏电压表。

例 5-8　图 5-21 电路原已稳定，开关 S 在 $t=0$ 时刻由位置 1 合到位置 2。求在 $t = 34.66$ ms 时的电流 i_2。

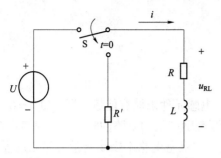
图 5-20 线圈和泄放电阻连接

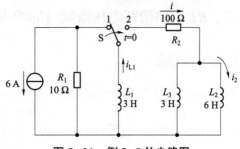
图 5-21 例 5-8 的电路图

解： 本题先用三要素法求 i，之后用分流公式求 i_2。求解过程如下。

(1) 求电流 i 的初始值。

在 $t=0_-$ 时，电感 L_1 中的电流

$$i_{L1}(0_-)=6 \, (\text{A})$$

在 $t=0_+$ 时，根据换路定则，电感 L_1 电流的初始值为

$$i_{L1}(0_+)=i_{L1}(0_-)=6 \, (\text{A})$$

因此

$$i(0_+)=i_{L1}(0_+)=6 \, (\text{A})$$

(2) 求电流 i 的稳态值。

因为换路后为零输入电路，所以电流 i 的稳态值为

$$i(\infty)=0 \, (\text{A})$$

(3) 求电路的时间常数。

换路后，三个电感串并联的等效电感为

$$L=L_1+\frac{L_2 \cdot L_3}{L_2+L_3}=3+\frac{6\times 3}{6+3}=5 \, (\text{H})$$

时间常数为

$$\tau=\frac{L}{R_2}=\frac{5}{100}=50 \, (\text{ms})$$

(4) 求电流 i 和 i_2 的全响应。

$$i(t)=i(\infty)+[i(0_+)-i(\infty)]e^{-\frac{t}{\tau}}$$

$$=0+(6-0)e^{-\frac{t}{50}}=6e^{-\frac{t}{50}} \, (\text{A}) \qquad t>0, \, t \text{ 的单位是 ms}$$

根据分流公式

$$i_2(t)=\frac{L_3}{L_2+L_3}i(t)=\frac{3}{6+3}\times 6e^{-\frac{t}{50}}=2e^{-\frac{t}{50}} \, (\text{A}) \qquad t>0, \, t \text{ 的单位是 ms}$$

当 $t=34.66 \, \text{ms}$ 时，

$$i_2(34.66)=2e^{-\frac{34.66}{50}}=1 \, (\text{A})$$

二、RL 电路阶跃电压激励时的响应

1. 零状态响应

RL 电路的零状态是指换路前终了瞬间 $t=0_-$ 时，电感元件未储有能量，即 $i_L(0_-)=0$。在此条件下，由电源激励产生的电路的响应，称为零状态响应。从物理意义上讲就是电感中磁场能量的建立过程。

图 5-22 是 RL 串联电路。在 $t=0$ 时将开关 S 闭合，电路与电压为 U 的直流恒压源接通。此时，RL 电路输入的是式（5-8）所示的阶跃电压 u，波形如图 5-6 所示。

下面讨论换路后，即 $t \geq 0$ 时，电路中 i、u_R 和 u_L 随时间变化的规律。根据基尔霍夫电压定律列出回路电压方程为

$$Ri + u_L = U$$

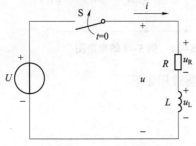

图 5-22 RL 电路和恒定电压接通

电感元件 L 两端的电压为

$$u_L = L\frac{di}{dt}$$

所以

$$Ri + L\frac{di}{dt} = U \tag{5-25}$$

式（5-25）为电路的一阶常系数线性非齐次微分方程。它对应的齐次方程为

$$Ri + L\frac{di}{dt} = 0$$

式（5-25）的通解 i 是它的一个特解 i' 和它对应的齐次方程的通解 i'' 之和，即

$$i = i' + i'' \tag{5-26}$$

特解 i' 是满足式（5-25）的任何一个解。电路达到稳态时也满足式（5-25），此时电感电流为 $\dfrac{U}{R}$，即电感电流的稳态值为 $\dfrac{U}{R}$。因此特解为

$$i' = \frac{U}{R}$$

对应齐次微分方程的通解为

$$i'' = Ae^{pt}$$

将 i'' 代入齐次微分方程，得该方程的特征方程为

$$Lp + R = 0$$

特征根为

$$p = -\frac{R}{L}$$

则

$$i'' = Ae^{-\frac{R}{L}t}$$

因此，式（5-25）的通解为

$$i = i' + i'' = \frac{U}{R} + Ae^{-\frac{R}{L}t}$$

下面确定积分常数 A。根据换路定则，在 $t=0_+$ 时，$i(0_+) = i(0_-) = 0$，即 $i(0_+) = \frac{U}{R} + A = 0$，则 $A = -\frac{U}{R}$。所以电感电流为

$$i = \frac{U}{R} - \frac{U}{R}e^{-\frac{R}{L}t} = \frac{U}{R}(1-e^{-\frac{t}{\tau}}) \quad (5-27)$$

电流 i 随时间变化的曲线如图 5-23 所示。电流 i 按指数规律增长趋于稳态值，其中 i' 是稳态分量（稳态值），i'' 按指数规律衰减趋于零，是暂态分量。即 i 是由稳态分量和暂态分量叠加而成的。

电路的时间常数为

$$\tau = \frac{L}{R}$$

τ 越小，暂态过程进行得越快。因为 L 越小，阻碍电流变化的作用越小；R 越大，在同样电压下电流的稳态值或暂态分量的初始值 $\frac{U}{R}$ 越小，使暂态过程加快。所以改变电路参数的大小，可以影响暂态过程的快慢。

当 $t \geq 0$ 时，电阻的电压为

$$u_R = Ri = U(1-e^{-\frac{t}{\tau}}) \quad (5-28)$$

电感电压为

$$u_L = L\frac{di}{dt} = Ue^{-\frac{t}{\tau}} \quad (5-29)$$

u_R 和 u_L 随时间变化的曲线如图 5-24 所示。在稳态时，电感元件相当于短路，其上电压为 0，因此电阻元件上的电压等于电源电压。

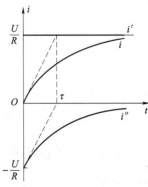

图 5-23　电流 i 的变化曲线

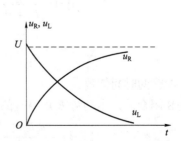

图 5-24　电压 u_R 和 u_L 的变化曲线

例 5-9 电路如图 5-25（a）所示，电感中无初始电流。求开关 S 闭合后电流 i_1、i_2、i_3 和电感电压 u_L 的表达式，并画出电流的波形图。

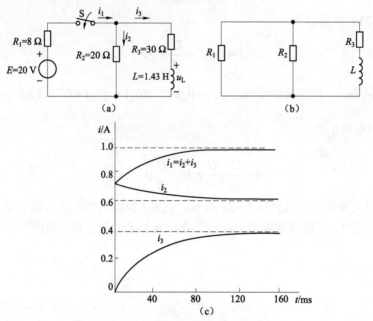

图 5-25 例 5-9 的电路和波形图

解：（1）电感电压和电流的初始值。

$$i_3(0_+) = i_L(0_+) = i_L(0_-) = 0 \text{ （A）}$$

$$i_1(0_+) = i_2(0_+) = \frac{E}{R_1 + R_2} = \frac{20}{8 + 20} = 0.714 \text{ （A）}$$

$$U_L(0_+) = R_2 i_2(0_+) = R_2 \frac{E}{R_1 + R_2} = 20 \times \frac{20}{8 + 20} = 14.3 \text{ （V）}$$

（2）电感电压和电流的稳态值。

$$U_L(\infty) = 0 \text{ （V）（相当于短路）}$$

$$i_1(\infty) = \frac{E}{R_1 + \dfrac{R_2 R_3}{R_2 + R_3}} = \frac{20}{8 + \dfrac{20 \times 30}{20 + 30}} = 1 \text{ （A）}$$

$$i_2(\infty) = \frac{R_3}{R_2 + R_3} i_1(\infty) = \frac{30}{20 + 30} \times 1 = 0.6 \text{ （A）}$$

$$i_3(\infty) = \frac{R_2}{R_2 + R_3} i_1(\infty) = \frac{20}{20 + 30} \times 1 = 0.4 \text{ （A）}$$

（3）电路的时间常数。

开关 S 闭合后，电动势 E 短路时的电路如图 5-25（b）所示。电路的等效电阻为

$$R = \frac{R_1 R_2}{R_1 + R_2} + R_3 = \frac{8 \times 20}{8 + 20} + 30 = 35.7 \text{ （Ω）}$$

时间常数为

$$\tau = \frac{L}{R} = \frac{1.43}{35.7} = 0.04 \text{ (s)}$$

则

$$\frac{1}{\tau} = 25 \text{ (s}^{-1}\text{)}$$

（4）暂态过程中的电感电压和电流。

$$i_1(t) = 1 + (0.714 - 1)e^{-25t} = 1 - 0.286e^{-25t} \text{ (A)}$$
$$i_2(t) = 0.6 + (0.714 - 0.6)e^{-25t} = 0.6 + 0.114e^{-25t} \text{ (A)}$$
$$i_3(t) = i_L(t) = 0.4 + (0 - 0.4)e^{-25t} = 0.4(1 - e^{-25t}) \text{ (A)}$$
$$U_L(t) = 0 + (14.3 - 0)e^{-25t} = 14.3e^{-25t} \text{ (V)}$$

电流 i_1、i_2 和 i_3 随时间变化的曲线如图 5-25（c）所示。

2. 全响应

RL 电路的全响应为电源激励和电感元件的初始状态 $i_L(0_+)$ 均不为 0 时电路的响应。

如图 5-26 所示电路，电源电压为 U，$i(0_-) = I_0$，在 $t=0$ 时将开关 S 闭合。下面讨论换路后，即 $t \geq 0$ 时，电路中 i、u_R 和 u_L 随时间变化的规律。电路的微分方程和式（5-25）相同，由此得出

$$i = i' + i'' = \frac{U}{R} + Ae^{-\frac{R}{L}t}$$

积分常数 A 和零状态时不同。根据换路定则，在 $t=0_+$ 时，$i(0_+) = i(0_-) = I_0$，即 $i(0_+) = \frac{U}{R} + A = I_0$，则 $A = I_0 - \frac{U}{R}$。所以

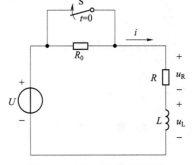

图 5-26　RL 电路的全响应

$$i = \frac{U}{R} + \left(I_0 - \frac{U}{R}\right)e^{-\frac{R}{L}t} \qquad (5-30)$$

式（5-30）中，右边第一项为稳态分量，第二项为暂态分量，则全响应可表示为

全响应 = 稳态分量 + 暂态分量

式（5-30）是三要素法在一阶 RL 电路中的应用，将此式移项后得

$$i = I_0 e^{-\frac{t}{\tau}} + \frac{U}{R}(1 - e^{-\frac{t}{\tau}}) \qquad (5-31)$$

式（5-31）中，右边第一项为零输入响应，第二项为零状态响应，两者叠加为全响应 i，即

全响应 = 零输入响应 + 零状态响应

上式是叠加原理在暂态电路分析中的体现。$t \geq 0$ 时，电阻和电感电压随时间变化的函数式可按下面的公式计算

$$u_R = Ri, \quad u_L = L\frac{di}{dt}$$

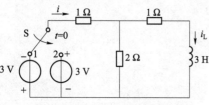

图 5-27　例 5-10 的电路图

例 5-10　电路如图 5-27 所示，在换路前已处于稳态。当将开关从位置 1 合到位置 2 后，试求电流 i。

解：（1）确定初始值。

$$i(0_-) = \frac{-3}{1+\dfrac{2\times 1}{2+1}} = -\frac{9}{5} \text{（A）}$$

$$i_L(0_+) = i_L(0_-) = \frac{2}{2+1}\times\left(-\frac{9}{5}\right) = -\frac{6}{5} \text{（A）}$$

在此注意，$i(0_+) \neq i(0_-)$。

$i(0_+)$ 由基尔霍夫电压定律计算，即

$$1\times i(0_+) + 2[i(0_+) - i_L(0_+)] = 3$$

$$i(0_+) + 2\left[i(0_+) + \frac{6}{5}\right] = 3$$

$$3i(0_+) + \frac{12}{5} = 3$$

$$i(0_+) = \frac{1}{5} \text{（A）}$$

（2）确定稳态值。

$$i(\infty) = \frac{3}{1+\dfrac{2\times 1}{2+1}} = \frac{9}{5} \text{（A）}$$

（3）确定时间常数。

$$\tau = \frac{L}{R} = \frac{3}{1+\dfrac{2\times 1}{2+1}} = \frac{9}{5} \text{（s）}$$

于是得

$$i(t) = i(\infty) + [i(0_+) - i(\infty)]e^{-\frac{t}{\tau}}$$
$$= \frac{9}{5} + \left(\frac{1}{5} - \frac{9}{5}\right)e^{-\frac{5}{9}t} = \left(\frac{9}{5} - \frac{8}{5}e^{-\frac{5}{9}t}\right)\text{A}$$

习　题

5-1　如图 5-28 中各电路原已稳定，开关 S 在 $t=0$ 时动作。求 $t=0$ 时，图上所标支路电流。

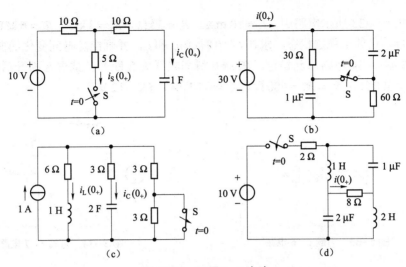

图 5-28 习题 5-1 电路

5-2 如图 5-29 所示电路中，已知 $R_0 = R_1 = R_2 = R_3 = 2\,\Omega$，$C = 1\,\text{F}$，$L = 1\,\text{H}$，$E = 12\,\text{V}$。电路原来处于稳定状态，$t=0$ 时开关 S 闭合。试求初始值 $i_L(0_+)$、$i_C(0_+)$、$u_L(0_+)$ 和 $u_C(0_+)$。

5-3 分别计算图 5-30 电路开关 S 接通和断开时的时间常数。已知 $U = 100\,\text{V}$，$R_1 = R_2 = R_3 = R_4 = 300\,\Omega$，$C = 0.1\,\mu\text{F}$。

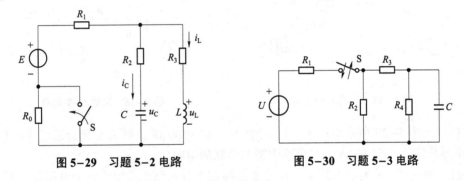

图 5-29 习题 5-2 电路　　　　　图 5-30 习题 5-3 电路

5-4 如图 5-31 所示电路中，开关 S 长期合在位置 1 上，在 $t=0$ 时把 S 合到位置 2 后，试求电容器上电压 u_C 及放电电流 i。已知 $R_1 = 1\,\text{k}\Omega$，$R_2 = 2\,\text{k}\Omega$，$R_3 = 3\,\text{k}\Omega$，$C = 1\,\mu\text{F}$，电流源 $I_S = 3\,\text{mA}$。

5-5 如图 5-32 电路原已稳定。已知 $R = 1\,\Omega$，$R_1 = 2\,\Omega$，$R_2 = 3\,\Omega$，$C = 5\,\mu\text{F}$，$U = 6\,\text{V}$。在 $t=0$ 瞬间将开关 S 闭合，试求 S 闭合后的 u_C 和 i_C。

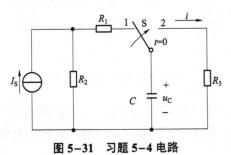　　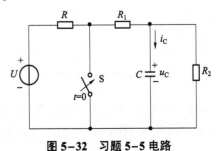

图 5-31 习题 5-4 电路　　　　　图 5-32 习题 5-5 电路

5-6　如图 5-33 所示电路中，$I_S=10\text{ mA}$，$R_1=3\text{ k}\Omega$，$R_2=3\text{ k}\Omega$，$R_3=6\text{ k}\Omega$，$C=2\text{ μF}$。在开关 S 闭合前已处于稳定状态。求在 $t\geqslant 0$ 时的 u_C 和 i_1，并画出随时间变化的曲线。

5-7　如图 5-34 电路原已稳定。在 $t=0$ 瞬间将开关 S 断开，试求 S 断开后的电压 u_C。已知 $R_1=R_4=300\text{ }\Omega$，$R_2=R_3=600\text{ }\Omega$，$C=0.01\text{ μF}$，$U_S=12\text{ V}$。

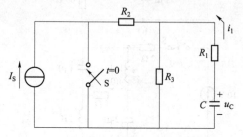

图 5-33　习题 5-6 电路

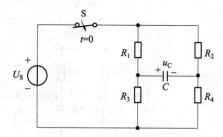

图 5-34　习题 5-7 电路

5-8　求图 5-35 所示电路在 $t\geqslant 0$ 时的 u_0 和 u_C。设 $u_C(0_-)=0$。

5-9　图 5-36 所示电路原已稳定。已知 $R_1=R_2=R_3=100\text{ }\Omega$，$C=100\text{ μF}$，$U=100\text{ V}$。在 $t=0$ 时将开关 S 闭合，求 S 闭合后的 i_2 和 u_C。

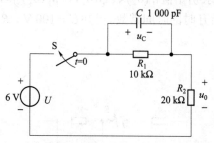

图 5-35　习题 5-8 电路

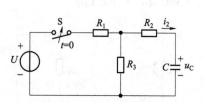

图 5-36　习题 5-9 电路

5-10　如图 5-37 所示电路中，$U=220\text{ V}$，$C=100\text{ μF}$。开关 S 闭合后经 1 s 电容元件两端的电压从零增长到 132 V，求电路中需要串联的电阻值。

5-11　如图 5-38 所示电路中，开关 S 原接在 1 且电路已稳定，在 $t=0$ 瞬间，将 S 换接到 2。已知 $R=3\text{ }\Omega$，$C=10\text{ μF}$，$E_1=12\text{ V}$，$E_2=8\text{ V}$。试求 u_C，并画出其变化曲线。

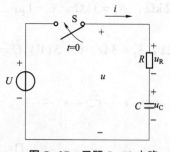

图 5-37　习题 5-10 电路

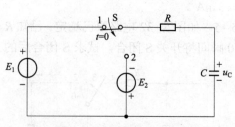

图 5-38　习题 5-11 电路

5-12　如图 5-39 所示电路，已知 $R_1=1\text{ k}\Omega$，$R_2=2\text{ k}\Omega$，$C=3\text{ μF}$，电压源 $U_1=3\text{ V}$，$U_2=5\text{ V}$。开关 S 长期合在位置 1 上，如在 $t=0$ 时把 S 合到位置 2，应用三要素法求电容电压 u_C。

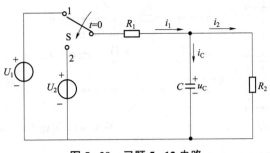

图 5-39 习题 5-12 电路

5-13 如图 5-40 所示电路原已稳定，在 $t=0$ 瞬间将开关 S 从 1 换接到 2。已知 $R_1=2\,\text{k}\Omega$，$R_2=3\,\text{k}\Omega$，$R_3=1\,\text{k}\Omega$，$C=4\,\mu\text{F}$，$I_S=8\,\text{mA}$，$E=10\,\text{V}$，$R=5\,\text{k}\Omega$。试求 S 换接后 u_C 随时间变化的规律。

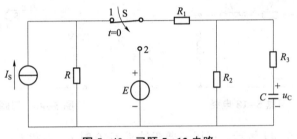

图 5-40 习题 5-13 电路

5-14 如图 5-41 所示电路中，$U=20\,\text{V}$，$C=4\,\mu\text{F}$，$R=50\,\text{k}\Omega$。在 $t=0$ 时闭合开关 S_1，在 $t=0.1\,\text{s}$ 时闭合开关 S_2，求 S_2 闭合后的电压 u_R。设 $u_C(0_-)=0$。

5-15 如图 5-42 所示电路原已稳定，$t=0$ 时开关 S 闭合，求 $t\geqslant 0$ 时开关 S 中的电流 i_S。

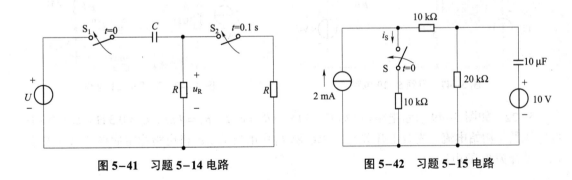

图 5-41 习题 5-14 电路   图 5-42 习题 5-15 电路

5-16 如图 5-43 所示电路中，已知 $t_{p1}=0.2\,\text{s}$，$t_{p2}=0.4\,\text{s}$，$RC=0.2\,\text{s}$，试求 u_C 和 u_R。

5-17 如图 5-44（a）所示电路，已知 $R_1=400\,\text{k}\Omega$，$R_2=R_3=200\,\text{k}\Omega$，$C=100\,\text{pF}$，输入电压 u_1 如图 5-44（b）所示，其中 $U=20\,\text{V}$，$t_p=20\,\mu\text{s}$。试求输出电压 u_2，并画出其变化曲线。

5-18 在图 5-45 电路中，已知 $R_1=R_2=1\,\text{k}\Omega$，$L_1=15\,\text{mH}$，$L_2=L_3=10\,\text{mH}$，电流源 $I_S=10\,\text{mA}$。当开关 S 闭合后（$t\geqslant 0$）求电流 i。

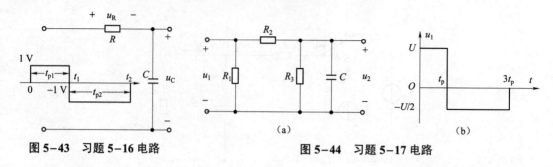

图 5-43 习题 5-16 电路　　　　图 5-44 习题 5-17 电路

5-19 如图 5-46 所示电路中，在稳定状态下 R_1 被短路，问短路后经多长时间电流达到 15 A？

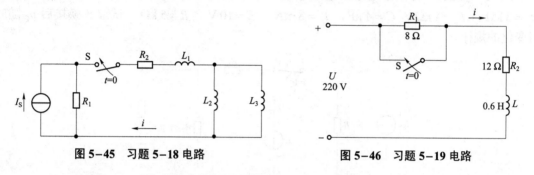

图 5-45 习题 5-18 电路　　　　图 5-46 习题 5-19 电路

5-20 电路如图 5-47 所示，试用三要素法求 $t \geq 0$ 时 i_1、i_2 和 i_L。

5-21 图 5-48 所示电路原已稳定。（1）$t=0$ 时接通开关 S，求 $t \geq 0$ 时的 i_L；（2）求电路接通稳定后，再断开 S 的 i_L。

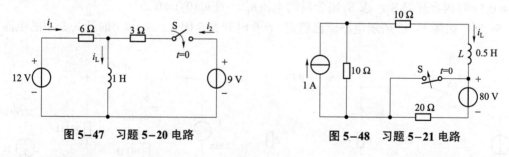

图 5-47 习题 5-20 电路　　　　图 5-48 习题 5-21 电路

5-22 如图 5-49 所示电路，已知 $E = 30$ V，$R_1 = 6\,\Omega$，$R_2 = 4\,\Omega$，$L_1 = 0.3$ H，$L_2 = 0.2$ H，电感线圈无初始电流。先合上开关 S_1，求线圈 L_1 中的电流 i_1；待电路稳定后再合上开关 S_2，求通过开关 S_2 的电流 i_S。

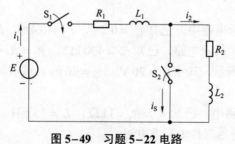

图 5-49 习题 5-22 电路

第6章

变压器与异步电动机

变压器和电动机是常用的使有量相当大的电工设备,它们都是利用磁场来实现能量的转换。由于磁场通常都由通电线圈产生,所以在分析研究变压器和电动机的工作原理时既要掌握电路理论,又要具有一定的磁场知识,特别是要熟练运用电与磁之间的相互转化和相互作用的规律。变压器与电动机的磁路问题实质上是局限在一定路径内的磁场问题。物理学中研究过的磁场的基本概念和基本定律是分析研究磁路的基础,由于篇幅所限,这里不再赘述。本章只分析变压器和电动机的结构、工作原理和工作特性。

6.1 变压器

变压器是根据电磁感应原理制成的一种能实现电压变换的静止设备。电压变换就是变压器将输入的交流电压升高或降低为同频率的交流电压输出。电压变换的目的是满足各种工作需要,如高压输电、低压配电、测量等。

变压器是远距离输送电能所必需的重要设备。在输送一定功率的电能时,电压越高,则电流越小,因此可以减少输电线路上的损耗,并减小导体截面,节约有色金属。我国的高压电线路有 110 kV、220 kV、330 kV、500 kV 等多种电压,目前最高电压等级为 750 kV。

发电站的交流发电机发出的电压不能太高,这主要是考虑电压过高时绝缘、安全等因素。因此要用升压变压器将发电机发出的电压升高,然后进行远距离输电。在用户方面电压也不宜太高,电压过高则存在不安全等问题,所以又需要用降压变压器将高压电降压使用。用电设备所需的工作电压数值往往是多种多样的。例如,机床用的三相交流电动机,一般用三相 380 V 的电压(一般称为动力电);机床上的照明灯,为了安全,一般使用 36 V 的安全电压;指示信号灯常用 6.3 V 的电压。以上电压变换都需要用变压器实现。变压器除了用来变换电压以外,在各种仪器、设备上还广泛应用变压器的特性来完成某些特殊任务。例如,用交流互感器测量高电压或大电流;电子仪器或收音机中应用变压器进行信号传递或负载匹配等。

变压器的种类很多,按用途分为电力变压器、电炉变压器、整流变压器、电焊变压器和特殊变压器;按相数分为单相变压器、三相变压器和多相变压器;按冷却方式分为干式变压器、油浸变压器和充气式变压器等。

尽管变压器的种类繁多,但其基本工作原理和基本结构是相通的,下面以电力变压器的分析为例,介绍其工作原理和运行特性。

一、变压器的结构

变压器的主要部件是铁芯和绕组。根据铁芯与绕组相对位置的不同，可分为芯式变压器和壳式变压器两种。图 6-1 所示是芯式变压器，它的绕组套装在铁芯的两个铁芯柱上。芯式变压器的结构比较简单，有较多的空间装设绝缘，装配也容易，适用于容量大、电压高的变压器，一般的电力变压器均采用芯式结构。图 6-2 所示是壳式变压器，它的绕组则只套在中间的铁芯上，绕组两侧被外侧铁芯柱所包围。这种结构的机械强度好，铁芯散热容易，但外层绕组的用铜量较多，制造较为复杂。小型干式变压器多采用这种结构形式。

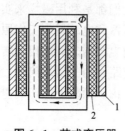

图 6-1 芯式变压器

1—高压绕组；2—低压绕组

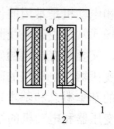

图 6-2 壳式变压器

1—高压绕组；2—低压绕组

铁芯构成变压器的磁路部分。为了提高导磁性能，减少磁滞和涡流而造成的电能损耗，铁芯多采用 0.35～0.5 mm 厚的闭合硅钢片（含 4%～5%的硅）叠装而成，片与片之间彼此绝缘。

绕组是变压器的电路部分，常用绝缘铜线或铝线绕制而成。工作电压高的绕组叫高压绕组，工作电压低的绕组叫低压绕组。目前，变压器绕组多采用同芯式结构，它是将高、低压绕组绕成两个直径不同的圆筒形，同心地套在铁芯柱上。为了便于与铁芯绝缘，把低压绕组装在里面，高压绕组装在外面，同芯式绕组的结构简单，制造方便，易于绝缘。

由于变压器在工作时有电能损耗，这部分损耗都要转变为热能，使绕组和铁芯的温度升高，因此变压器必须采取散热措施。变压器的冷却方式分为空气自冷式（干式）、油浸自冷式、油浸风冷式、强迫油循环式等多种。干式变压器仅靠空气的自然对流和辐射作用将变压器产生的热量直接向周围散发，这种冷却方式的散热效果较差。图 6-3 为油浸自冷式变压器外形和结构图。它的铁芯和绕组全部浸在装有变压器油的油箱内，保证其不受外力及潮湿的浸蚀，并通过油的对流，把铁芯和绕组产生的热量传递给箱壁。在箱壁的外侧装有散热管，使箱内的热油上升至箱的上部，经散热管冷却后的油下降至箱的底部，构成自然的循环。这种变压器不仅提高了冷却效果，还具有很强的绝缘性能。电力变压器还有一些附件和其他装置，如油枕、分接开关、安全气道、气体继电器和绝缘套管等，其作用在于保证变压器的安全和可靠地运行。

二、单相变压器的工作原理

单相双绕组变压器原理示意图如图 6-4 所示。其基本结构是在一个闭合的铁芯上绕有两个匝数不等的线圈，两个线圈之间、线圈与铁芯之间都彼此绝缘。与电源相连接的绕组称为原绕组（或称原边、初级绕组、一次绕组），其匝数为 N_1，其电压、电流、电动势分别用 u_1、i_1、e_1 表示；与负载相连接的绕组称为副绕组（或称副边、次级绕组、二次绕组），其匝数为 N_2，其电压、电流、电动势分别用 u_2、i_2、e_2 表示。

变压器变换电压、变换电流的作用可通过其空载运行和负载运行两种情况来分析。

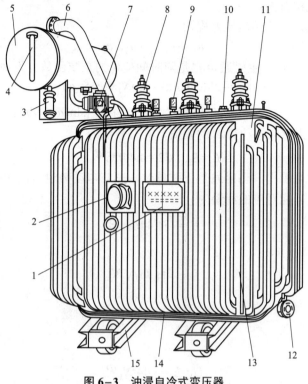

图 6-3 油浸自冷式变压器

1—铭牌；2—讯号式温度计；3—吸湿器；4—油表；5—储油柜；6—安全气道；7—气体继电器；8—高压套管；9—低压套管；10—分接开关；11—油箱；12—放油阀门；13—器身；14—接地板；15—小车

1. 电压变换

变压器的原绕组加上额定的正弦电压 u_1，而副绕组开路（负载与变压器脱离）的情况，称为变压器的空载运行。图 6-4 是变压器空载运行的示意图。当变压器原边接通电源后，原绕组就会有电流流过，此电流称为空载电流（空载电流很小，一般仅为其额定电流的 I_{1N} 的 1%～3%），用 i_0 表示。i_0 在原绕组中产生的磁动势为 $N_1 i_0$，磁动势 $N_1 i_0$ 产生的按电源频率交变的主磁通 Φ 经过铁芯构成闭合回路。它穿过原、副绕组，并在两个绕组上分别产生感应电动势 e_1 和 e_2。另外，原绕组的磁动势 $N_1 i_0$ 还产生少量的漏磁通 $\Phi_{\sigma 1}$（经过空气或其他非铁磁物质与原绕组铰链），它在原绕组中产生漏磁感生电动势 $e_{\sigma 1}$。由于空气的磁阻比铁芯的磁阻大得多，所以漏磁通和漏磁电动势极小，并且绕组本身的电阻极小，分析时这些因素可以忽略不计。

变压器空载时的电磁关系可归纳如下：

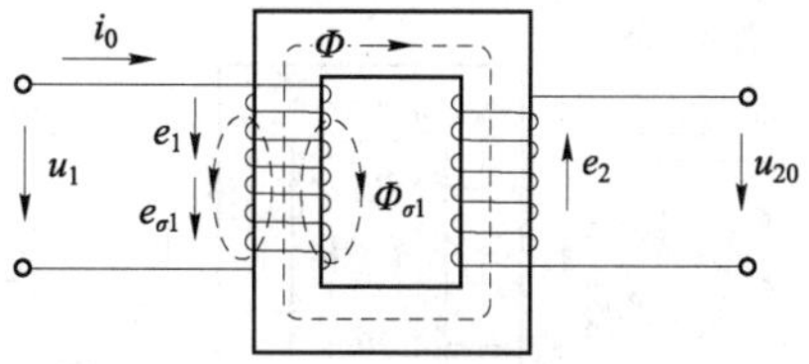

图 6-4 变压器空载运行示意图

$$u_1 \rightarrow i_0(N_1 i_0) \rightarrow \Phi \begin{array}{l} \rightarrow e_1 = -N_1 \dfrac{\mathrm{d}\Phi}{\mathrm{d}t} \\ \rightarrow e_2 = -N_2 \dfrac{\mathrm{d}\Phi}{\mathrm{d}t} \end{array}$$

空载时变压器副绕组中无电流流过，主磁通不受变压器的副绕组影响，所以空载运行时的电磁关系仅与原绕组有关。

变压器原边和副边电路的电压方程为

$$u_1=-e_1 \qquad u_{20}=e_2 \tag{6-1}$$

因电压 u_1 是正弦波形，主磁通 Φ 也是随时间变化的正弦函数。设 $\Phi=\Phi_m\sin\omega t$，则

$$e_1=-N_1(\mathrm{d}\Phi/\mathrm{d}t)=-\omega N_1\Phi_m\cos\omega t$$

$$=2\pi fN_1\Phi_m\sin(\omega t-90°)=E_{m1}\sin(\omega t-90°) \tag{6-2}$$

式中，$E_{m1}=2\pi fN_1\Phi_m$ 为感应电动势 e_1 的幅值，其有效值为

$$E_1=E_{m1}/\sqrt{2}=4.44fN_1\Phi_m \tag{6-3}$$

从式（6-2）中可看出，当磁通是正弦量时，感应电动势也是同频率正弦量，且在相位上滞后于主磁通 90°，相对应的相量为

$$\dot{E}_1=-\mathrm{j}4.44fN_1\dot{\Phi}_m \tag{6-4}$$

同理

$$\dot{E}_2=-\mathrm{j}4.44fN_2\dot{\Phi}_m \tag{6-5}$$

因为

$$\dot{U}_1=-\dot{E}_1 \qquad \dot{U}_{20}=\dot{E}_2$$

所以

$$U_1=E_1=4.44fN_1\Phi_m \tag{6-6}$$

$$U_{20}=E_2=4.44fN_2\Phi_m \tag{6-7}$$

变压器在空载运行时

$$K=E_1/E_2=N_1/N_2\approx U_1/U_{20} \tag{6-8}$$

式中，K 称为变压器的变压比（简称变比），它是变压器原、副绕组中感生电动势之比，也是其匝数之比，近似等于空载运行时的原边电压与副边电压之比。可见，只要适当选择原、副绕组的匝数，就可以达到变换电压的目的。当 $K>1$ 时，是降压的变压器；反之，$K<1$ 时，是升压的变压器。变比是变压器的一个重要参数。

2. 电流变换

变压器的原绕组接在电源上，副绕组接上负载 Z_L 的运行情况，叫作变压器的负载运行。图 6-5 是单相变压器负载运行的原理示意图。

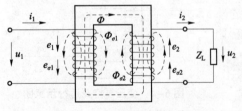

图 6-5 变压器的负载运行

与空载运行不同，因副绕组侧接入负载 Z_L 后构成回路，在副边感应电动势 $\dot{E}_2$ 的作用下，副绕组中便有电流 $\dot{I}_2$ 流过，变压器就有能量输出。$\dot{I}_2$ 流过副绕组 N_2，产生磁动势 $\dot{I}_2N_2$，$\dot{I}_2N_2$ 也要在铁芯中产生磁通，从而破坏了原绕组的电压平衡状态，使电流从 $\dot{I}_0$ 变化到 $\dot{I}_1$。$\dot{I}_2$ 出现就要在副绕组中产生电阻压降 R_2I_2，也要产生漏磁通 $\Phi_{\sigma2}$，并引起副边漏磁感应电动势 $\dot{E}_{\sigma2}$。与空载运行时的情况一样，漏磁阻极大，原、副绕组的漏磁通以及漏磁电动势极小，并且原、副绕组本身的电阻也极小，

可以忽略不计。因此，原、副边的电压方程为

$$\left.\begin{array}{l}\dot{U}_1 = -\dot{E}_1 \\ \dot{U}_2 = \dot{E}_2 = \dot{I}_2 Z_L\end{array}\right\} \quad (6-9)$$

当变压器空载运行时，铁芯中的主磁通仅由原边电流 $\dot{I}_0$ 产生的磁动势 $N_1 \dot{I}_0$ 所激励。由式（6-6）可知，当电源电压 U_1 恒定时，主磁通幅值 $\dot{\Phi}_m$ 也近似恒定。当副绕组产生电流 $\dot{I}_2$ 之后，副绕组的磁动势 $N_2 \dot{I}_2$ 也会激励磁通，其绝大部分也是通过铁芯闭合。根据电磁感应定律可以判断出，副边磁通总是力图减少铁芯中原来的主磁通 $\dot{\Phi}_m$，起去磁作用，所以铁芯中的主磁通是由原、副绕组磁动势共同激励的。但只要外加电压 U_1 恒定，主磁通将基本保持不变，这就是变压器的恒磁原理。当副边电流 $\dot{I}_2$ 出现后，原边电流将由 $\dot{I}_0$ 增加到 $\dot{I}_1$，使磁动势由空载时的 $N_1 \dot{I}_0$ 增加到负载时的 $N_1 \dot{I}_1$，这样才能使铁芯中的主磁通几乎与负载没有关系，这样就有

$$N_1 \dot{I}_0 = N_1 \dot{I}_1 + N_2 \dot{I}_2 \quad (6-10)$$

式（6-10）称为变压器的磁动势平衡方程式。将式（6-10）变换后可得

$$\dot{I}_1 = \dot{I}_0 - (N_2/N_1)\dot{I}_2 = \dot{I}_0 - \dot{I}_2/K \approx -\dot{I}_2/K \quad (6-11)$$

式中负号表明，变压器原、副绕组的磁动势在相位上近似相反。

由于空载电流 I_0 远远小于原边额定电流，故可忽略不计，则由式（6-11）可得

$$I_1/I_2 \approx N_2/N_1 = 1/K \quad (6-12)$$

式（6-12）表明，变压器在负载运行时，原、副绕组的电流之比近似等于其变比的倒数。这就是变压器的电流变换作用。

变压器的电流变换关系也可以从变压器原、副边功率关系获得。在负载运行时，变压器原边的输入功率为 $P_1 = U_1 I_1 \cos\varphi_1$，副边输出功率为 $P_2 = U_2 I_2 \cos\varphi_2$，由于变压器自身的损耗很小（在额定情况下，有些变压器的损耗在 1%以内），可以认为 $P_1 \approx P_2$，而原边的功率因数 $\cos\varphi_1$ 主要由负载决定（即 $\cos\varphi_1 \approx \cos\varphi_2$），所以可得如下关系式

$$P_1 \approx P_2 \rightarrow U_1 I_1 \cos\varphi_1 \approx U_2 I_2 \cos\varphi_2 \rightarrow U_1 I_1 \approx U_2 I_2$$

所以

$$K = \frac{U_1}{U_2} \approx \frac{I_2}{I_1}$$

3. 阻抗变换

变压器的阻抗变换的实质是等效的概念。由图 6-6 可见，在忽略变压器原、副绕组阻抗压降的情况下，在二次侧接入阻抗为 $|Z_L|$ 的负载，则二次侧各量间的关系为

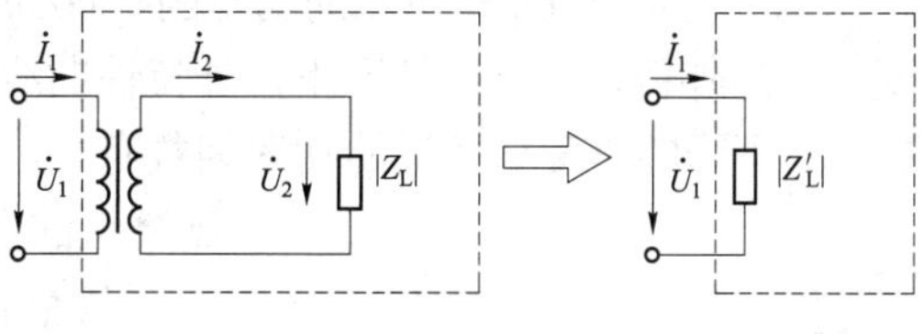

$$|Z_L| = U_2/I_2$$

图 6-6 变压器的阻抗变换

而对电源来讲，它的等效阻抗可用图 6-6（b）表示，所以一次侧的等效阻抗为

$$|Z_L'| = \frac{U_1}{I_1} = \frac{KU_2}{I_2/K} = K^2 \frac{U_2}{I_2} = K^2 |Z_L| \quad (6-13)$$

式中，$|Z'_L|$ 称为副边的负载阻抗 $|Z_L|$ 折算到原边的等效阻抗，它等于实际负载阻抗 Z_L 的 K^2 倍。应当指出，实际的负载阻抗并没改变，只是通过变压器改变了从原边看进去的等效阻抗。采用改变变压器变比的方法，将负载阻抗变换为需要值的手段，通常称为阻抗匹配。在电子线路中利用变压器实现阻抗变换是较常用的手段之一。

例 6-1 有一台降压变压器，原边电压 U_1=380 V，副边电压 U_2=36 V，接入两个 36 V、100 W 的灯泡，求：（1）原、副边的电流各是多少？（2）相当于在原边接上一个多少欧的电阻？

解：（1）灯泡可看成纯电阻，功率因数为 1，因此，副边电流为

$$I_2 = 2 \times \frac{P}{U_2} = 2 \times \frac{100}{36} = 5.56 \text{（A）}$$

由于变压比为

$$K = \frac{U_1}{U_2} = \frac{380}{36} = 10.56$$

则原边电流为

$$I_1 = \frac{I_2}{K} = \frac{5.56}{10.56} = 0.526 \text{（A）}$$

（2）并联灯泡的电阻为

$$R_L = \frac{1}{2}\frac{U_2^2}{P} = \frac{1}{2} \times \frac{36^2}{100} = 6.48 \text{（Ω）}$$

则原边的等效电阻为

$$R'_L = K^2 R_L = 10.56^2 \times 6.48 = 722.6 \text{（Ω）}$$

或

$$R'_L = \frac{U_1}{I_1} = \frac{380}{0.526} = 722.6 \text{（Ω）}$$

三、变压器的外特性和额定值

1. 外特性

当原边电压 U_1 和负载的功率因数 $\cos\varphi_2$ 一定时，副边电压 U_2 与负载电流 I_2 的关系，称为变压器的外特性。一般情况下，外特性曲线是如图 6-7 所示的近似一条直线的稍微向下倾斜的曲线，下降的程度与负载的功率因数有关，功率因数（感性）越低，下降越严重。下倾是由原、副绕组的内阻抗电压降和对主磁通的去磁作用造成的。

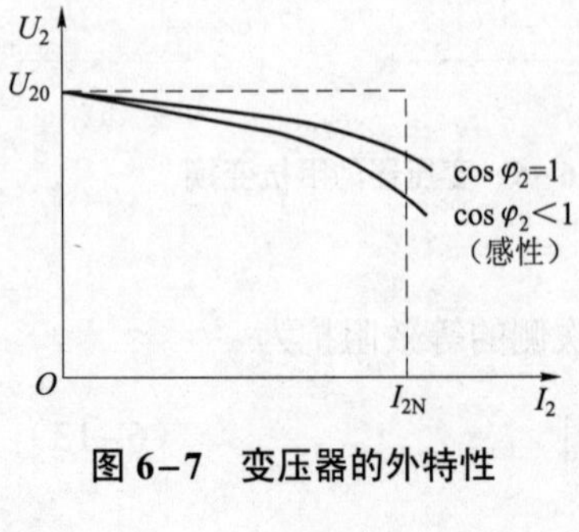

从空载到满载（$I_2 = I_{2N}$）时副边电压变化的数值与空载电压的比值称为电压调整率，即

$$\Delta U(\%) = \frac{U_{20} - U_2}{U_{20}} \times 100\% \qquad (6-14)$$

电力变压器的电压调整率一般为 2%～3%。电压调整率也是说明 U_2 随 I_2 变化程度的变压器技术指标。其值越小电压越稳定。一般希望它小些好。

图 6-7 变压器的外特性

2. 额定值

为了正确、合理、安全地使用和选择变压器，应当知道变压器的额定值。电力变压器铭牌上给出的额定值，主要有：

（1）额定电压 U_{1N}/U_{2N}：指原边绕组应当施加的电压为 U_{1N}，此时副边空载电压为 U_{2N}。U_{1N}/U_{2N} 对单相变压器是指相电压，对三相变压器是指线电压。

（2）额定电流 I_{1N}/I_{2N}：指在额定状态下原、副绕组允许长期通过的最大电流。I_{1N}/I_{2N} 对单相变压器是指相电流，对三相变压器是指线电流。

（3）额定容量 $S_N(V \cdot A)$：指输出的额定视在功率。对于单相变压器

$$S_N = U_{2N}I_{2N} \tag{6-15}$$

对于三相变压器

$$S_N = \sqrt{3}U_{2N}I_{2N} \tag{6-16}$$

（4）额定频率 f_N：指电源的工作频率。我国的工业标准频率是 50 Hz。

四、变压器的功率损耗和效率

1. 功率损耗

变压器的输入功率与输出功率之差是变压器自身所消耗的功率，称为变压器的功率损耗。功率损耗可分为铜损和铁损两部分。

铜损 ΔP_{Cu} 是原、副绕组流过电流时产生的损耗（转换成热能），其值为

$$\Delta P_{Cu} = I_1^2 R_1 + I_2^2 R_2 \tag{6-17}$$

负载变化时铜损也会相应变化，因此铜损又称作可变损耗。

铁损 ΔP_{Fe} 是交变的主磁通反复穿过铁芯时引起的损耗，它包括涡流损耗和磁滞损耗两部分。电源电压不变时，变压器的主磁通的幅值基本是不变的，只与磁通幅值有关的铁损也是不变的，因此也把铁损称作不变损耗。

变压器总的功率损耗为

$$\Delta P = \Delta P_{Cu} + \Delta P_{Fe} \tag{6-18}$$

2. 变压器的效率

变压器的效率指输出功率 P_2 与输入功率 P_1 的比值，记作 η，即

$$\eta = \frac{P_2}{P_1} \times 100\% = \frac{P_2}{P_2 + \Delta P_{Cu} + \Delta P_{Fe}} \times 100\% \tag{6-19}$$

图 6-8 给出了变压器效率曲线，从图中可以看出变压器的效率不是一个常数，它随负载的变化而不同。负载在 50%额定负载以上时效率较高，且变化平缓，在 75%额定负载左右，效率达到最大值，故变压器运行时不宜负载过轻，长期空载时应断开电源。大型电力变压器的效率可高达 98%～99%。

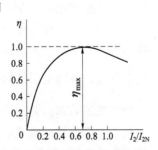

图 6-8 变压器效率曲线

五、其他类型的变压器

1. 三相变压器

由于交流电能的生产、输送和分配几乎都采用三相制，所以要采用三相变压器变换三相电压。三相变压器的工作原理与变压器基本相同。结构形式多为三根铁芯柱式，如图 6-9 所示。这种结构的变压器，有 3 个相同截面的铁芯柱，它们相互构成磁回路。在每一个铁芯柱上绕有属于同一相的原、副边绕组。三相的原绕组的始端过去习惯上分别用 A、B、C 表示，末端分别用 X、Y、Z 表示；三相的副绕组对应原绕组，始端分别用 a、b、c 表示，末端分别用 x、y、z 表示。现在新标准规定用如图 6-10 所示方法表示。

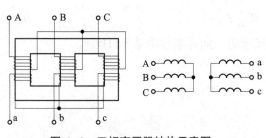

图 6-9 三相变压器结构示意图

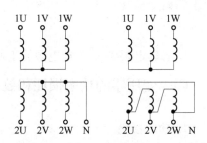

图 6-10 三相变压器图形及文字代号

三相变压器的原边和副边，都有 3 个绕组，它们可以分别接成星形（Y）和三角形（△）。因此，三相变压器绕组有四种连接方式：Y/Y，Y/△，△/Y 及 △/△（常用前两种形式）。这些符号中，斜线左边的字符表示高压绕组的接法；斜线右边的字符表示低压绕组的接法。为了制造和运行方便，我国现在通常采用Y、y_N（Y/Y_0），Y、d（Y/△）及Y_N、d（Y_0/△）三种连接方式，其中Y_0表示星形连接，并在连接点处有中线引出。图 6-10 表示常见的Y、y_N（Y/Y_0）与Y、d（Y/△）连接的三相变压器的图形及文字代号，其中 1U、1V、1W 表示原边端子代号，2U、2V、2W 表示副边端子代号，N 表示中线。

2. 自耦变压器

以上介绍的变压器称为双绕组变压器。其特点是每相都有彼此绝缘的高、低压两个绕组。自耦变压器在闭合的铁芯上每一相只绕有一个匝数为 N_1 的原绕组，该绕组的一部分（匝数为 N_2）兼作副绕组，即原、副边共用一个绕组。单相自耦变压器的原理图和外形图如图 6-11 所示。这种变压器的原、副边之间，不仅有磁的联系，而且有电的直接联系。原绕组 ac 绕制在铁芯上，有 N_1 匝；从其间引出抽头 b，bc 含有 N_2 匝，作副绕组。自耦变压器常用作降压，也可用于升压。自耦变压器的变压比 $K = \dfrac{U_1}{U_2} = \dfrac{N_1}{N_2}$，电流变换比为 $\dfrac{I_1}{I_2} = \dfrac{N_2}{N_1} = \dfrac{1}{K}$。自耦变压器比普通的变压器省料，效率高，但因低压电路和高压电路直接有电的联系，一旦在共用绕组上发生断线，则原边的高压就会直接加到副边负载上去，使负载也承受高压，很容易发生触电事故，所以安全性较差。实际工作中变比很大的电力变压器（$K \geq 2.5$）和输出电压为 12 V、36 V 的安全灯变压器都不采用自耦变压器。

生产和实验中广泛采用的副边电压 U_2 可连续调节的自耦变压器称为自耦调压器。只要将抽头作成滑动式的，可以连续改变 N_2。并且 N_2 可以小于 N_1，也可以大于 N_1，这就能实现降低或调高输出电压 U_2 的功能。

使用自耦调压器时，不允许原、副绕组对调使用，否则可能造成电源短路和烧坏调压器。连接线路时，一定要使其原、副边公共端与电源地线可靠连接，否则滑动输出端不论在哪个位置上，副边都出现对地为原边电压的高电位，以致发生人身和设备事故。

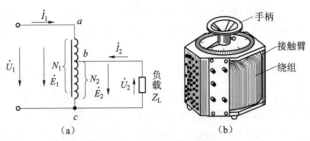

图 6-11 自耦变压器

(a) 自耦变压器原理图； (b) 外形图

3. 仪用电流互感器

电流互感器的作用是将供电线路的大电流变换为小电流，然后送往测量仪表或控制电路，达到对大电流的测量、控制等目的。其变流作用是通过变压器的变换电流原理实现的。图 6-12 为其接线原理图，电流互感器原绕组匝数极少（甚至于一匝或半匝），串联于待测电流的高压或低压大电流线路中，副绕组匝数多，与电流表和其他仪表以及保护、控制电器的电流线圈串联。由变压器的电流变换原理得

$$\frac{I_1}{I_2} = \frac{N_2}{N_1} = \frac{1}{K} = K_i$$

所以 $I_1 = I_2 K_i$，式中 $K_i = \dfrac{N_2}{N_1}$ 为一常数，称为电流互感器变流比。

应该强调指出，电流互感器的副绕组要可靠接地，原边有电流时决不允许副边开路。因为电流互感器运行时，原绕组电流由原边被测电路的负载决定，不受副边电流的影响，副边电路接近短路状态（电流表阻值近似为 0），其电流与原边电流成比例。此时，原、副绕组的端电压均近似为 0。如果副边开路，$I_2 = 0$，原边电流仍保持不变，在原边磁动势 $N_1 I_1$ 的作用下铁芯磁通急剧增高，在匝数多的副绕组上感应出上千伏的高压电，同时铁损大增，铁芯急剧发热，对人身和设备带来危害。因此原边电路对负载供电时，拆换电流表等仪表、电器时必须先将电流互感器副绕组短路。

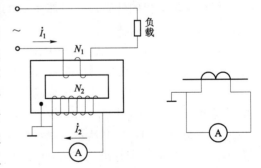

图 6-12 电流互感器的原理图和图形符号

6.2 三相异步电动机的基本结构和工作原理

发电机和电动机通称为电机。电机分为交流电机和直流电机两大类。

交流电机又可分为异步电机和同步电机两种。它们都是可逆的，也就是说它们既可作为发电机发出电能，也可作为电动机将电能转换成机械能。但实际上，异步电机主要作为电动机应用，而同步电机则是现代交流发电机的主要形式。只有在要求恒定转速和大容量的电力拖动方面，才使用同步电动机。

异步电动机在工农业生产、科研以及生活中应用最广。异步电动机被广泛应用是因为它具有构造简单、价格低廉、工作可靠以及便于维护和容易控制等一系列优点，只有在需要均匀调速、启动转矩大的生产和运输机械中，才让位于直流电动机。

本节着重讨论三相异步电动机的结构、工作原理、电磁转矩特性和机械特性以及使用方法。

一、基本结构

常见的三相异步电动机的主要部件如图 6-13 所示。它主要由定子、转子、端盖、罩壳等组成。电能转换成机械能的核心部分是定子和转子。

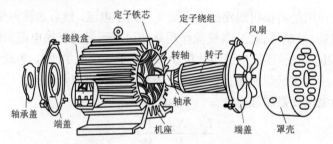

图 6-13 三相异步电动机的主要部件

1. 定子

定子是异步电动机固定不动的部分，由机座、定子铁芯、定子绕组等组成。

机座是电动机的外壳，一般都用铸铁制成，其壳身主要用以固定定子铁芯，机座两头的端盖用来支撑转子的转轴。

定子铁芯安装在机壳内，是电动机磁路的一部分，常用 0.35～0.5 mm 厚的硅钢片叠压而成，片间彼此绝缘。在硅钢片的内圈冲有均匀分布的槽孔，用以嵌放定子绕组。

定子绕组用绝缘铜线或铝线制成，三相对称地分别嵌在相应的定子铁芯槽内。三相绕组的首端和末端，分别用 U_1—U_2，V_1—V_2，W_1—W_2 表示，并依次接到机座外侧接线盒中的接线板上，如图 6-14（a）所示。接线板上有六个端子，分为上、下两排，其中下排三个端子为 U_1、V_1 和 W_1（旧标准为 D_1、D_2 和 D_3），是三相定子绕组的首端；上排的 U_2、V_2 和 W_2（旧标准为 D_4、D_5 和 D_6）是三相定子绕组的末端。而每相的首端与邻相的末端依次上、下对应排列。这样的排列方法便于在接线板上将三相定子绕组接成三角形（△）或星形（Y），使

电动机能在两种不同线电压的电网上工作。当电网线电压等于电动机每相绕组的额定电压时，

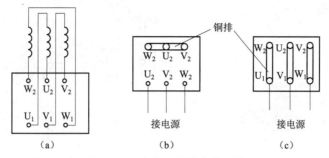

图 6-14 定子三相绕组的连接

(a) 绕组端子布置图；(b) 星形连接；(c) 三角形连接

电动机三相定子绕组应接成三角形（△），如图 6-14（c）所示。当电网电压等于电动机每相绕组额定电压的 $\sqrt{3}$ 倍时，电动机三相定子绕组应接成星形（Y），如图 6-14（b）所示。

2. 转子

转子是电动机的旋转部分，它由转轴、转子铁芯、转子绕组以及风扇等组成。

转子铁芯也是电动机磁路的一部分。它的外形是一个圆柱体，由外圆冲有槽孔的硅钢片叠压成整体，紧套在电动机的转轴上。转子铁芯的外表面上均匀分布着平行槽，槽内嵌入转子绕组。

转子绕组分为两种形式：鼠笼式和绕线式。

1）鼠笼式

鼠笼式绕组，是在转子铁芯的槽内压入铜条，铜条的两端分别焊接在两个端环上，如图 6-15（a）所示。由于铜条与端环组成的形状如同鼠笼，因此称这种电机为鼠笼式电动机。为了节省铜材料，中、小型电动机的转子绕组多用铸铝，就是把融化了的铝浇注在转子铁芯的槽内，两个端环及风扇也一并铸成，如图 6-15（b）所示。

图 6-15 鼠笼式转子

(a) 铜笼式转子；(b) 铝笼式转子

2）绕线式

绕线式转子的铁芯与鼠笼式的相同，所不同的是绕组结构，它是在转子铁芯槽内嵌置对称的三相绕组，并将它们连接成星形（Y），即把三相绕组的末端接在一起，而把三相绕组的首端分别接到转轴上三个彼此绝缘的铜制滑环上，滑环再通过电刷与外部变阻器接通，以满足各种不同的工作要求。这种电动机叫作绕线式电动机，其转子结构如图 6-16 所示。

比较转子绕组的两种结构形式可见：绕线式异步电动机的结构较为复杂，因此制造成本

比鼠笼式电动机的要高，其应用范围也不如鼠笼式电动机的广；但绕线式电动机具有较好的启动性能和调速性能。

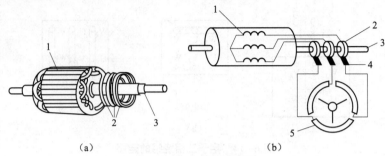

图 6-16　绕线式转子结构
（a）转子结构；（b）转子电路
1—绕组；2—滑环；3—转轴；4—电刷；5—变阻器

二、旋转磁场

将三相异步电动机的定子绕组接上三相交流电源，电动机的转子就转动起来，这种能量转换的前提是三相异步电动机通电后定子绕组要产生一个旋转磁场。

为了产生旋转磁场，结构相同的三个定子绕组嵌入定子铁芯的形式是：它们在空间方位上互差 120°（参见图 6-17（a））。假设将三相绕组接成星形，接通三相电源后，绕组中便有三相对称电流流过，可表示为

$$i_A = I_m \sin \omega t$$
$$i_B = I_m \sin(\omega t - 120°)$$
$$i_C = I_m \sin(\omega t + 120°)$$

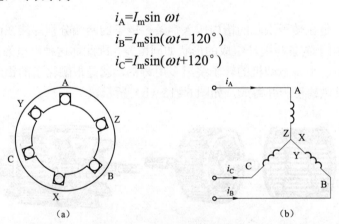

图 6-17　定子三相绕组结构
（a）定子绕组结构示意图；（b）定子绕组的星形连接

定子三相绕组的星形连接及电流的参考方向如图 6-17（b）所示。此时，定子三相电流的波形如图 6-18 所示。

我们规定从绕组的首端流入的电流为正，从绕组末端流入的电流为负，则在 $\omega t=0$、$\omega t=120°$、$\omega t=240°$ 和 $\omega t=360°$ 的四个瞬间三相绕组中的电流产生的磁场，根据右手螺旋定则可以判断如图 6-18 所示。可以推断，定子三相对称绕组中通过三相对称的正弦电流在空间产生了一个旋转磁场。电流每变化一个周期，旋转磁场在空间旋转一周。旋转磁场的旋转速度，与电流的变化同步，旋转磁场的转速（r/min）为

$$n_1 = 60\frac{1}{T} = 60f_1$$

式中，f_1 为交流电流的频率。

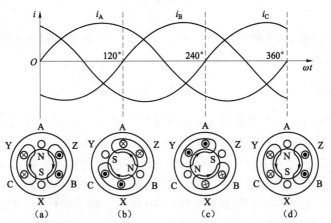

图 6-18 三相电流波形和旋转磁场（两极）的形成

旋转磁场的转动方向决定转子的转动方向。图 6-18 所示的旋转磁场旋转方向与绕组中电流的相序一致。相序 A、B、C 顺时针排列，磁场顺时针方向旋转。若把三根电源线中的任意两根对调，例如将 B 相电流通入 C 相绕组中；C 相电流通入 B 相绕组中，则相序变为 A、C、B，则磁场必然逆时针方向旋转。

旋转磁场的转速与每相定子绕组的个数及布置有关。若每相绕组由两个线圈串联组成，空间布置有效边仅跨过 90°空间角，则此时的定子绕组布线如图 6-19 所示。三相绕组的首端与首端，末端与末端都互隔 60°空间角，同样使绕组通入三相对称正弦电流，根据右手螺旋定则可知，在 $\omega t=0$、$\omega t=120°$、$\omega t=240°$、$\omega t=360°$ 四个瞬间电流产生的磁场如图 6-19 所示，产生了四个磁极（两对磁极）的旋转磁场。电流每变化一个周期，磁场只旋转半周，旋转磁场的旋转速度（r/min）为

$$n_1 = \frac{60f_1}{2}$$

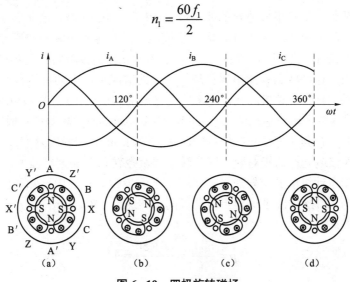

图 6-19 四极旋转磁场

依此类推，只要按一定规律安排和连接定子三相绕组，就可获得不同极对数（p）的旋转磁场，产生不同的旋转速度，其关系可推得为

$$n_1 = \frac{60 f_1}{p} \tag{6-20}$$

式中，n_1 称为同步转速（即旋转磁场的转速）。对已经绕好的定子绕组，极对数 p 为常数，改变电源频率，可以改变同步转速 n_1。

三、转动原理

三相异步电动机转动原理可用图 6-20 来说明。图中旋转磁场用一对以 n_1 转速顺时针方向旋转的磁极 N、S 来代表。转子导体切割旋转磁场的磁力线产生感应电动势，由于转子电路是闭合的，所以转子导体中便产生感应电流，如忽略转子电路的感抗，则转子感应电动势和感应电流同相位，其方向可由右手定则判定。转子导体中的电流又与旋转磁场相互作用而产生电磁力 F，其方向由左手定则确定（图 6-20 标出了转子导体感应电流和受力方向）。电磁力 F 产生的电磁转矩驱动转子沿着旋转磁场的方向，以 n 的转速旋转起来。

一般情况下，异步电动机转子的转速 n 低于旋转磁场的转速 n_1。因为若假设 $n = n_1$，则转子导体与旋转磁场就没有相对运动，就不会切割磁力线，就没有转子感应电动势和转子感应电流，也就不会产生电磁转矩，所以转子转速 n 必然小于 n_1。由于 $n \neq n_1$，因此这种电动机称为异步电动机。又因转子电流是由电磁感应所产生，异步电动机也称为感应电动机。

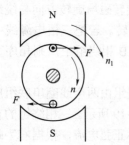

图 6-20　转子转动原理的示意图

旋转磁场与转子的转速差 $n_2 = n_1 - n$，是异步电动机运行的必要条件，而用转差率表示两者转速差异程度，更便于说明异步电动机的运行状态和性能。转差率 s 定义为

$$s = \frac{n_2}{n_1} = \frac{n_1 - n}{n_1} \tag{6-21}$$

s 是量纲为 1 的纯数，是同步转速 n_1 的相对值。$s=1$ 时，则 $n=0$，表示转子不转，转子感应电动势 e_2、转子电流 i_2 最大，转子电流频率 f_2 最高，且与定子电流的频率相等，相当于异步电动机启动瞬间的情况；$s=0$ 时，则 $n=n_1$，转子转速 n 与旋转磁场转速 n_1 相等，两者相对静止，没有感应作用，这种状态只能出现在理想空载的情况下，电动机没有能量转换和传递。

处于运行状态的异步电动机，其转差率的变化范围在 $0 < s < 1$。异步电动机在额定状态下运行时的转差率称为额定转差率 s_N，中、小型异步电动机的额定转差率一般在 0.02～0.06。

例 6-2　已知一台异步电动机，额定转速 $n_N = 730$ r/min，空载转差率 $s_0 = 0.015$，在电源频率为 50 Hz 时，求该电动机的极对数、同步转速、空载转速及额定转差率。

解：（1）异步电动机的额定转速接近、略小于同步转速 n_1，由已知条件 $n_N = 730$ r/min 可以推断，在频率为 50 Hz 情况下该异步电动机同步转速为 750 r/min，即 $n_1 = 750$ r/min。

（2）磁极对数：

$$p = \frac{60 f_1}{n_1} = \frac{60 \times 50}{750} = 4$$

（3）空载转速：
$$n_0 = n_1(1-s_0) = 750 \times (1-0.015) = 739 \text{ (r/min)}$$

（4）额定转差率：
$$s_N = \frac{n_1 - n_N}{n_1} = \frac{750-730}{750} = 0.027$$

6.3 三相异步电动机的电磁转矩和机械特性

电动机作为原动机向机械设备输出两个重要物理量：转速 n 和转矩 T。表征 n 与 T 关系的曲线叫作电动机的机械特性，是电动机运行的重要特性。在稳定运行时电动机产生的电磁转矩 T 必然与轴上的阻转矩 T_m 相平衡。而阻转矩等于负载转矩 T_L 与风阻、轴承摩擦力等形成的空载损耗转矩 T_0 之和。T_0 很小，可忽略不计，因此可以认为电动机的电磁转矩 T 与负载转矩 T_L 相平衡。

一、电磁转矩

通过前面的分析可知，异步电动机的电磁转矩是由载流的转子导体，在旋转磁场作用下产生的驱动力矩。此电磁转矩的大小不仅与旋转磁场磁通 Φ 的大小以及转子电流 I_2 的大小有关，而且还与转子电路的功率因数 $\cos\varphi_2$ 有关，这样才能反映电动机做功多少。所以异步电动机电磁转矩 T 为

$$T = K_M \Phi I_2 \cos\varphi_2 \tag{6-22}$$

式中，K_M 称为转矩常数，由电动机的结构决定。

由上式推导（此处略）可得电磁转矩（N·m）的常用表达式为

$$T = K \frac{U_1^2}{f_1} \frac{sR_2}{R_2^2 + (sX_{20})^2} \tag{6-23}$$

该式反映了电磁转矩 T 与转差率 s、外加电压 U_1 及转子回路参数之间的关系。其中 U_1 为电源相电压，f_1 为电源的频率，R_2 为转子电路一相的电阻，X_{20} 为转子静止时转子电路一相的感抗，K 为与电机结构有关的常数。

由式（6-23）可见，转矩 T 与相电压 U_1 的平方成正比，所以电源电压变动时，对转矩影响很大。转矩 T 还与转子电阻有关。

当外加电压 U_1 不变，转子回路参数一定时，电磁转矩 T 是随转差率 s 变化的。异步电动机的 $T = f(s)$ 关系曲线称为转矩特性曲线，如图 6-21 所示。

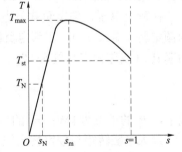

图 6-21 三相异步电动机的 $T=f(s)$ 曲线

1. 最大转矩 T_{max}

将式（6-23）对 s 求导，并令 $\dfrac{dT}{ds}=0$，可求得产生最大转矩的转差率为

$$s_m = \frac{R_2}{X_{20}} \quad (6-24)$$

式中，s_m 称为临界转差率，将 s_m 代入式（6-23），则得

$$T_{max} = K \frac{1}{f_1} \frac{U_1^2}{2X_{20}} \quad (6-25)$$

在 $0 \sim s_m$ 区间，T 随 s 增大而增大；在 $s > s_m$ 区间，T 随 s 增大而减小。

最大转矩 T_{max} 与转子电阻 R_2 无关，调节 R_2 不影响最大电磁转矩的大小，但临界转差率 s_m 随 R_2 增大而增大，也就是说发生最大电磁转矩的转速相应降低。不同转子电阻 R_2 值的 $T-s$ 曲线如图 6-22 所示。

在其他参数不变的条件下，电磁转矩与电压 U_1 的平方成正比，所以供电电压的波动对电动机的运行影响较大。图 6-23 给出了不同电压下的 $T-s$ 曲线。

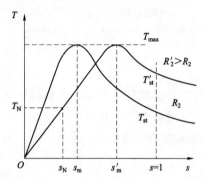

图 6-22 对应不同转子电阻 R_2 的 $T-s$ 曲线（U_1 为常数）

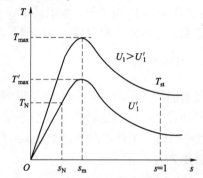

图 6-23 对应于不同电源电压 U_1 的 $T-s$ 曲线（R_2 为常数）

2. 额定转矩 T_N

额定转矩 T_N 是电动机制造厂根据设计制造的情况和绝缘材料的耐热能力，规定的电动机在额定电压、额定频率下运行的安全、经济、合理的负载转矩。

在额定电压、额定负载下电动机的转速称为额定转速（n_N）；对应额定转速的转差率称为额定转差率（s_N）；在额定负载、额定转速下运行电动机输出的机械功率为电动机的额定功率 P_N（或称额定容量）。P_N、T_N 和 n_N 三者的关系为

$$T_N = \frac{P_N}{\omega_N} = \frac{60 P_N}{2\pi n_N} = 9\,550 \frac{P_N}{n_N} \text{（N·m）} \quad (6-26)$$

式中，P_N 的单位为 kW；n_N 的单位为 r/min；ω_N 为额定的机械角速度，单位为 rad/s。

最大电磁转矩与额定转矩的比值

$$\lambda = \frac{T_{max}}{T_N} \quad (6-27)$$

称为过载系数，表示电动机允许短时过载的能力。一般Y系列异步电动机的过载系数 $\lambda = 2.0 \sim 2.8$。

3. 启动转矩 T_{st}

电动机接通电源瞬间（$s=1$，$n=0$）的转矩称为启动转矩 T_{st}。将 $s=1$ 代入式（6-23）得

$$T_{st} = K \frac{U_1^2}{f_1} \frac{R_2}{R_2^2 + X_{20}^2} \qquad (6-28)$$

此式表明，启动转矩 T_{st} 与 U_1^2 及 R_2 有关。当电源电压 U_1 降低时，启动转矩会减小（见图 6-23）。当转子电阻适当增加时，启动转矩会增大（见图 6-22）。由式 (6-24)、式 (6-25) 和式 (6-28) 可以推出，当 $R_2 = X_{20}$ 时，$T_{st} = T_{max}$，$s_m = 1$。但继续增大 R_2，T_{st} 就要逐渐减小了，这时 $s_m > 1$。

启动转矩 T_{st} 与额定转矩 T_N 之比 $C = \dfrac{T_{st}}{T_N}$ 称为电动机的启动能力。一般Y系列鼠笼式异步电动机的 $C=1.4\sim2.2$，说明其启动能力较小，带额定负载时启动比较困难，宜在空载或轻载下启动。

二、机械特性

实际工作中由于转速 n 更直观、更便于测量，人们将转速 n 与电磁转矩 T 之间的关系 $n = f(T)$ 称为机械特性。机械特性曲线可在异步电动机的 $T-s$ 曲线基础上获得。具体做法是：将异步电动机的 $T-s$ 曲线顺时针旋转 90°，用转速 n 的坐标代替转差率 s 坐标，由于 $n = (1-s)n_1$，所以两者方向相反。再将转矩 T 的横坐标下移，就得到表示 $n = f(T)$ 的机械特性曲线，如图 6-24 所示。

电动机拖动负载稳定运行点为电动机的机械特性曲线与负载的机械特性曲线的交点。设电动机拖动的是恒转矩负载（如起重机），机械特性为一垂线 HL，与转速无关。它与电动机的 $n-T$ 曲线交于 a 点，a 点对应的转速 n 即为电动机拖动此负载的稳定转速。

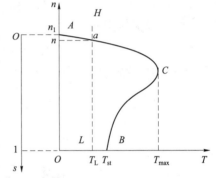

图 6-24 三相异步电动机的 $n=f(T)$ 曲线

异步电动机的机械特性曲线可分为 AC、CB 两个性质不同的区域。在 AC 区 T 随 n 的升高而减小，在 CB 区 T 随 n 的升高而增大。

启动时，因为启动转矩 $T_{st} > T_L$，电动机带动负载加速启动，通过 BC 区，越过 C 点后，电动机的转速逐渐减小，待转速升高到使 $T = T_L$ 时，加速度减为零，电动机以转速 n 稳定运行在 AC 区的 a 点。

在 AC 区，只要负载转矩 $T_L < T_{max}$，电动机均能自动调节 T 和 n，维持稳定运行。但必须强调指出，在 $T = T_L > T_N$ 的过载情况下只能短时运行，否则电动机将因温升太高而过热，寿命下降以至烧毁。

在 a 点稳定运行的电动机，若负载突然加大到 $T_L \geqslant T_{max}$，电动机立即减速，进入 CB 区，由于没有平衡的电磁转矩，转速 n 进一步减小，直至停转。此时如不及时切断电源，电动机将被烧毁。

所以，异步电动机机械特性曲线的 AC 区为稳定运行区，CB 区为不稳定运行区。

鼠笼式异步电动机转子电路电阻 R_2 很小，负载由零增至额定负载，转速 n 微微下降，即 AC 段微微下倾，这样的机械特性称为硬特性。

绕线式异步电动机可通过外串电阻来改变转子电阻（参见图 6-16），进而调节机械特性曲线的形状，达到加大启动转矩和向下调节转速的目的。在对启动性能和调速性能要求较高的场合，可选用绕线式异步电动机。

例 6-3 已知 Y250M—4 型三相异步电动机的额定功率 P_N=55 kW，频率 f=50 Hz，额定转速 n_N=1 480 r/min，额定效率 η_N=92.6%，启动能力 C=2.0，过载系数 λ=2.2，求该电动机的额定转差率、额定转矩、启动转矩、最大转矩和额定输入功率。

解：（1）由型号可知该电动机有四个磁极，所以同步转速 n_1=1 500 r/min，额定转差率为：

$$s_N = \frac{n_1 - n_N}{n_1} = \frac{1\,500 - 1\,480}{1\,500} = 0.013$$

（2）额定转矩为：

$$T_N = 9\,550 \frac{P_N}{n_N} = 9\,550 \frac{55}{1\,480} = 354.9 \text{（N·m）}$$

（3）启动转矩为：

$$T_{st} = CT_N = 2.0 \times 354.9 = 709.8 \text{（N·m）}$$

（4）最大转矩为：

$$T_{max} = \lambda T_N = 2.2 \times 354.9 = 780.8 \text{（N·m）}$$

（5）额定输入功率为：

$$P_{IN} = \frac{P_N}{\eta_N} = \frac{55}{0.926} = 59.4 \text{（N·m）}$$

6.4 三相异步电动机的铭牌

电动机外壳上装有电动机的铭牌。上面标明这台电动机的基本性能数据，这些数据是使用、维护、选择、更换电动机的主要依据。现以 Y132S—4 型电动机的铭牌为例（见表 6-1），简述铭牌上各项内容的含义。

表 6-1 三相异步电动机

型号	Y132S—4	功率	5.5 kW	防护等级	IP44
电压	380 V	电流	11.6 A	绝缘等级	B
接法	△	转速	1 400 r/min	工作方式	S1
频率	50 Hz	质量	××kg		

一、型号

电动机的型号是电机类型等的代号。它由四部分组成，用汉语拼音字母和数字表示。其内容和排列顺序如下：产品代号、规格代号、特殊环境、补充说明。

特殊环境指电动机适于使用的环境，例如 W—户外，F—化学防腐蚀，H—船、海洋，

G—高原。不标明特殊环境的为普通工作环境，无补充说明的该项为空白。

1. 产品代号

产品代号由电动机类型代号、电动机特点代号、设计序号和励磁方式等部分组成。例如常见类型代号有：Y—异步电动机，T—同步电动机，Z—直流电动机等。

2. 规格代号

电动机规格代号由中心高、机座长、铁芯长和磁极数等组成。中心高用数字表示，单位为毫米（mm）；机座长用英文字母表示，S 为短机座，M 为中机座，L 为长机座；铁芯长用编号 1，2，…表示，第 2 号比第 1 号长；磁极数由最末尾的数字表示。

二、额定数据

1. 额定电压 U_N

指定子的线电压，单位为伏特（V）。我国生产的低压 50 Hz 的三相异步电动机，额定电压为 380 V。容量在 4 kW 以上的为△接法，容量在 3 kW 及其以下的为Y接法。

2. 额定电流 I_N

指在额定电压、额定频率、在规定环境、按规定的工作方式运行时的线电流，单位为安培（A）。

3. 额定转速 n_N

指在额定电压、额定频率、额定负载下运行时电动机的转速，单位为转/分（r/min）。

4. 额定功率（容量）P_N

指在额定状态下运行时电动机转轴上输出的功率，单位为千瓦（kW）。

5. 温升

指在额定状态、规定的工作方式下运行时，允许电动机的温度高于规定冷却介质温度（40 ℃）的限值，单位为摄氏度（℃）或开尔文（K）。

电动机的温升与电动机采用的绝缘材料等级有关，见表 6-2。

表 6-2 绝缘等级与温升

绝缘等级	E	B	F	H	A
允许最热点温度/℃	105	120	130	155	180
允许最高温升/℃	60	75	80	100	125

6. 效率 η、功率因数 $\cos\varphi$、过载能力（T_{max}/T_N）、启动电流 I_{st} 和启动转矩 T_{st}

这些技术数据可以从产品目录中查出。

三、工作方式（工作制）

工作方式用英文字母 S 和数字表示。按运行状态对电动机温升的影响，工作方式细分为 9 种。可归纳为连续、短时和断续周期三大类工作方式。Y 系列电动机的基准工作方式有恒定负载工作制（S1）和断续周期工作制（S3）两种，其中 S3 可用来代替其余的工作方式。

四、电动机外壳防护

电动机的外壳防护分为两种。

第一种防护是防止人体触及电动机内部带电部分和转动部分，防止固体物进入内部。第一种防护分为 0～5 六个等级，数字越大，防止进入电动机的固体物越小，防护水平越高。

第二种防护是防止进水而引起的有害影响。分为 0～8 九个等级，数字越大，防止进水的能力越强。

6.5 三相异步电动机的启动、反转、调速和制动

异步电动机的使用，除了正确地连接三相定子绕组外，主要包括启动、反转、调速和制动。

一、启动

异步电动机接入三相电源后，如电磁转矩大于负载转矩，电动机就会从转速为 0 的静止状态开始旋转，转速逐步升高，直到转速稳定为止，这一过程称为启动。电动机启动性能的好坏对生产、工作有一定的影响。表征启动性能的参数包括：启动电流 I_{st}、启动转矩 T_{st}、启动时间和启动能耗等，其中启动电流和启动转矩最重要，所以要着重讨论。

1. 启动电流 I_{st}

在电动机刚开始启动的瞬间，电动机转子尚处于静止状态，转子与旋转磁场相对切割速度最大，转子电路的感应电动势和感应电流最大，因而定子电流也最大（与变压器原理相同）。一般中小型鼠笼式电动机的定子启动电流为额定电流的 4～7 倍。

通常，电动机的启动时间很短（小型电动机只有零点几秒，大型电动机为十几秒到几十秒）。在启动过程中转子转速不断加速，随着转速的升高，转差率不断减小，转子的感应电势、转子电流以及定子电流都跟着减小，所以在定子绕组中通过很大启动电流的时间比较短。因此，只要电动机不是频繁启动，虽然启动电流很大，也不会产生过热现象，对电动机本身影响不大。但当电动机启动频繁时，由于热量的积累，可以使电动机发热，所以在实际操作中应尽可能不让电动机频繁启动。

电动机很大的启动电流，对供电的变压器和线路是有影响的，将造成电网电压的下降，

变压器与线路上的其他负载都将受此影响不能正常工作，其危害往往远比对电动机自身的影响还要严重。例如，使附近的照明灯光变暗；使正在工作的电动机转矩减小，转速下降，电流增大，甚至可能使它们的最大转矩降低到小于它们的负载转矩，致使电动机停转。

2. 启动转矩 T_{st}

在电动机刚启动时，虽然转子电流 I_2 较大，但转子的功率因数 $\cos\varphi_2$ 却很低，由转矩公式（6-23）可知，实际的启动转矩 T_{st} 并不大，通常，启动转矩与额定转矩之比 $T_{st}/T_N=1.0\sim2.2$。如果启动转矩过小，就不能在满负载下启动，应该设法提高启动转矩；但启动转矩过大也不好，会使转子轴上所带的传动机构（如齿轮等）受到很大的冲击而损坏，又应该设法减小。电动机开始启动后，电磁转矩 T 比负载转矩 T_L 大得越多，转子加速越快，启动过程的时间越短。为了提高劳动生产率，对于频繁启动的生产机械，如起重运输机械，需要考虑启动时间的长短。

根据以上所述，异步电动机启动时的主要缺点是启动电流较大。因此，对异步电动机启动性能的要求，主要有两项指标：一是有足够大的启动转矩 T_{st}；二是启动电流 I_{st} 要限制在一定范围，不能过大。

3. 鼠笼式异步电动机的启动

1）直接启动（全压启动）

这种启动方法就是把电动机的三相定子绕组直接接到三相交流电源上，用额定电压使电动机启动。这种方法简单、经济，不需要专门设备，用闸刀开关或接触器就可以完成。但这种方法也有局限性，因为启动电流大，会影响接在同一供电线路上的其他负载的正常运行，所以只适用于电动机的额定功率较小，电网容量较大的场合。对下列两种情况，异步电动机能否采用直接启动方法由其条件决定。

第一种情况，当电动机由一台专用变压器供电时，又可分为两种情况来说明：如果电动机是频繁启动的，其容量不应超过变压器容量的 20%；如果电动机是不经常启动的，其容量不应超过变压器容量的 30%。只要符合上述情况，都允许电动机直接启动。

第二种情况，当电动机与照明负载共用一台变压器时，允许直接启动的电动机的大小，是以当它启动时引起变压器自身的电压降不超过其额定电压的 5% 为原则。

有些地区的电业管理部门规定：全压启动的电动机的容量不得超过 7 kW。

2）降压启动

当电动机的容量相对而言比较大，或者电动机启动频繁，致使供电线路上电压降较大，为减少影响就要设法降低启动电流，通常采取降压启动法。这种方法就是在电动机启动时，设法降低加到定子绕组上的电压，等电动机启动过程结束后，再提高到全压（额定电压），投入正常运行。由于在启动过程中降低了电压，启动电流也减小了；但电动机的转矩是与定子电压的平方成正比的，启动电压降低了，启动转矩显著减小。因此，降压启动法只能用于对启动转矩要求不高的生产机械在轻载或空载条件下启动。

鼠笼式电动机的降压启动常用下面两种方法：

第一种方法是Y-△换接启动。这种方法适用于正常运行时定子三相绕组为△形连接的异步电动机。在启动时,先将定子绕组改接成Y形,当转速上升到某个稳定值后,再把定子绕组换接成△形。图6-25 表示定子绕组的两种接法对启动电流的影响。

当Y形接法降压启动时:

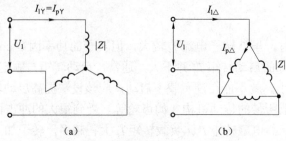

图6-25 定子绕组Y形和△形两种接法时启动电流的比较
(a) Y形接法; (b) △形接法

$$I_{1Y} = I_{pY} = \frac{U_{pY}}{|Z|} = \frac{\frac{U_1}{\sqrt{3}}}{|Z|} = \frac{U_1}{\sqrt{3}|Z|}$$

当△形接法全压启动时

$$I_{p\triangle} = \frac{U_{p\triangle}}{|Z|} = \frac{U_1}{|Z|}$$

$$I_{1\triangle} = \sqrt{3} I_{p\triangle} = \sqrt{3} \frac{U_1}{|Z|}$$

比较Y形接法和△形接法的线电流

$$\frac{I_{1Y}}{I_{1\triangle}} = \frac{\frac{U_1}{\sqrt{3}|Z|}}{\frac{\sqrt{3}U_1}{|Z|}} = \frac{1}{3}$$

由此可见:Y形接法降压启动时的线电流只是△形接法全压启动时的线电流的1/3。这说明采取这种降压启动方法,启动电流大大降低了。但由于电动机的转矩与定子每相绕组上所加的电压平方成正比,启动时定子每相绕组上的电压只有额定电压的$1/\sqrt{3}$,所以启动转矩也只有全压启动时的1/3。启动转矩降低过大对启动过程是不利的,因此这种降压启动法只适用于空载或轻载情况下启动电动机。

Y-△换接启动的线路具体如图6-26所示。图中S_2表示三刀双掷开关。启动时,先将S_2扳下,投向"启动"位置,定子三相绕组连接成Y形,接着合上电源开关S_1,电动机就在Y形接法下启动;等转速上升到接近稳定值时,再将S_2从"启动"位置投向"运行"位置,定子三相绕组接成△形,电动机

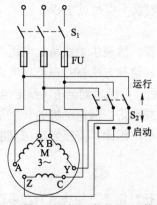

图6-26 用三刀双掷开关的Y-△换接启动

就在△形接法下进入正常运行。

Y-△降压启动除采用上述方法外，通常采用专用的Y-△启动器来实现。这里特别强调Y-△降压启动法只适用于正常工作时为△形接法的异步电动机。

第二种方法是用自耦变压器降压启动。它是利用三相自耦变压器，将电动机在启动过程中的端电压降低，其接线如图6-27所示。启动时，先将开关S_2扳到"启动"位置，此时电动机的定子绕组接到自耦变压器的副绕组上，接着合上电源开关S_1，定子每相绕组承受的电压小于额定电压。等到电动机转速接近稳定值时，再将开关S_2扳向"工作"位置，使电动机定子绕组与自耦变压器脱离，直接与电源的额定电压相接。

自耦变压器备有若干抽头，如额定电压的73%、64%、55%等，根据对启动转矩的不同要求，选用不同的抽头。显然，采用自耦变压器降压启动，同样能使启动电流和启动转矩减小。在实际工作中，常以自耦变压器为主，加上控制和保护线路，制成手动自耦减压启动器。

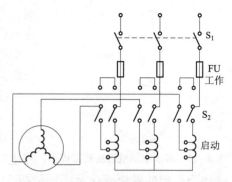

图6-27 用自耦变压器降压启动接线图

自耦降压启动，适用于容量较大的或正常运行时定子绕组接成Y形的鼠笼式电动机。

4. 绕线式异步电动机的启动

采用绕线式异步电动机来拖动机械设备，既能限制启动电流，又能提高启动转矩。绕线式异步电动机，可以通过滑环和电刷，在转子电路里串进外接附加电阻（即启动电阻）来启动，其接线如图6-28所示。

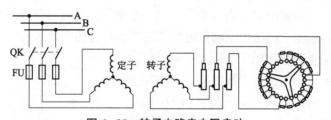

图6-28 转子电路串电阻启动

它的启动过程：首先将启动电阻调节到最大阻值（全部串入电路），然后合上电源开关QK，电动机开始转动；随着电动机转速的升高，启动电阻的阻值逐步减小，当转速达到稳定值时，将启动电阻短接（全部退出），电动机进入正常运行。

由于转子电路串入了启动电阻，转子电流就减小了，定子的启动电流也相应减小。前面还讲过，增大绕线式电动机转子电路的电阻，可以增大启动转矩。所以这种启动方法不仅可以限制启动电流，而且又使启动转矩增大，一举两得。这是降压启动法所不及的优点。因此这种启动法特别适用于重载启动的场合，如起重机、卷扬机等。

二、反转

在实际工作中，常常需要改变电动机的旋转方向，有时要求正转，有时要求反转。由于异步电动机的旋转方向与定子电流产生的旋转磁场方向是一致的；而旋转磁场的转向又取决

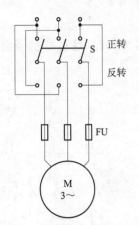

图 6-29 异步电动机正反转原理图

于通入定子绕组三相电流的相序。因此，只要改变通入电动机定子的三相电流的相序，就能改变电动机的旋转方向。实际上，只要把电动机接到电源上的三根引线中的任意两根对调一下，就能改变电动机的旋转方向。图 6-29 是三相异步电动机正、反转的接线图，它是利用三相双掷开关改变通入电动机的三相电流的相序来实现的。假定把 S 合到上面，电动机为正转；合到下面，则电动机反转。

三、调速

调速是指在电动机负载不变的情况下，用人为的方法改变电动机的转速。由此可见，调速与电动机因所带负载的变化而引起的转速变化是不同的概念。异步电动机可以采用电气方法、机械方法和机电配合方法调速，而电气调速的关系式可由式（6-20）和式（6-21）导出为

$$n = (1-s)n_1 = (1-s)\frac{60f_1}{p} \quad (6-29)$$

由式（6-29）可知，调速方法有改变磁极对数 p 调速、改变电源频率 f_1 调速和绕线式异步电动机改变转子电阻 R_2，进而改变转差率 s 调速等三种方法。

1. 改变极对数调速

鼠笼式异步电动机可应用改变定子绕组极对数 p 的方法作为有级调速。只要适当设计定子绕组，并引出抽头，对电动机外接线改变连接方法，就可以变换极对数，例如 2 极与 4 极互相变换。改变极对数调速的多速电动机，一般一组定子绕组可以具有两种极对数，可制成双速电动机，而有两组定子绕组的电动机可制成三速和四速的多速电动机。

图 6-30 所示是定子绕组的两种连接方法，为了清晰起见，只画出了 A 相绕组的两个线圈（AX、A'X'），当两个线圈串联时，前已述及（参见图 6-19），将产生四极旋转磁场，即 $p=2$，$n_1=1\,500$ r/min；当将两个线圈并联时，则产生两极旋转磁场，即 $p=1$，$n_1=3\,000$ r/min。

改变定子绕组的连接方法，只能使磁极对数一级一级地变化（$p=1, 2, 3, \cdots$），所以用这种方法调速，速度变化是不连续的、不平滑的，转速只能成倍地变化，称为有级调速。

2. 改变电源频率调速

由于电动机的转速 n 与它的旋转磁场转速 n_1 接近，当改变磁场转速 n_1 时，电动机的转速 n 也随着改变。

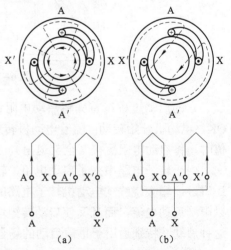

图 6-30 改变磁极对数的调速方法
(a) $p=2$；(b) $p=1$

由旋转磁场的转速公式 $n_1 = \dfrac{60f_1}{p}$ 可知，在磁极对数 p 一定的情况下，改变电源频率 f_1，就可改变磁场的转速，从而改变电动机的转速，这种调速方法称为变频调速。

变频调速可以从额定频率向下或向上调节。加在异步电动机定子绕组上的电压为

$$U_1 \approx E_1 = 4.44 f_1 N_1 \Phi_m K_1$$

式中，K_1 为绕组系数，与变压器绕组不同，异步电动机的绕组是沿定子内圆均匀分布的，因而引入此接近但小于 1 的系数。由上式可以看出，降频调速时，若 U_1 保持不变，则 Φ_m 将增加，会引起磁路过饱和，励磁电流将急剧增加，后果严重。因此，降低电源频率调速时，应同时减小电源电压；升频调速时，由于不允许将电源电压升高超过额定电压，所以频率 f_1 越高，磁通 Φ_m 将越小。这是一种降低磁通升速的方法。

变频调速是一种很有效的调速方法，它可以达到平滑、无级调速的效果。由于变频设备费用很高，难以推广，近年来，由于晶闸管变频技术的发展，促进了变频调速的应用。目前主要采用如图 6-31 所示的变频装置，它是由可控硅整流器和可控硅逆变器组成的，整流器先将 50 Hz 的交流电变换为直流电，再由逆变器把直流电变换为频率可调、电压有效值也可调的三相交流电，供鼠笼式异步电动机作电源，由此可实现电动机的无级调速功能。

图 6-31 变频调速装置示意图

3. 改变转差率调速

此方法只能用于绕线式异步电动机调速。在绕线式异步电动机转子电路内串入调速电阻，可以在较宽范围内调低转速。由式（6-24）的 $s_m = \dfrac{R_2}{X_{20}}$ 可知，不断增大 R_2，临界转差率不断加大，但式（6-25）告诉我们电动机的最大转矩不受 R_2 的影响，因此可以得到一簇人为的机械特性曲线，如图 6-32 所示。在同一负载（T_L）下，增大转子电阻也就增大了电动机的转差率，达到降速调速的目的。增大转子电阻，机械特性变软，稳定性变差，转子电阻耗能增加；但这种调速方法调速平滑性好，调速设备简单，减少了启动电流，增大了启动转矩，调速操作也方便，因此它在起重、运输机械上应用广泛。需要指出的是：绕线式异步电动机外接附加调速电阻与外接启动变阻器的接入方法相同，但由于两种变阻器所起的作用不同，所以不能相互代替。启动变阻器是按短时工作设计的，专供启动时用，不准用来调速。调速变阻器是按长期工作设计的，是频繁启用的，可以兼作启动变阻器用。

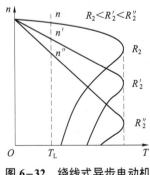

图 6-32 绕线式异步电动机转子串电阻调速

四、制动

当电动机切断电源后，由于它的转子和被它拖动的机械设备都有惯性，所以还会继续转动一段时间才停下来。为了提高机械设备的生产率和保证安全生产，往往要求电动机在切断电源后迅速停止转动，或迅速降低转速，这就需要对电动机制动。制动方法有利用电磁抱闸

的机械制动和电气制动两种。电气制动就是制动时电动机要产生一个与电动机转动方向相反的电磁制动转矩。常用的电气制动方法有能耗制动、反接制动和反馈制动等。

1. 能耗制动

这种制动方法是在切断异步电动机三相交流电源的同时，立即给定子绕组通入直流电流，其接线如图 6-33 所示。这时电动机原有的旋转磁场已不复存在，只有直流电在定子绕组和铁芯上产生一个静止不动的磁场。由于惯性作用，电动机的转子仍在按原先的旋转方向继续转动，则转子切割这个静止的磁通Φ，产生感应电动势和感应电流，其电流方向由右手定则确定，如图 6-33 所示，转子感应电流与静止磁通Φ作用，产生电磁转矩T，其方向由左手定则确定，这个转矩与转子惯性旋转的方向相反，起制动作用，使转子迅速停转。由于这种制动是将转子的动能转换成电能，消耗在转子绕组的电阻上，达到制动的效果，所以称为能耗制动。能耗制动转矩的大小与直流电流的大小有关，一般直流电流是电动机额定电流的 0.5~1.0 倍。

能耗制动的特点是：平滑、准确、无冲击作用，但需要直流电源，一般采用整流电路来获得。当电动机停转后，应立即切断直流电源，否则电动机定子绕组将发热以致烧毁。

2. 反接制动

在电动机需要停止时，按图 6-34 所示先断开它的三相电源，再利用双掷开关 S，给它接上反相序三相电源，使旋转磁场反向旋转。由于惯性作用，转子仍按原方向旋转，其绕组切割反向旋转磁场，所感应出的电动势及电流方向均与原先的方向相反，因此，所产生的电磁转矩方向与转子原有的转向相反，对转子起制动作用，电动机转速很快降低到零。当电动机的转速接近零时，应立即切断反相序电源，以免电动机反向启动。

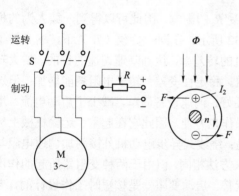

图 6-33 能耗制动电路及原理

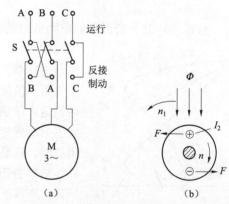

图 6-34 反接制动电路及原理

在反接制动时，由于反相序旋转磁场与转子的相对转速（n_1+n）很大，所以转子电流和定子电流都很大，如不加以限制，可达到正常额定电流的 10 倍以上，倘若频繁地进行反接制动，会使电动机因过热而损坏。为了限制反接制动电流，对功率较大的电动机，必须在定子电路（鼠笼式异步电动机）或转子电路（绕线式电动机）中串入限流电阻。

反接制动的优点是：结构简单，容易实现，制动效果好。缺点是：由于转子的惯性转速与反相序磁场转速方向相反，相对转速很大，因此制动过程冲击强烈，容易损坏传动部件。

3. 反馈制动

反馈制动用于限制电动机的转速而不是停转。

反馈制动过程中电动机转子的转速 n 超过旋转磁场的转速 n_1，电动机作发电机运行，一般是由负载拖着电动机转动，经常发生在起重机下放重物、牵引机下坡行驶、多数电动机从高速调到低速时。转子产生的感应电动势和感应电流的方向与电动机运行方向相反，所产生的电磁转矩与转子旋转方向相反，如图 6-35 所示。此时产生的电磁转矩阻止电动机加速，起到限制转速的制动作用。电动机将负载送来的动能，转换为电能，返送给电网，所以称为反馈制动。

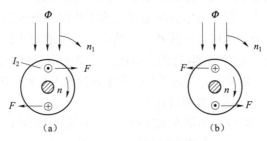

图 6-35 反馈制动原理

(a) 电动机运行，$n<n_1$；(b) 反馈制动（发动机运行）$n>n_1$

这种制动方式是电动机自身所具有的，不需要其他附加装置，应掌握这种制动原理。

6.6 三相异步电动机的缺相运行

三相异步电动机的缺相，分为以下两种情况。

一、启动前已缺一相

若在电动机启动前就缺一相，则电动机不能启动。因为当三相定子绕组中断开一相时，电动机内产生的磁场就不是旋转磁场，而是脉动磁场，没有启动转矩，电动机是不会启动的，只听到嗡嗡的响声。因转子静止不动，转子回路将感应出很大的电流，同时，定子绕组中也将产生很大的电流，时间久了就会烧毁电动机。因此，只要电动机接上电源后启动不了，就应立即切断电源，查明是否缺相，在没有恢复三相电源之前，不得再给电动机送电。

二、运行中断开一相

正在运行中的电动机，若一相断电时，电动机仍将继续转动。这是因为，虽然定子绕组产生的磁场为脉动磁场，但由于电动机原先在转动（$n \neq 0$），所以转子一直有电磁转矩的推动而继续按原方向旋转，称为三相异步电动机的缺相运行。

电动机在缺相运行的情况下，如果电动机上的负载仍和三相运行时一样，则电源对电动机的输入功率也基本不变。由于是缺相运行，另外两相的电流将明显增大，引起电动机的温度升高。如果长期在较重的负载下缺相运行，电动机将因过热而烧毁，这类事故是不少的。所以三相异步电动机一般不允许缺相运行。但缺相运行往往不易察觉，故对三相异步电动机应装设缺相保护设备，以便使电动机自动退出缺相运行，减少烧毁电动机事故的发生。

习 题

6-1 为什么变压器只能变换交流电压而不能变换直流电压？如把一台规定接在交流电压 220 V 上的变压器误接到了直流电压 220 V 上，会产生什么现象和后果？

6-2 一台铁芯变压器接在交流电源上是能正常工作的。有人为了减少变压器的铁损，把铁芯抽去，当再接上交流电源时，变压器很快被烧毁。这是为什么？

6-3 一台 220 V/110 V 的变压器，它的匝数比为 2。能否用它把 440 V 的电压降到 220 V？或把 220 V 的电压升高到 440 V？有人为了节省变压器绕组的导线，拟将该变压器改为原绕组 $N_1 = 2$ 匝，副绕组 $N_2 = 1$ 匝，这样是否可行？

6-4 一台单相变压器的额定容量 $S_N = 50 \text{ kV} \cdot \text{A}$，额定电压为 10 kV/230 V，空载电流 I_0 为额定电流的 3%，则空载电流应为多少？

6-5 有一台单相照明变压器，原、副绕组的额定电压 $U_{1N}/U_{2N} = 3\,300/220 \text{ V}$，额定容量 $S_N = 10 \text{ kV} \cdot \text{A}$。若在其副边连接的都是 220 V、60 W 的白炽灯泡。试求：

（1）能接多少个灯泡？

（2）原、副边的额定电流是多少？

6-6 将电阻 $R = 8$ 的扬声器接在变压器的副边，已知原边接入 $U_S = 12 \text{ V}$，$R_0 = 100 \text{ }\Omega$ 的信号源，变压器的变比 $K = 5$，试求：（1）扬声器的等效电阻；（2）信号源的输出功率；（3）直接将扬声器接到信号源时，信号源的输出功率；（4）比较（2）和（3）的结果，说明了什么？

6-7 拖动恒转矩负载运行的三相异步电动机，若电源电压降低，电动机的转矩、定子电流和转速有没有变化？如何变化？

6-8 绕线式异步电动机的转子三相滑环与电刷全部分开时，将定子绕组与三相电源接通时，转子能否转动起来？为什么？

6-9 额定功率均为 4 kW 的 Y112M-4 型和 Y160M-8 型三相异步电动机额定转速分别为 1 440 r/min 和 720 r/min，其额定转差率和额定转矩各为多少？并说明电动机的极数、转速和转矩三者之间的大小关系。

6-10 说明三相异步电动机的转差率为下列情况时电动机的运行状况。

（1）$s = 1$；（2）$0 < s < 1$；（3）$s = 0$；（4）$s > 1$；（5）$s < 0$。

6-11 某异步电动机，由空载到满载时其转差率 s 由 0.5% 变化到 4%。已知电源频率 $f_1 = 50 \text{ Hz}$，同步转速 $n_1 = 1\,000 \text{ r/min}$。试问电动机的转速以及转子电路的电动势（或电流）的频率是怎样变化的？

6-12 一台三相异步电动机的额定数据如下：功率为 2.2 kW，电压为 380 V/220 V，接法为Y/△，转速为 2 840 r/min，效率为 82%，功率因数为 0.86。试求：（1）在电源电压为 380 V 或 220 V 时，电动机应采用何种接线？（2）两种情况下，额定电流和额定转矩各为多少？

6-13 有一台三相六极异步电动机，接在电压为 380 V、频率为 50 Hz 的三相交流电源上。此时测得电动机相关参数如下：转差率为 0.04，输出转矩为 350 N·m，输入功率为 38.6 kW，电流为 68 A。求电动机的转速、功率因数、输出功率和效率。

6-14 一台 Y225M-6 型三相异步电动机的部分技术数据如下：

功率/kW	转速/(r·min^{-1})	电压/V	效率	功率因数	I_{st}/I_N	T_{max}/T_N	T_{st}/T_N
30	980	380	0.902	0.85	6.5	2.2	1.7

试求：（1）额定电流 I_N；（2）额定转差率 s_N；（3）额定电磁转矩 T_N；（4）启动转矩 T_{st} 和最大转矩 T_{max}。

6-15 一台三相异步电动机，额定功率 P_N=18 kW、额定电压 U_N=380 V、额定电流 I_N=34.6 A、电源频率 f_1=50 Hz、额定转速 n_N=1 450 r/min，采用△连接方法。求：

（1）这台电动机的磁极对数、同步转速 n_1。

（2）这台电动机可以采用Y-△方法启动吗？若 I_{st}/I_N=6.5，采用Y-△启动时，电动机的启动电流 I_{st} 为多少？

（3）如果该电动机的功率因数 $\cos\varphi$=0.87，求该电动机在额定输出时，输入的电功率 $P_入$ 及效率 η。

6-16 某三角形连接的鼠笼式异步电动机的技术数据如下：P_N=30 kW，U_N=380 V，n_N=970 r/min，效率 η_N=88%，I_N=56.8 A，频率 f=50 Hz，I_{st}/I_N=7，T_{st}/T_N=1.2，T_{max}/T_N=2.2。试求：（1）额定转差率 s_N、额定功率因数 $\cos\varphi_N$；（2）额定转矩 T_N、启动转矩 T_{st} 和最大转矩 T_{max}；（3）能否采用Y-△换接启动？Y-△换接启动时的启动转矩 T'_{st} 为多少？

6-17 某电动机的部分技术参数如下：P_N=30 kW，U_N=380 V，T_{st}/T_N=1.2，△接法。试问：（1）负载转矩为额定转矩的 70%和 30%时，电动机能否采用Y-△换接启动？（2）若采用自耦变压器降压启动，要求启动转矩等于额定转矩的 75%，则自耦变压器的副边电压是多少？

6-18 某异步电动机数据为：I_N=58 A、I_{st}/I_N=6.5、T_{st}/T_N=1.6，采用自耦变压器降压启动，要求电动机的启动转矩为额定转矩的 60%，求自耦变压器的变比和启动电流。

第 7 章

异步电动机的继电接触控制

由按钮、开关、接触器、继电器等有触点电器组成的控制电路,称为继电接触控制电路。利用继电接触控制电路,可以控制电动机的工作状态,如启动、启停、正反转、调速、自动往返和制动以及多台电动机协同动作等,也可以用于控制电热、照明等负载的通电、断电。利用继电接触控制可以提高生产效率和产品质量,有利于生产过程的自动化和远距离操作,因此继电接触控制在生产中得到广泛应用。

本章主要讨论交流异步电动机的继电接触控制系统,介绍几种常用的控制电器和一些基本的控制电路,为今后进一步学习无触点控制系统打下一定基础。

7.1 常用低压控制电器

常用的低压控制电器种类很多。按操作方式可分为手动电器和自动电器两类。手动电器(也称主令电器)是由操作人员用手操纵的。例如,各种手动开关、组合开关、控制按钮及星三角启动器等。而自动电器是按指令、信号或借助电磁力以及其他物理量的变化自动进行操作的。如接触器、熔断器及各种类型的继电器等。

一、手动电器

常用手动电器有刀开关、转换开关和控制按钮等。

1. 低压刀开关

低压刀开关(也称闸刀开关)是传统的手动电器设备,主要用作电源隔离开关,分断小容量的低压配电线,或者用来接通或切断小容量电动机。刀开关是手动电器中最常用、构造最简单的一种。它由闸刀刀片(动触点)、刀座、刀夹(静触点)、胶木盖等组成。

低压刀开关有多种分类方式,按闸刀的极数可分为单极、双极和三极等几种,常用的三极刀开关电路符号如图 7-1 所示。

选择刀开关时注意以下几点:

(1) 开关极数等于电源进线数。

(2) 开关的额定电压应大于或等于电源电压,额定电流应大于或等于控制设备的额定电流。常用的额定电压值为 500 V 和 250 V。额定电流则有很大范围的选择空间,小电流刀开关在 10~60 A,大

图 7-1 闸刀开关的图形符号和文字符号

电流刀开关在 100～1 500 A。

（3）安装刀开关时刀开关要装入开关箱内，竖立在墙体上。电源线应从上方接入，接在刀座（静触点）上方，负载线应接在刀片（动触点）下方。这样可以避免一些误动作。

2. 组合开关

组合开关又称转换开关，图 7-2 给出了三相组合开关的结构示意图（见图 7-2（a））和电路符号（见图 7-2（b））。它是一种结构更为紧凑、封闭更加良好的手动开关电器。其构造核心是内部有一根转动的方轴，轴上有三个动触片，当顺时针转动手柄 90°时方轴带动动触片旋转，使三个动触片插入对应的三个静触片中（静触片固定在外壳体上），使三对静触点接通。显然，逆时针转动手柄就能使动静触点分开，切断电路。每对静触点接在电源和负载之间。

组合开关作为用电设备的电源引入开关，也常用于不频繁直接启停的小型电动机上。如小型砂轮机、台钻或小型通风机等。

选择组合开关主要考虑极数和额定电流。极数分为单、双、三、四极几种，额定电流在 10～100 A。考虑到安全因素，当工作电流超过 100 A 时不易采用组合开关。另外，当用组合开关控制鼠笼式异步电动机（4 kW 以下）直接启停时，若操作频繁，开关的额定电流也应选大些，一般取电动机额定电流的 1.5～2.5 倍。

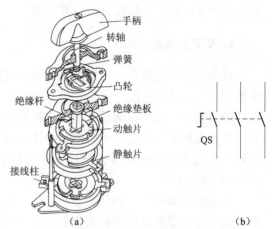

图 7-2 组合开关的结构和图形符号

3. 按钮

按钮是一种结构简单、操作方便的机床等设备中最常用的一种手动开关。它主要用于短时接通或断开电流较小的控制电路，如用于接通或断开接触器的吸引线圈等。图 7-3（a）是按钮结构示意图，图 7-3（b）是按钮的电路符号。

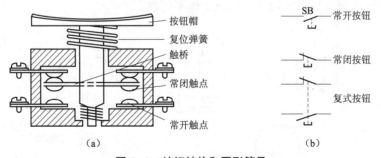

图 7-3 按钮结构和图形符号

从图 7-3（a）可以看出，当不触摸按钮时，触桥在复位弹簧作用下与上面一对静触点相接触，称为常闭触点，而下面的一对静触点这时处于断开状态，称为常开触点；当用力按下按钮时，触桥随着推杆一起往下移动，直至和下面一对静触点接触，于是常闭触点断开、常开触点闭合。在松开（释放）按钮时，复位弹簧使触桥复位，此时常开触点恢复开断状态，常闭触点恢复闭合状态。由于不可能长时间按下按钮，所以按钮的主要作用是在较短的时间内发出"接通"或"断开"信号。

所谓"常开""常闭"触点，是以电器未动作、无电压和无外力作用下触点所处的状态来命名的。此外还应注意到，一般电器在外力作用下动作时，常闭触点先断开，常开触点后闭合；外力消失后，常开触点先断开，常闭触点后闭合。它们存在很小的时间差。这对分析一些控制电路的详细过程十分重要。

二、自动电器

按照指令、信号或某个物理量发生变化而自动动作的电器称为自动电器。常用的自动电器有各种继电器、接触器和行程开关等。

1. 交流接触器（KM）

接触器是一种依靠电磁铁的电磁吸力使触点闭合或断开的电磁开关。它用来控制电动机或其他电气设备主电路的通断。图7-4（a）为接触器的结构示意图，它主要由电磁系统和触点系统两部分组成。电磁系统主要包括静铁芯、动铁芯（衔铁）和吸引线圈，而触点系统可分为静触点和动触点。吸引线圈和静铁芯与外壳固定为一体，为不动部分，动铁芯在电磁力作用下可处于吸合或断开状态，它存在机械运动。接触器的吸引线圈及触点的电路符号如图7-4（b）所示。

交流接触器的动作原理如下：当按下按钮时，吸引线圈通电，铁芯线圈产生电磁吸力，使动铁芯克服弹簧反力而被吸合，由于动触点通过绝缘框架固定在动铁芯上，因此动铁芯带动三对动触点与三对静触点接触，接通三条主电路。释放按钮时，接触器吸引线圈断电，吸力消失，动铁芯在恢复弹簧作用下与静铁芯分离，切断三条主电路。

接触器的触点还可分成主触点和辅助触点，主触点用来通断主电路中的大电流，而辅助触点用来通断控制电路中的小电流，进而达到所需的控制要求。CJ10系列交流接触器通常有三对常开主触点，有两对常开和两对常闭辅助触点。另外，工作电流较大的接触器还装有专门的灭弧装置，这是因为交流接触器在切断大电流时，触点间会产生电弧。电弧不仅使切断电路的时间延长，而且易烧坏触点，造成工作不可靠。

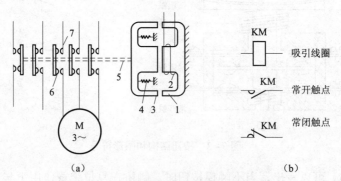

图7-4 交流接触器结构示意图和电路符号

1—静铁芯；2—吸引线圈；3—衔铁；4—弹簧；5—绝缘杆；6—动触点；7—静触点

选择接触器的原则是首先根据电动机的额定电压和电流确定接触器的额定电压和电流。

其次根据控制电路的需要确定主触点和辅助触点的对数。CJ10 系列交流接触器的主触点额定电流范围为 5~150 A，而辅助触点的额定电流一般都为 5 A。

需要指出的是在直流控制系统中要用专门的直流接触器。

2. 熔断器（FU）

熔断器（俗名保险丝）是电路中最常用的简便而有效的短路保护电器。熔断器有插入式、管式、螺旋式等多种类型，虽然它们结构不同，但都有熔断器的核心部分——熔体。熔体常用低熔点的合金材料制成。使用时，熔断器要串联在电源与负载之间。在电路发生短路或严重过载时，通过熔体的电流超过一定值，熔体将立即熔断以切断电源，从而保护电源和电气设备。熔断器的保护特性具有反时限特性（也称安秒特性），即通过的短路电流或过载电流越大，保护动作的时间越短，熔断时间与电流的平方成反比关系。熔断器的电路符号如图 7-5 所示。

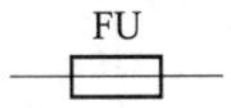

图 7-5 熔断器的电路符号

选择低压熔断器主要考虑两个参数：一是额定电压，其值应大于或等于负载线路的额定电压。二是额定电流。对于无启动过程的电热设备和照明线路（包括无冲击电流的负载），熔体的额定电流 I_{FUN} 应等于或稍大于负载的额定电流 I_L，即

$$I_{FUN} \geq I_L \tag{7-1}$$

对于有冲击电流的负载，例如，异步电动机，熔断器的选择则必须以防止电动机因启动电流而将熔体烧断为原则。熔断器用于保护长期运行的单台电动机时

$$I_{FUN} \geq (1.5 \sim 2.5) I_L \tag{7-2}$$

用于保护频繁启动的电动机时

$$I_{FUN} \geq (3 \sim 3.5) I_L \tag{7-3}$$

熔体的额定电流有 2~200 A 等数十种。

3. 热继电器（FR）

电动机在运行过程中会出现过载情况，若长时间过载，绕组温升超过允许值时，将造成绕组绝缘老化速度加快，缩短电动机的使用寿命，严重过载时甚至烧毁绕组。热继电器就是利用负载电流流过时产生的热效应使触点断开的一种保护电器，主要对电动机等进行过载保护。图 7-6 是一种热继电器的结构原理图和电路符号。

热继电器的动作原理如下：使用热继电器时要将它与负载串联，负载电流要流经发热元件 1。当负载电流小于等于额定电流时，由于产生的热量较小，双金属片几乎不发生弯曲，热继电器的常闭触点不动作。当负载电流超过额定电流时（指过载时），发热元件 1 产生的热量使双金属片 2 的自由端受热而不断向左弯曲（左侧金属膨胀系数小，右侧金属膨胀系数大）。推动导板 5 向左移动，并带动杠杆 6 沿顺时针方向偏转，凸盘 10 脱扣，弹簧 4 使凸盘顺时针转动，常闭触点 8 断开。此常闭触点的断开可使电动机停止运行。要使常闭触点 8 重新闭合，需要在双金属片降温之后，按下复位按钮 11 即可。有些热继电器的常闭触点可以自动复位。

用热继电器保护电动机过载时，应将热继电器的动作电流（称为整定电流）整定为电动机的额定电流。动作电流由调节旋钮 12 进行调节，调节范围为热继电器额定电流的 66%~100%。动作电流是指发热元件通过的电流超过此值的 20%时，热继电器应在 20 min 内动作。

一般过载电流超过动作电流的 1.2～1.6 倍时，热继电器动作，因此，热继电器只能保护过载，不能保护短路。

选择热继电器的主要技术数据是动作电流，其值一般在 2～200 A。

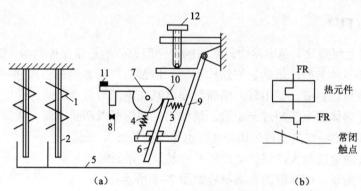

图 7-6　热继电器结构原理图和电路符号

1—发热元件；2—双金属片；3，4—弹簧；5—导板；6—杠杆；7—轴；8—常闭触点；
9—推杆；10—凸盘；11—复位按钮；12—调节旋钮

三、电气图形符号与文字符号

设计、分析、维护继电接触控制电路，一般都要用到电气原理图。所以工程技术人员必须掌握有关规定和了解电气原理图的绘制原则。

电气原理图是用规定的电气图形符号和文字符号（采用国标 GB 4728—1985 图形符号和文字符号）来标记和绘制。原理图完整地反映了整个电路中电器与电器连接的关系，对分析整个电路的工作原理、电器动作过程、判断故障位置等十分重要。电气原理图一般分为主电路（又称动力电路）和辅助电路（又称控制和信号电路）。主电路是完成主要功能的电气线路，如电动机、启动电器以及与它们相连接的接触器的触点等的连接线路，主电路中一般有大电流流过。辅助电路是指用来连接完成辅助功能的电气线路，如控制、检测、指令、保护、报警、照明等功能，辅助电路的主要任务是完成各种控制和显示功能，一般流动电流较小（一般为 5 A 以下）。

绘制电气原理图的一般规定是：

(1) 主电路要用粗实线绘制，常画于左方（或上方）。辅助电路用细实线画于右方（或下方）。

(2) 所有电器必须按规定的图形符号绘制，同一电器上的不同部分可分别画在不同的位置上，但为了表明是同一电器，需用相同的文字符号标示。

(3) 辅助电路基本上按动作的先后顺序自上而下（或自左而右）平行绘制。

(4) 图形符号标示的是在未动作、无电压和无外力作用下的状态。

7.2　电气控制的基本控制电路及保护电路

机械设备的动作要求各不相同，对电力拖动控制系统的要求也不相同。任何复杂的控制电路都是由一些简单的基本控制环节组成的。所以下面介绍几种常用的基本控制电路，以达到分析、设计、维护电力拖动控制系统的目的。

一、点动控制

点动控制就是按下按钮时（短时间）电动机转动，松开时电动机就停转。许多生产机械调整试车或运行时要求电动机做到点动控制，如摇臂钻床立柱的放松和夹紧、起重机吊钩、小车和大车运行的操作控制等均是点动控制。

点动控制电路如图 7-7 所示。它由电动机、交流接触器、刀开关、按钮等组成，其主电路是：三相电源→开关 QS→熔断器 FU→接触器主触点 KM→电动机三相定子绕组。控制电路（辅助电路）是：1 点→启动按钮 SB→接触器吸引线圈 KM→2 点。

其控制过程是：闭合电源刀开关 QS，按下启动按钮 SB，接触器 KM 吸引线圈带电，常开主触点 KM 闭合，电动机通电运行；松开按钮，接触器 KM 线圈断电，其衔铁复位，KM 常开主触点断开，电动机断电停转。

主电路用三相 50 Hz、380 V 的电源供电；三相刀开关 QS 用以隔离电源；熔断器 FU 起短路保护作用。

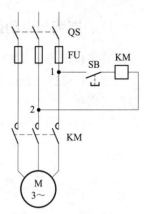

图 7-7 点动控制电路

二、直接启停控制

对鼠笼式异步电动机进行直接启动、停止控制时，可采用直接启停控制。图 7-8 是最常用的直接启停控制电路。与图 7-7 点动控制电路相比，增加了热继电器、停止按钮 SB1，并在启动按钮 SB2 两端并联上接触器的常开辅助触点 KM。

其控制过程是：先合上刀开关 QS，接通电源，按下启动按钮 SB$_2$，接触器 KM 吸引线圈带电，接触器主触点闭合，电动机带电旋转。与此同时，接触器 KM 辅助触点闭合，旁路了启动按钮 SB$_2$，因此松开启动按钮后，接触器吸引线圈仍然带电，使电动机连续运行。KM 常开辅助触点在这里起着保持吸引线圈带电的作用，称为自锁，该并联辅助常开触点也称为自锁触点。自锁作用保证了释放按钮后电动机仍能够连续运行。要使电动机停止转动，按下停止按钮 SB$_1$，接触器 KM 吸引线圈失电，接触器主触点断开，电动机断电停转。同时，辅助常开触点断开，所以松开停止按钮后控制电路仍为断电状态，电动机保持停转。

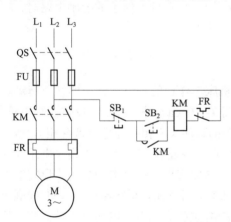

图 7-8 鼠笼式异步电动机直接启停控制电路

该控制电路除具有短路、过载保护之外，还具有失压（零压）、欠压保护作用。当电源暂时停电或电源电压偏低（欠压）时，接触器 KM 吸引线圈产生的吸力为零或不足，衔铁释放，使接触器主触点断开，电动机自动失电而停车。当电源电压恢复时，如果不重新按下启动按钮 SB$_2$，电动机不能自行启动（因为自锁触点已经断开）。如果电动机是直接用三相刀开关控制的，电源暂时停电又未及时拉断开关，当电源电压恢复时，电动机便自行启动，可能会造成事故。因此，这一点是继电接触控制的优点。

三、连续与点动控制

许多机床设备要求主电动机既能连续工作,又能点动控制。只要在电动机启停控制电路的基础上,将自锁触点支路串联上一个手动开关 SA 即可。当需要自锁连续工作时,将 SA 闭合;当需要点动控制时,将 SA 打开,切断自锁电路,就成为如图 7-9(a)所示的最简单的连续与点动控制电路。这种控制电路的缺点是操作时需记住开关 SA 的位置。

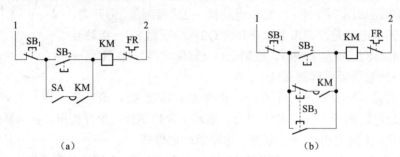

图 7-9 连续与点动控制电路

图 7-9(b)中的控制电路是在直接启停控制电路的基础上,增加了一个复式按钮 SB_3 来达到连续与点动控制的目的。按钮 SB_2 是连续工作按钮,而按钮 SB_3 是专门的点动按钮。按下 SB_3 时,它的常闭触点首先断开,切断了自锁电路,紧接着常开触点闭合,使电动机开始点动运行;一旦松开点动按钮 SB_3,它的常开触点首先断开,使接触器 KM 吸引线圈断电,主触点断开,电动机因断电停止转动,同时接触器自锁触点复原断开,而后 SB_3 的常闭触点才复原闭合,电路点动完毕。需要强调的一点是,在采用图 7-9(b)所示的控制电路时,控制电路中的交流接触器必须动作灵敏,否则点动操作不灵敏。

四、正、反转控制

很多生产机械要求有正、反两个方向的运动,如机床工作台的进退、刨床的往复运动、起重机的升降等都是由电动机的正、反转来实现的。图 7-10(a)是一种正、反转控制电路。根据三相异步电动机的工作原理,只需改变电动机电源的相序(三相中任意对调两相),就可以改变电动机的转向。所以主电路中有两个接触器主触点,接触器 KM_1 保证正相序电压加在电动机上,接触器 KM_2 保证负相序电压加在电动机上,从而实现了控制电动机正、反转的目的。该电路的控制过程是:闭合电源刀开关 QS,按下正转按钮 SB_2,正转接触器 KM_1 线圈带电,辅助常开触点 KM_1 闭合,按钮 SB_2 自锁;同时,KM_1 主触点闭合,电动机正转。应该注意到,正转接触器 KM_1 的另一辅助常闭触点串接在反转接触器 KM_2 的线圈支路中,当 KM_1 带电动作后,就切断了 KM_2 线圈电路,使 KM_2 不可能动作。按下停止按钮 SB_1,电动机停止运行。需要反转时,按下反转按钮 SB_3,反转接触器 KM_2 线圈带电,KM_2 的辅助常开触点闭合自锁,同时,KM_2 主触点闭合,电动机带电反转。KM_2 的辅助常闭触点打开,切断了 KM_1 线圈电路,使正转接触器 KM_1 不可能动作。

由于图 7-10(a)中接入了 KM_1、KM_2 的常闭触点,保证了在误操作时(如同时按下 SB_2 和 SB_3),两个接触器不会同时带电,避免了电源短路事故的发生。接触器 KM_1、KM_2 的两个辅助常闭触点就是为此目的而设置的,称为联锁触点(或互锁触点)。其作用就是当正转控制电路工作时反转控制电路绝对不能工作，反之亦然。

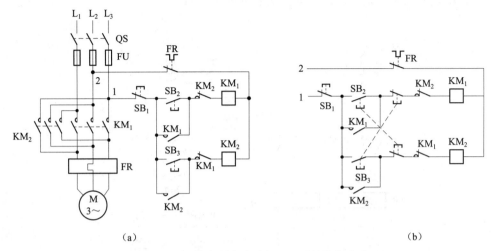

图 7-10 鼠笼式异步电动机正、反转控制电路
(a) 正、反转控制电路；(b) 双重联锁的正、反转控制电路

图 7-10 (b) 的电路又增加了复式按钮的机械联锁，即将两个启动按钮的常闭触点分别串联到另一个接触器线圈的控制支路中。电路提供了机械的和电器的双重联锁，制约更为可靠。该电路的另一个特点是当电动机正在正转时，如需电动机反转，可直接按下反转按钮 SB_3，电动机就可以直接反转，而不必像图 7-10 (a) 电路那样，先按停止按钮 SB_1，再按反转按钮 SB_3。实际工作中一般要根据电动机所带动的生产设备要求，合理选择两图之一。图 7-11 (a) 是图 7-10 (a) 对应的状态转换图，图 7-11 (b) 是图 7-10 (b) 对应的状态转换图。

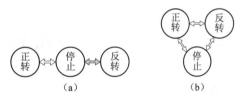

图 7-11 正、反转状态转换图

五、顺序控制

有些生产机械要求几台电动机按顺序工作。主要有按顺序启动、按顺序停止、不同时工作等。例如，车床主轴电动机必须在润滑油泵电动机工作后才能启动。按照一定时间顺序依次接通或断开多台电动机控制电路称为顺序控制。图 7-12 所示是两台异步电动机 1M 和 2M 的顺序控制电路。

该电路的控制过程是：接通 QS，按下 SB_2，KM_1 带电，1M 启动、运行；按下 SB_4，KM_2 带电，使 2M 运行。显然此电路的控制要求是 1M 启动后，2M 才能启动。如果接通 QS 后，直接按下 SB_4，由于此时按钮 SB_2 和它的 KM_1 自锁触点均为断开状态，KM_2 不会带电。所以 2M 不会超越 1M 先启动。

此控制电路在过载、短路和失压保护基础上，还具有避免误操作造成事故的功能。需要指出的是，两个热继电器的常闭触点 FR_1、FR_2 串接在两个并联控制电路的公共电路中，一旦两台电动机中任何一台过载动作，两台电动机同时断电。

图 7-12 (b) 是另一种常用的顺序控制电路（读者可参照图 7-12 (a) 自行分析）。它主

要是将第一个接触器的另一个常开辅助触点串联在接触器 KM_2 线圈的线路中,达到顺序控制的目的。采用这种控制方式可以轻松地实现多重顺序控制。

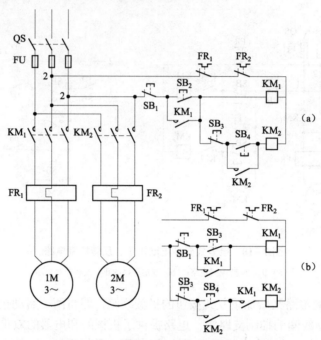

图 7-12 两台异步电动机的顺序控制电路

7.3 行程控制

在实际工作中,常常需要控制某些机械的行程和限位。例如,建筑工地上的塔式起重机,要在其铁轨的两端设置极限位置控制装置,以防起重机跑出轨道,发生倾倒事故。行程控制就是以行程为信号接通或断开某些线路,实现控制目的。行程信号一般由行程开关发出,它是行程控制的关键电器。

一、行程开关

行程开关又称位置开关,是实现位置控制、行程控制、限位保护和程序控制的自动电器,它的作用与按钮开关的相同,都是对控制电路发出接通、断开或信号转换等指令的电器。区别只是其触点的动作不是靠手指按动来完成,而是利用生产机械某些运动部件的碰撞或接触使其触点动作,达到控制要求。

各种系列行程开关的基本结构类似,触点系统相同。区别仅在于使位置开关动作的传动装置不同。一般有旋转式、按钮式等几种。图 7-13(a)

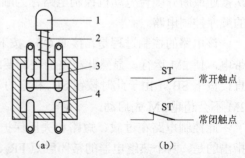

图 7-13 行程开关结构示意图和电路符号
1—推杆;2—恢复弹簧;3—常闭触点;4—常开触点

是按钮式位置开关结构示意图。当预装在生产机械运动部件上的挡铁撞到推杆 1 时，使固定在推杆 1 上的常闭触点 3 断开，常开触点 4 闭合，从而起到切换电路的作用。当挡铁离开推杆 1 时，依靠恢复弹簧使推杆和触点复位。行程开关的电路符号如图 7-13（b）所示。

二、行程控制

图 7-14 所示电路是一种典型的行程控制电路，它可使跑车只工作在规定的行程范围内。其控制过程是：预先闭合 QS 开关，按下前进启动按钮 SB_2，接触器 KM_1 线圈带电，KM_1 主触点闭合，电动机正转启动，跑车向前运行；当跑车运行到终端位置时，跑车上的挡铁碰撞行程开关 ST_1，使 ST_1 的常闭触点断开，接触器 KM_1 线圈断电，电动机断电，跑车停止运行。此时，即使再按下前进启动按钮 SB_2，接触器 KM_1 的线圈也不会带电，保证了跑车不会超过 ST_1 所在位置。跑车后退时的情况与前进时的完全相同，请读者自行分析。

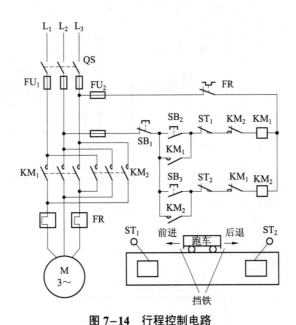

图 7-14 行程控制电路

三、自动往返位置控制

有些生产机械如铣床，要求工作台在一定距离内能连续自动往返，以便连续加工工件。图 7-15 为铣床工作台往返运动的示意图和控制电路图，行程开关 ST_1、ST_2 分别固定在铣床床身上，确定铣床工作台往返距离。挡铁 A、B 可调节地固定在工作台上，随着工作台的移动，可分别压下位置开关 ST_1、ST_2，改变控制电路的通断状态，以实现往返运动。

从图 7-15 可以看出，实现工作台自动往返的关键是行程开关的两对常开、常闭触点，它们的通断与工作台左右移动相对应。当工作台运动到所限位置时，行程开关动作，自动切换电动机正、反转控制电路，通过机械传动机构，使工作台自动往返运动。

行程开关 ST_3、ST_4 的作用是实现位置极限保护。它们安装在 ST_1、ST_2 的外侧。由于 ST_1、ST_2 连续工作，ST_1 和 ST_2 就容易失灵，从电路可见，当 ST_1 和 ST_2 失灵时，电动机继续通电，工作台继续前进，就会引发事故。ST_3 和 ST_4 的常闭触点与停止按钮 SB_1 串联，作用是在 ST_1 或 ST_2 失灵时使工作台停止在左或右端极限位置。这类控制电路如果发生运行时自动停车现象时，只要电源带电一般就可判断为 ST_1 和 ST_2 失灵，要对 ST_1 或 ST_2 进行检修。只有将行程开关 ST_1 或 ST_2 修好后，工作台才能重新工作。若分别将 ST_3 常闭触点与 KM_1 线圈串联，ST_4 常闭触点与 KM_2 线圈串联，控制功能就有所改变。例如 ST_1 失灵，挡铁 A 继续前进一点碰撞 ST_3，工作台停在左端极限位置。此时，如果按下向右启动按钮 SB_3，则工作台可以从左端极限位置向右运动，方便维修。但应注意，不能以 ST_3 取代 ST_1 继续工作，因为一旦 ST_3 再失灵，则工作台将越过左端极限位置而造成事故。

控制电路的动作原理，请自行分析。

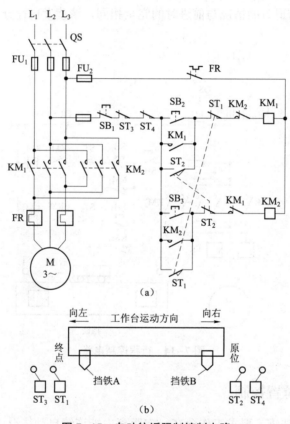

图 7-15 自动往返限制控制电路
(a) 控制电路；(b) 工作台往返运动示意图

7.4 时 间 控 制

在自动控制系统中常常需要定时控制。如两台电动机按一定时间间隔工作、定时爆破等。定时的长短控制是由时间继电器完成的。时间继电器就是按照所需时间间隔，来自动接通或断开控制电路的自动电器。

一、时间继电器（KT）

时间继电器的种类很多，有电磁式、电动式、钟表式、空气阻尼式及电子式等。这里只介绍自动控制电路中应用较为普遍的空气阻尼式（气囊式）时间继电器。它是在接收到动作指令后，利用空气的阻尼作用，使触点延时一段时间（控制时间）闭合或打开，完成控制时间间隔的自动控制电器。时间继电器根据触点延时的特点，可以分为通电延时动作和断电延时复位两种。时间继电器还可以配置无延时的瞬时动作触点。

图 7-16 为通电延时的空气阻尼式时间继电器原理图。其动作过程是：当线圈 1 带电时，动铁芯 2 迅速吸合，固定在动铁芯上的托板向下运动，使下方的微动开关 13 瞬时动作，即触点 DE 立即断开（称为瞬时断开的常闭触点），触点 DF 立即闭合(称为瞬时闭合的常开触点)，在释放弹簧 4 作用下活塞杆 3 开始向下移动，进气口 7 不断进气使活塞杆 3 缓慢下移（进气口进气量决定了延迟时间，进气的快慢可通过调节螺钉 10 来调整），当活塞杆经过一定时间移动到底部时，带动杠杆 8 撞压微动开关 9，使触点 AB 闭合（称为延时闭合常开触点）、触点 AC 断开（称为延时断开常闭触点）。可见触点 AB、AC 是在时间继电器的吸引线圈带电后经过一定时间延时接通或断开的，所以称为通

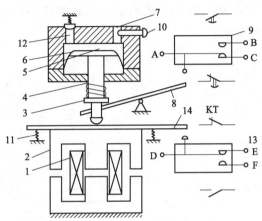

图 7-16　通电延时的空气阻尼式时间继电器

1—线圈；2—动铁芯；3—活塞杆；4，11—弹簧；5—气室；
6—橡皮膜；7—进气口；8—杠杆；9，13—微动开关；
10—螺钉；12—单向阀；14—托板

电延时时间继电器。当线圈 1 断电时，在恢复弹簧 11 作用下，通过活塞杆 3 将迅速上移，气室内的空气绝大部分通过单向阀 12 迅速排掉，使得微动开关 9 和 13 瞬间复位。即此种时间继电器在断电时没有延时过程。

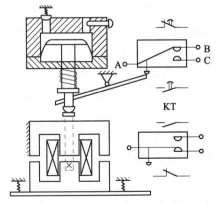

图 7-17　断电延时的空气阻尼式时间继电器

图 7-17 是断电延时型的时间继电器。通过前面分析不难理解其主要动作特点是当线圈带电时，所有触点瞬时动作，没有延时；当线圈断电时，瞬时触点立刻复位，延时触点延时复位。触点 AB 是延时闭合的常闭触点，触点 AC 是延时断开的常开触点。断电延时与通电延时两种时间继电器经过简单重新安装后可以互换。但要注意它们的功能是截然不同的，使用时不可互换。

时间继电器的电气符号如图 7-16 和图 7-17 中所示。需要指出的是还可以制成通电、断电都延时的时间继电器。

二、时间控制实例

1. 鼠笼式异步电动机Y-△启动控制电路

图 7-18 为采用通电延时时间继电器控制的鼠笼式异步电动机Y-△换接降压启动控制电路。图中交流接触器用于电动机的启、停控制，KM_Y和$KM_△$分别用于控制电动机的Y形和△形运行，时间继电器 KT 的常闭延时断开触点控制 KM_Y、$KM_△$和 KM，完成Y-△换接过程。根据Y-△换接降压启动原理可知，接触器 KM_Y只在启动阶段短时工作；接触器 $KM_△$在电动机启动后长时间工作；而接触器 KM 要全程工作。其工作过程请读者自行分析。

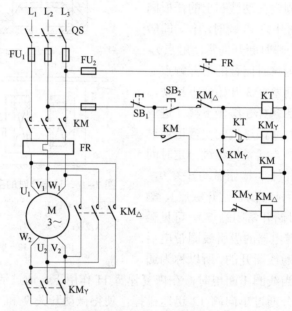

图 7-18 鼠笼式异步电动机Y-△换接降压启动控制电路

需要指出的是图 7-18 中接触器 $KM_△$的常闭触点的作用。接入该触点具有防止、避免意外事故发生的功能。一种情况是在电动机正常运行时，如果有人误操作按动启动按钮 SB_2，因 $KM_△$已经带电吸合，$KM_△$的常闭触点已经断开，能防止接触器 KM_Y线圈通电动作，不致造成电源短路；另一种情况是电动机停车后，由于某种原因造成接触器 $KM_△$的主触点焊住或机械故障卡住，常开触点始终闭合，如果此时按动 SB_2，由于设置了接触器 $KM_△$的常闭辅助触点，电动机不启动，避免了电源短路事故。

大容量电动机经常采用Y-△启动方式。一些成熟的启动线路已成为定型产品，图 7-19 为QX3—13 型Y-△自动启动器的控制电路图。其工作过程可根据前面内容自行分析。

2. 鼠笼式异步电动机能耗制动控制电路

异步电动机实现能耗制动的过程是在先切断电动机的三相交流电源的同时，立即在定子绕组中串入一定大小的直流电源，待电动机制动停转后，及时切除直流电源。

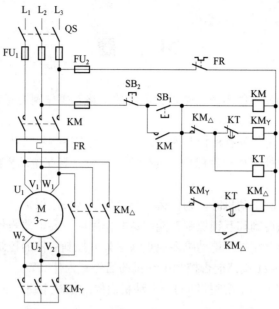

图 7-19 QX3—13 型 Y-△ 自动启动器控制电路图

图 7-20 是一种能耗制动控制电路。由图可见,直流电源是通过整流变压器 T 降压后,由桥式整流电路 VC(整流电路就是将交流电转换成直流电的装置,在本书的半导体二极管部分将进行讨论)整流获得的。控制电路使用了断电延时的时间继电器 KT 的一个延时断开的常开触点。制动时,控制电路的动作过程如下:

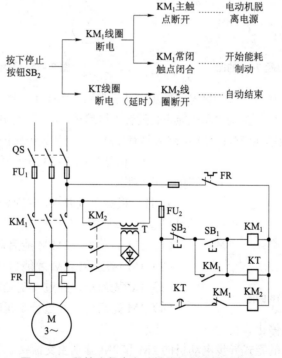

图 7-20 鼠笼式异步电动机能耗制动控制电路

习 题

7-1 闸刀开关为何不能用于切断较大电流的电路？操作闸刀开关时动作应当迅速还是缓慢？为什么？

7-2 熔断器只能用作何种保护？为什么一般不允许用铜丝代替熔丝？

7-3 热继电器只能用作何种保护？为什么？一般只需在电动机的两根进线中装上热继电器，为什么？

7-4 用接触器控制电动机时，为什么它兼有欠压或失压保护作用？

7-5 什么是自锁控制和互锁控制？能起这些作用的主要电器是什么？

7-6 试画出一台三相异步电动机多地点（三处）控制启停的控制电路。

7-7 试分析图 7-21 电路能否控制电动机的启停？为什么？

7-8 图 7-22 是甲、乙两地控制同一电动机启停的控制电路，图中有一些错误之处，指出并改正。

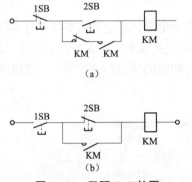

图 7-21 习题 7-7 的图

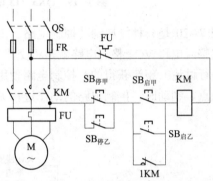

图 7-22 习题 7-8 的图

7-9 某机床主轴由一台三相鼠笼式异步电动机带动，且具有一台三相鼠笼式异步电动机带动的润滑油泵。要求：(1) 主轴电动机能正、反转直接启动；(2) 主轴电动机必须在油泵电动机启动后才能启动，并能单独停车；(3) 电路应具有短路、过载和欠压保护。试画出其控制电路图。

7-10 试分析图 7-23 所示两台电动机的时间控制电路的工作过程。

7-11 根据下列要求，分别画出控制电路（1M 和 2M 都是可直接启动的三相鼠笼式异步电动机）。

(1) 1M 启动后，2M 才能启动，2M 并能单独停车；

(2) 1M 启动后，2M 才能启动，2M 并能点动；

(3) 1M 先启动，经过一定延时后，2M 能自行启动；

(4) 1M 先启动，经过一定延时后，2M 能自行启动，2M 启动后，1M 才能停止。

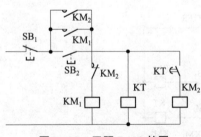

图 7-23 习题 7-10 的图

7-12 两台三相鼠笼式异步电动机的 1M 和 2M 分别由交流接触器 KM_1 和 KM_2 来控制。要求按先 1M 后 2M 的次序启动，按先 2M 后 1M 次序停车。试画出控制电路。

第8章

半导体二极管和直流稳压电源

通常，电网供给的是交流电，但在工农业生产和科学实验中，特别是电子电路中经常需要直流电源供电，这就需要用整流电路把交流电转换成直流电。

整流电路中的整流元件，以前用电子管和离子管，从20世纪60年代起已普遍采用半导体二极管。

半导体二极管内部的PN结具有单向导电性，因而能用作整流元件。有关半导体的理论，物理学中做过介绍，本章只作扼要复习，而主要讲述半导体二极管和稳压管的结构、伏安特性和主要参数以及整流电路的工作原理、分析计算，最后简略介绍稳压管稳压电路。半导体二极管还广泛用于传递和处理信号的电路中，其作用将在讲述有关电路时予以介绍。

8.1 半导体的导电机理

物质按导电能力可分为导体、绝缘体和半导体。半导体的导电能力介于导体和绝缘体之间，常用的半导体，如硅和锗，属于四价元素，即其原子的最外层轨道上有四个电子。硅和锗为单晶体结构，原子排列非常整齐，且每个原子的四个价电子各为相邻的四个原子所分别共有，如图8-1所示。原子间的这种结合叫作共价键结构。在环境温度较高或受强光的照射时，共价键中的束缚电子，有的吸收一定能量而冲破键的束缚，成为自由电子，这个过程叫作激发。被冲破的键，失去一个电子，就在键中出现一个电子的空位，通常把它叫作空穴。空穴是共价键失去电子的结果，呈正电性。一个共价键中出现的空穴，很容易吸引附近另一共价键中的电子，填充原来空位，从而又在移出电子的键中出现空穴，如此连续进行，表现为空穴的移动，即相当于正电荷的移动。如有外电场作用，由激发产生的自由电子将逆着电场方向运动，而空穴则顺着电场方向连续移动，前者形成电子电流，后者形成空穴电流，两者方向相反，所带电荷符号也相反，但电流效应相同。可见，半导体中的电流是电子流和空穴流的总和。电子和空穴统称为半导体中的载流子。

在半导体中，如果自由电子同空穴相遇，可能释放出吸收的能量而填充到空穴中去，这个过程叫作复合。激发与复合运动在不停地进行着，当外部环境条件不变时它们处于动态平衡状态。

在结构完整和高度纯净的半导体中，电子和空穴总是成对出现的，这样的半导体叫作本征半导体。在室温条件下，本征半导体的载流子数量很少，其导电性能远比导体差。

如在纯净的硅中掺入微量三价硼（或铟等）元素，在硼原子（B）与周围四个硅原子（Si）

组成的共价键结构中,因硼原子只有三个价电子,因而出现空穴(参见图8-2),从而使空穴的数目相应增加(其数量与掺入的三价硼原子有关)。由于温度等造成的激发活动仍然存在,半导体中存在极少的自由电子。由于半导体中多数载流子空穴的数量远远超过少数载流子电子的数量,这种半导体主要靠空穴导电,叫作空穴型半导体,又称 P 型半导体。需要指出,虽然掺入的三价元素造成了空穴数量增加,但并不使半导体带电,即半导体对外仍呈电中性。

图 8-1 单晶硅中共价键结构及电子空穴对的产生

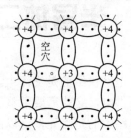
图 8-2 单晶硅中掺入硼元素出现空穴

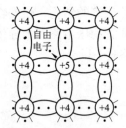
图 8-3 单晶硅中掺入磷元素出现自由电子

如果在硅中掺入微量的五价元素磷(或砷等),则在磷原子(P)与周围四个硅原子组成的共价键结构中,因磷原子有五个价电子,因而多出一个电子(参见图8-3),从而使自由电子的数目相应增加(其数量与掺入的五价磷原子有关),激发产生的空穴仍然极少。由于半导体中多数载流子电子的数量远远超过少数载流子空穴的数量,这种半导体主要靠电子导电,叫作电子型半导体,又称 N 型半导体。同样,自由电子数目的增加,并不改变半导体的电中性。

上述两种掺杂半导体中的多数载流子浓度,基本取决于掺杂浓度,而少数载流子浓度受温度影响最大,温度升高,浓度增大。

8.2 PN 结及其单向导电性

通过工艺处理所形成的 P 型、N 型半导体,虽然在导电能力方面比本征半导体有明显提高,但单独的 P 型、N 型半导体没有实际应用意义。半导体的 PN 结才是半导体器件最重要的组成部分。通过一定的掺杂工艺将一块本征半导体晶片分成两部分,制成 P 型和 N 型半导体,在它们的交界处就形成 PN 结。

一、PN 结的形成

当 P 型和 N 型半导体共处一体后,在其交界面的两侧,P 型区的空穴(多子)浓度远远大于 N 型区空穴(少子)的浓度,导致空穴从 P 型区向 N 型区扩散。扩散中遇到自由电子复合消失,同理,N 型区的自由电子(多子)也要向 P 型区扩散,遇到空穴也复合消失。扩散结果将使 P 型区和 N 型区原来的电中性条件被破坏。随着扩散和复合的进行,P 型区失去空穴留下不能移动的带负电的三价硼离子,而 N 型区失去电子,留下带正电的五价磷离子。于是,在交界面两侧分别形成了不能移动的带负、正电荷的区域,这是很薄的空间电荷区,如图 8-4 所示。该空间电荷区称为 PN 结,亦称为耗尽层。显然,耗尽层中没有导电的载流子,且呈现高阻状态。

因 PN 结中正负离子不能移动，故必然形成一个电场，方向从 N 型区指向 P 型区。这是由于半导体内部的载流子扩散运动而形成的，所以称为内电场。随着扩散运动的进行，空间电荷区厚度增加，内电场逐渐增强，进而阻碍 P 型区空穴向 N 型区扩散和 N 型区电子向 P 型区扩散，使得扩散运动减弱，故空间电荷区亦称为阻挡层。同时，由于内电场的存在，促使 N 型区的少数载流子空穴向 P 型区运动和 P 型区的少数载流子自由电子向 N 型区运动得到加强，这种少数载流子在内电场作用下的运动称为漂移运动。刚开始时，空间电荷区较薄，内电场较弱，多数载流子的扩散运动较强；但随着扩散的进行，

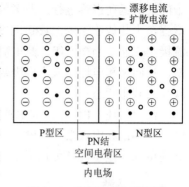

图 8-4 空间电荷区的形成

空间电荷区的厚度增加，内电场逐渐增强，扩散运动减弱，少数载流子的漂移运动加强，最终导致载流子的扩散运动与漂移运动达到动态平衡。即从 N 型区扩散到 P 型区的自由电子数目与从 P 型区漂移到 N 型区的自由电子数目相等，通过交界面的净载流子数目为零，这时空间电荷区厚度维持不变。在无外加电场作用时，PN 结没有电流流动。

二、PN 结的单向导电性

PN 结在外加电场作用下，上述平衡状态将被打破。

1. PN 结加正向电压

所谓对 PN 结加正向电压（亦称正向偏置），即 P 型区接电源的正极，N 型区接电源的负极，如图 8-5（a）所示，此种接法称为 PN 结正向偏置。由于外电场方向与内电场方向相反，故内电场被削弱，空间电荷区变薄，有利于多数载流子的扩散运动，形成较大的扩散电流 I。PN 结此时呈低阻导通状态，少数载流子的漂移电流微乎其微，通过 PN 结的电流可以认为是多数载流子的扩散电流，此电流称为 PN 结的正向电流，其大小受外电路的限流电阻 R 的制约。

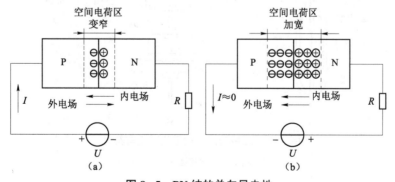

图 8-5 PN 结的单向导电性
（a）加正向电压；（b）加反向电压

2. PN 结加反向电压

对 PN 结施加反向电压（亦称反向偏置），即 P 型区接电源负极，N 型区接电源正极，如

图 8-5（b）所示，此种接法称为 PN 结反向偏置。此时，外电场方向与内电场方向一致，多子的扩散运动极难进行，即多数载流子被外电场吸引远离 PN 结，空间电荷区加厚，内电场增强，少数载流子的漂移运动得以顺利进行。但由于少数载流子的浓度极小，所以形成的电流极小，通常为微安级。此电流称为反向饱和电流，方向由 N 型区指向 P 型区。需要指出的是，反向饱和电流的大小由少数载流子决定，它受温度影响较大。此时 PN 结反向偏置，呈现高阻截止状态。

综上所述，PN 结正向偏置时，正向电流大，PN 结呈低阻导通状态；而 PN 结反向偏置时，反向饱和电流很小，PN 结处于高阻截止状态。这就是 PN 结的单向导电特性。利用 PN 结的单向导电特性就可构成不同功能的半导体器件。

8.3 半导体二极管

一、结构及用途

在 PN 结的 P 区和 N 区上各引出一个电极，并用管壳进行封装，就制成了半导体二极管，简称二极管。按结构形式分，二极管有点接触型和面接触型两种，如图 8-6（a）、（b）所示。点接触型二极管 PN 结的结面积很小，不能通过较大电流，但结电容小，高频性能好，故一般制成高频、小功率管，可用于检波等电路。面接触型二极管的 PN 结做成平面形状，结面积大，能通过较大电流，但结电容大，工作频率较低，故一般制成低频、大功率管，可用于整流等电路。图 8-6（c）是二极管的国家标准图形符号，P 区引出的电极称为二极管的正极（阳极），N 区引出的电极称为负极（阴极）。图中箭头方向表示加正向电压时的正向电流方向，逆箭头方向不能导通，体现了二极管的单向导电特性。为了与三极管文字符号区分，二极管的文字符号用 VD（或 D）表示。

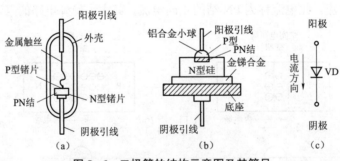

图 8-6　二极管的结构示意图及其符号

（a）点接触型；（b）面接触型；（c）图形符号

二、伏安特性

所谓伏安特性，是指流过二极管的电流与其所加电压的函数关系。其数学形式为 $I = f(U)$。二极管的工作性能常用伏安特性表示。二极管的伏安特性曲线可用实验测试的方法或专用仪器（半导体器件特性曲线测试仪）获得。二极管的伏安特性曲线如图 8-7 所示。

由图可知，虽然二极管内部只有一个 PN 结，它具有单向导电的特性，但实测的二极管伏安特性更加完整、全面地反映了二极管的工作性能。整个特性曲线呈非线性状态，它大致可分为四个区域：死区、正向导通区、反向截止区、反相击穿区。

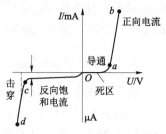

图 8-7　二极管的伏安特性曲线

1. 死区（$O\sim a$ 段）

在二极管正向特性的起始部分，因为外加电压较小（硅管小于 0.5 V，锗管小于 0.1 V），外电场不足以克服 PN 结内电场对多数载流子所造成的阻挡作用。正向电流很小，几乎等于 0。此时，二极管虽然加正向电压，但仍呈现高阻不导通状态，此范围称为"死区"。

2. 正向导通区（$a\sim b$ 段）

当二极管所加正向电压大于死区电压后，内电场的作用被大大削弱，正向电流随正向电压增加而按指数规律增加。此时，二极管由不导通变为导通状态。当正向电压继续增加时，电流将急剧增加，而后二极管两端压降几乎不变，此电压称为二极管的正向导通压降。硅管正向导通压降为 0.6~0.7 V，而锗管为 0.2~0.3 V。以上反映了二极管的正向导通特性。

3. 反向截止区（$O\sim c$ 段）

在二极管上加反向电压时，外电场与内电场方向一致，在它们的共同作用下，少数载流子的漂移运动得到加强，此时二极管形成了很小的反向电流。由于少数载流子数目有限，它们基本上都参与导电，因而在反向电压不超过某一范围时，反向电流很小且恒定，通常称之为反向饱和电流。需要特别强调的是，与正向导通电流不同，反向饱和电流受温度影响大（温度升高会使少数载流子数目增加），温度升高，反向饱和电流显著增加。因反向饱和电流总体上很小（为微安数量级），一般可忽略不计，此时二极管呈现高阻截止状态。

4. 反向击穿区（$c\sim d$ 段）

当施加在二极管上的外加反向电压过高时，就会出现反向电流会突然急剧增加的现象，造成 PN 结损坏，这种现象称为"击穿"。击穿发生在空间电荷区，原因是反向电压过高，电场力增大到有可能将共价键上的电子拉出来形成自由电子和空穴对，这些载流子与参与漂移运动的少数载流子在强大的外电场作用下被加速，高速运动的电子与其他原子核外层电子碰撞后产生出新的电子空穴对，形成雪崩式电离，使载流子数目大大增加，反向电流迅速增大而烧坏 PN 结。产生击穿时的反向电压值称为二极管的反向击穿电压。二极管一旦反向击穿就会造成永久性损坏。

三、主要参数

二极管的导电性能还可以用各种参数来定量描述。各种参数均可由半导体器件手册中查出，它是正确使用和合理选择二极管的依据。现将几个常用的主要参数的意义说明如下。

1. 最大整流电流 I_{OM}

最大整流电流是指二极管长期运行时允许通过的最大正向平均电流。它是由 PN 结的结面积和外界散热条件决定的。实际应用时，二极管的平均电流不允许超过此值，并要满足散热条件，否则会烧坏二极管。

2. 最高反向电压 U_{RM}

最高反向电压是指保证二极管正常工作所允许的最高的反向电压。为确保二极管安全工作，一般手册上给出的最高反向电压约为击穿电压的 1/2 或 1/3。例如，二极管 2CP10 最高反向电压为 25 V，而反向击穿电压约为 50 V。面接触型二极管的最高反向工作电压要比点接触型二极管的最高反向工作电压高。

3. 最大反向电流 I_{RM}

最大反向电流是二极管加上最高反向工作电压时的反向电流值。它的值越小，表明管子的单向导电性能越好。温度与最大反向电流关系密切，使用时应注意其影响。一般情况下，硅二极管的反向电流较小，只有几微安，而锗二极管的反向电流约为硅管的几十到几百倍。

二极管除上述三个主要参数外，还有最高工作频率、结电容值、工作温度和微变电阻等。

例 8-1 在图 8-8（a）所示电路中，已知 E_1、E_2 均为 5 V，$u_i = 10\sin\omega t$ V，其波形如图 8-8（b）中虚线所示。试画出输出电压 u_o 的波形（设 VD_1、VD_2 为理想二极管，即它们的正向电压和反向饱和电流可忽略不计）。

解： 在分析含有二极管的电路时，为方便分析，一般都可将电路中的二极管进行理想化处理，即认为它是理想二极管。当理想二极管为正向偏置时，二极管导通，因可忽略正向导通压降，此时二极管相当于短路。当理想二极管为反向偏置时，二极管截止，因可忽略反向饱和电流，此时二极管相当于开路。此电路要用到以上分析方法。

当 u_i 处于正半周，且 $0 \leq u_i < E_1$ 时，VD_1、VD_2 处于反向截止状态，所以输出电压 $u_o = u_i$。当 $u_i \geq 5$ V，$t_1 < t < t_2$ 时，VD_1 导通，VD_2 截止，输出电压 $u_o = 5$ V。

当 u_i 处于负半周，$u_i < -5$ V 时，即 $t_3 < t < t_4$ 时，VD_1 截止，VD_2 导通，输出电压 $u_o = -5$ V。而在 -5 V $< u_i < 0$ V 期间，VD_1、VD_2 均处于反向截止状态，所以输出电压 $u_o = u_i$，u_o 波形如图 8-8（b）所示。

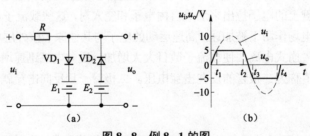

图 8-8 例 8-1 的图

（a）二极管限幅电路；（b）输出电压波形

可见，在此电路中两个二极管起到了削波作用，故这种电路称为二极管削波电路或限幅电路。

8.4 整流电路

将交流电转换成直流电的装置称为直流稳压电源,直流稳压电源一般由以下几个环节构成:电压变换、整流电路、滤波电路、稳压电路。交流电转换为直流电的过程如图 8-9 所示。电压变换部分就是利用变压器的变压作用将工频交流电变换成适当大小的交流电(多数为降压过程)。整流电路是利用二极管的单向导电性,将交流电变成脉动直流电。滤波电路是利用电感、电容等元件的频率特性,将整流后脉动较大的直流电变成波动较小的直流电。稳压电路是利用稳压管或稳压集成电路的稳压特性与稳压功能,输出基本稳定的直流电压(即方向固定、大小几乎不变的直流电压)。

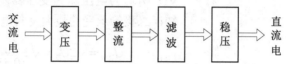

图 8-9 交流电转换为直流电的过程示意图

整流电路是直流稳压电源的核心部分。由二极管组成的整流电路,按所接交流电源的相数,可分为单相整流电路和三相整流电路两大类;而按连接方式或整流电压的波形分类,又可分为半波、全波和桥式整流电路等。

一、单相半波整流电路

单相半波整流电路如图 8-10 所示。Tr 是变压器,它将电源的交流电压值变换为整流电路所需的交流电压值。在变压器 Tr 的副绕组与负载之间串接整流二极管。为便于分析,设整流电路中的二极管为理想二极管。

单相半波整流电路的工作过程分析如下:设变压器副绕组的交流电压为 $u_2 = \sqrt{2}U_2 \sin\omega t$,其波形如图 8-11(a)所示。当 u_2 为正半周时,a 点电位始终高于 b 点电位,二极管处于正向偏置而导通(相当于二极管短接)。这时负载电阻 R_L 上的电压为 u_o、通过的电流为 i_o,显然,正半周期间 $u_o = u_2$。当 u_2 为负半周时,a 点电位始终低于 b 点电位,二极管处于反向偏置而截止(相当于二极管开路),负载 R_L 中没有电流流过,端电压 u_o 等于零。在二极管反向偏置期间,u_2 的负半周全部作用在二极管 VD 上。单相半波整流电路各元件的端电压和流过的电流波形如图 8-11 所示。由此可见,由于二极管的单向导电性,负载电阻只有在 u_2 的正半周才有电流通过。因此 R_L 两端得到的是半波的单向脉动电压,极性如图 8-10 所示,即实现了整流目的。由于只在交流电的半个周期(正半波)导电,所以称此电路为半波整流电路。

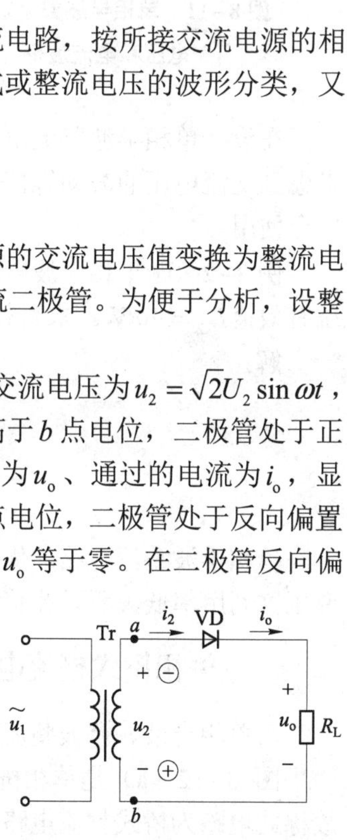

图 8-10 单相半波整流电路

从波形图可以求得输出电压 U_o 的平均值

$$U_o = \frac{1}{2\pi}\int_0^{2\pi} u_o \mathrm{d}(\omega t) = \frac{1}{2\pi}\int_0^{\pi} \sqrt{2}U_2 \sin\omega t \mathrm{d}(\omega t)$$

$$= \frac{\sqrt{2}}{\pi}U_2 = 0.45U_2 \qquad (8-1)$$

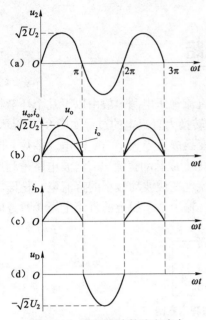

图 8-11 单相半波整流电路中电压和电流波形

这个平均值即为脉动电压的直流分量，式（8-1）给出了整流电路的输出电压与变压器副绕组交流电压有效值之间的关系。

流过负载 R_L 的电流平均值为

$$I_o = \frac{U_o}{R_L} = 0.45\frac{U_2}{R_L} \qquad (8-2)$$

流过二极管的电流 I_D 等于负载电流 I_o，即

$$I_D = I_o = 0.45\frac{U_2}{R_L} \qquad (8-3)$$

由图 8-11（d）可见，二极管截止时，二极管 VD 两端的电压即为变压器副边的电压。从波形可知，二极管承受的最大反向电压为

$$U_{RM} = \sqrt{2}U_2 = \sqrt{2}\frac{U_o}{0.45} = 3.14U_o \qquad (8-4)$$

此整流电路电流的有效值为

$$I_2 = \sqrt{\frac{1}{2\pi}\int_0^\pi i_o^2 d(\omega t)} = 1.57 I_o \qquad (8-5)$$

在设计单相半波整流电路时，整流二极管及变压器的选择就要依据以上各量数值确定。考虑到交流电压的波动等情况，二极管的最大反向电压和最大正向电流应选择大些，以保证安全使用。

例 8-2 一单相半波整流电路如图 8-10 所示。已知负载电阻 $R_L = 600\ \Omega$，变压器副边电压有效值 $U_2 = 40\ V$。求负载上电流和电压的平均值及二极管承受的最大反向电压。

解：
$$U_o = 0.45 U_2 = 0.45 \times 40 = 18\ (V)$$

$$I_o = \frac{U_o}{R_L} = \frac{18}{600} = 30\ (mA)$$

$$U_{RM} = \sqrt{2}U_2 = \sqrt{2} \times 40 = 56.6\ (V)$$

单相半波整流电路的优点是结构简单、应用元件少。但由于输出电压脉动大、平均值低，变压器利用率低，所以此整流电路一般用于功率小、对电压波形要求不高的直流负载。

二、单相桥式整流电路

对单相半波、全波整流电路不断改进，人们研制出了目前广泛采用的桥式整流电路。

图 8-12（a）是单相桥式整流电路的原理图。整流电路中将四个二极管接成桥式形状，故称此电路为桥式整流电路。为便于图示，常将单相桥式整流电路用图 8-12（b）所示的简化桥式整流电路形式表示。

单相桥式整流电路的工作过程分析如下：设变压器副边电压为 $u_2 = \sqrt{2}U_2 \sin\omega t$。当 u_2 为正半周时，a 点电位始终高于 b 点电位，二极管 VD_1 和 VD_3 因承受正向电压而导通，VD_1 和 VD_3 导通后二极管 VD_2 和 VD_4 承受反向电压而截止，这时电流通路为 $a \to VD_1 \to A \to R_L$

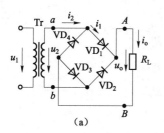 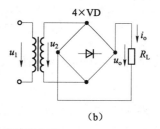

图 8-12　单相桥式整流电路

（a）电路原理图；（b）桥式整流电路的简化图

$B \to VD_3 \to b$。可见 A 点电位高，B 点电位低，负载 R_L 的端电压方向如图 8-12（a）所示。将二极管看成是理想元件时（忽略正向导通压降），输出电压 $u_o = u_2$。当 u_2 为负半周时，b 点电位始终高于 a 点，VD_2 和 VD_4 因承受正向电压而导通，VD_1 和 VD_3 承受反向电压而截止，这时，电流通路为 $b \to VD_2 \to A \to R_L \to B \to VD_4 \to a$。与正半周时一样，$A$ 点电位高，B 点电位低，R_L 的端电压方向没有改变。此时因 A 点与 b 点等电位，B 点与 a 点等电位，所以 $u_o = -u_2$。以上整流电路中电压和电流波形如图 8-13 所示。通过波形可见：不论变压器副边电压为正半周还是负半周，负载 R_L 上的电压始终为上正下负、始终有电流流过。

桥式整流电路的输出电压 u_o 平均值为

$$U_o = \frac{1}{\pi}\int_0^\pi u_o \mathrm{d}(\omega t) = \frac{1}{\pi}\int_0^\pi \sqrt{2}U_2 \sin\omega t \mathrm{d}(\omega t)$$

$$= \frac{2\sqrt{2}}{\pi}U_2 = 0.9U_2 \quad (8-6)$$

输出电流 i_o 的平均值为

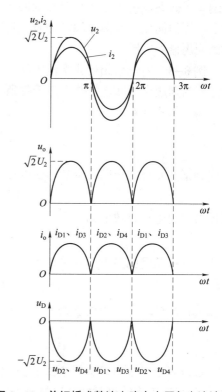

图 8-13　单相桥式整流电路中电压与电流波形

$$I_o = \frac{U_o}{R_L} = 0.9\frac{U_2}{R_L} \quad (8-7)$$

在单相桥式整流电路中，变压器副边电流 i_2 仍为交流电，幅值等于输出电流的最大值 I_{om}，其有效值 I_2 与 I_o 之间的关系为

$$I_o = \frac{U_o}{R_L} = \frac{2\sqrt{2}U_2}{\pi R_L} = 0.9I_2 \quad (8-8)$$

或

$$I_2 = 1.11I_o \approx 1.1I_o \quad (8-9)$$

从波形图 8-13 可知，每个二极管在交流电一个周期内都只导通半个周期，所以每个二极管中流过的电流平均值为负载平均电流的一半，即

$$I_D = \frac{1}{2}I_o = 0.45\frac{U_L}{R_L} = 0.45I_2 \qquad (8-10)$$

每个二极管承受的最大反向电压为 u_2 的最大值，即

$$U_{RM} = \sqrt{2}U_2 \qquad (8-11)$$

式（8-10）和式（8-11）可用于选择二极管。

单相桥式整流电路与单相半波整流电路相比虽然只增加了几个二极管，但其性能确有显著提高。变压器利用率较高，输出电压平均值大（是半波的两倍），脉动程度明显减小。现在普遍采用硅整流桥堆来代替分立的四个二极管。硅整流桥堆是将四个二极管制造在同一个硅片上，不但简化了实际接线，而且保证了各个二极管的性能接近，工作可靠。单相桥式整流电路应用最为广泛。

例8-3 有一单相桥式整流电路，要输出 110 V 的直流电压和 3 A 的直流电流。求电源变压器的副边电压和电流及整流元件所要承受的最大反向电压，并选择二极管型号。

解：由式（8-6）可得

$$U_2 = \frac{U_o}{0.9} = \frac{110}{0.9} = 122 \text{（V）}$$

考虑到整流元件的正向压降和电源变压器的阻抗压降，副边空载电压 U_{20} 应选大些，现设

$$U_{20} = 1.1U_2 = 1.1 \times 122 = 134 \text{（V）}$$

变压器副边电流有效值为

$$I_2 = 1.1I_o = 1.1 \times 3 = 3.3 \text{（A）}$$

整流元件所承受的最大反向电压为

$$U_{RM} = \sqrt{2}U_{20} = \sqrt{2} \times 134 = 189 \text{（V）}$$

整流元件流过的电流平均值为

$$I_D = \frac{1}{2}I_o = \frac{1}{2} \times 3 = 1.5 \text{（A）}$$

通过查电子手册可选用 2CZ12D 型二极管，其最高反向电压为 300 V，最大整流电流为 3 A。为保证工作的可靠性，选择上应留有余量。

三、三相整流电路

对于大功率整流，如果采用单相整流电路，会造成三相供电线路负载不对称，影响供电质量，因而多采用三相整流电路。在某些场合，虽然整流功率要求不大，但为得到脉动程度更小的整流电压，也采用三相整流电路。汽车上的三相交流发电机采用的就是三相整流电路。三相整流电路可分为三相半波整流电路和三相桥式整流电路，下面只对应用广泛的三相桥式整流电路做一简要介绍。

三相桥式整流电路的原理图如图 8-14 所示，共有六个整流元件，其中，VD_1、VD_3、VD_5 三个二极管的负极连接在一起，称为共负（阴）极组；VD_2、VD_4、VD_6 的正极连接在一起，称为共正（阳）极组。负载电阻 R_L 接在负极公共点和正极公共点之间。电源变压器副边为星形连接，其端点 a、b、c 分别与二极管 VD_1—VD_4、VD_3—VD_6、VD_5—VD_2 的连接点相连。

根据二极管的单向导电性可以判定：在图 8-14 所示电路中共负极组中哪个二极管正极

电位最高，哪个二极管就导通；共正极组中哪个二极管负极电位最低，哪个二极管就导通。具体分析如下。

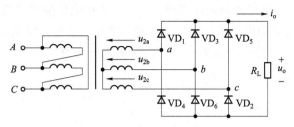

图 8-14 三相桥式整流电路

图 8-15（a）为图 8-14 电路中变压器副边相电压 u_{2a}、u_{2b}、u_{2c} 的波形。在 $t_1 \sim t_2$ 期间，u_{2a} 为正值，且大于 u_{2c}，而 u_{2b} 则为绝对值较大的负值。可见，在此期间电路中 a 点电位最高，b 点电位最低，故二极管 VD_1、VD_6 导通。在 VD_1 导通的情况下，VD_3 和 VD_5 的负极电位近似地等于 a 点电位，而它们的正极电位则分别等于 b 点和 c 点电位，即 VD_3、VD_5 承受反向电压而截止。通过类似的分析可以肯定，在 VD_6 导通的情况下，VD_2 和 VD_4 承受反向电压而截止。可见，在 $t_1 \sim t_2$ 期间，电流从变压器的 a 端流出，经过 VD_1、R_L 和 VD_6，到 b 点流回变压器。忽略 VD_1 和 VD_6 的正向压降，可认为加在负载 R_L 上的电压 u_o 就是变压器副边线电压 u_{ab}。在 $t_2 \sim t_3$ 期间，a 点电位仍然最高，c 点电位最低，故 VD_1、VD_2 导通，其他二极管都截止，电流仍从变压器 a 端流出，但现在的顺序改为经 VD_1、R_L 和 VD_2（不再是 VD_6），回到 c 点（不再是 b 点）流回变压器。显然，这段时间内加在负载 R_L 上的电压 u_o 是 a、c 之间的线电压 u_{ac}。在 $t_3 \sim t_4$ 期间，b 点电位变为最高，c 点电位仍然最低，故 VD_3、VD_2 导通，加在负载 R_L 上的电压 u_o 为 u_{bc}。其余各段时间内电路的工作情况，可依此类推。上述二极管轮换导通的情况和负载电压的波形，分别表示在图 8-15（b）、（c）中，可以看出每个二极管在每个周期（T）中导通 $T/3$ 时间，即导通 $2\pi/3$ 弧度。

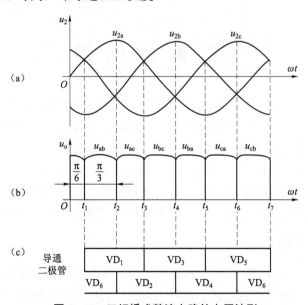

图 8-15 三相桥式整流电路的电压波形

由图 8-14 和图 8-15 可见，不管哪一对二极管导通，u_o 的方向总是从三相桥中 VD_1、VD_3、VD_5 的负极公共点指向 VD_2、VD_4、VD_6 的正极公共点，其最大值等于变压器副绕组线电压的最大值，它的最小值可由波形图求得。它对应的相位角偏离它的最大值 π/6，所以最小值为线电压的 87%。可见输出电压的最大值与最小值相差很小，脉动程度明显减小。

若以 U_2 表示变压器副边相电压的有效值，则 u_o 的平均值为

$$U_o = \frac{1}{\frac{\pi}{3}} \int_{-\frac{\pi}{6}}^{+\frac{\pi}{6}} \sqrt{3} \times \sqrt{2} U_2 \cos \omega t \, d(\omega t) = \frac{3}{\pi} \times \sqrt{3} \times \sqrt{2} \times U_2$$

化简为

$$U_o = 2.34 U_2 \tag{8-12}$$

或写成

$$U_2 = 0.43 U_o \tag{8-13}$$

负载电流 i_o 的平均值为

$$I_o = \frac{U_o}{R_L} = \frac{2.34 U_2}{R_L} = 2.34 I_2 \tag{8-14}$$

由于每个二极管在每个周期内的导通时间都只有 1/3 周期，故通过它的电流平均值

$$I_D = I_o / 3$$

各二极管所承受的最大反向电压是变压器副边线电压的最大值，即

$$U_{RM} = \sqrt{2} \times \sqrt{3} U_2 = 2.45 U_2 = 1.05 U_o$$

如直接用线电压为 380 V 的三相供电线路作为三相桥式整流电路的交流电源，根据式（8-12）可算得此时的整流电压为 $U_o = 2.34 U_2 = 2.34 \times \frac{380}{\sqrt{3}} = 514$（V）。

8.5 滤波电路

前述整流电路的输出电压，虽然方向不变，却仍然有不同程度的脉动。或者说，在输出电压中，除直流成分外，还包含有交流成分。在某些对直流电要求不高的设备上这样的直流电可以直接使用（如蓄电池充电、电镀等），但对许多要求较高的直流用电装置，则不能满足要求（如电子仪器和自动控制设备等）。为尽可能减小整流电压的脉动，必须在前述整流电路的输出端加上滤波电路。常用的滤波元件有电容和电感，利用它们的能量储存作用来实现滤波的目的。下面以几种常用的滤波电路为例介绍滤波的概念和工作过程。

一、电容滤波电路

在整流电路的输出端并联上一个电容器就是一个简单的电容滤波电路。图 8-16（a）是具有电容滤波器的单相桥式整流电路。因与负载并联的电容器的电容值较大，故用电解电容器。这种电容器的两极有固定的"+""-"极性，使用时要连接正确。电容滤波电路是利用

电容的充放电作用，最终使负载电压趋于平滑。下面分析这种电路的工作情况，其电压波形如图 8-16（b）所示。

当 u_2 在正半周，且 $u_2 > u_C$ 时，二极管 VD_1 和 VD_3 承受正向电压而导通，这时整流电路向外输出两部分电流。一路为负载电流 i_o，它流经负载 R_L；另一路电流 i_C 对电容 C 进行充电。由于变压器和二极管的等效动态电阻较小，所以影响充电快慢的充电时间常数较小，一般认为充电期间的 u_C 和 u_2 相等。当充电达到 u_2 的幅值时，为图 8-16（b）的 b 点，u_2 开始按正弦规律下降，而 u_C 则按放电时间常数 $\tau = R_L C$ 以指数规律放电而下降。开始时，u_C 对时间变化率大于 u_2 对时间的变化率，u_C 仍随 u_2 按正弦规律下降。到 u_C 变化率小于 u_2 的变化率时，图 8-16（b）的 c 点之后，$u_2 < u_C$，VD_1 和 VD_3 承受反向电压而截止。这时 u_C 按时间常数 $\tau = R_L C$ 以指数规律下降，如图 8-16（b）的 cd 段。

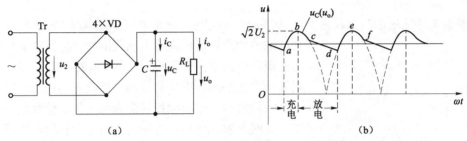

图 8-16 电容滤波电路及稳态时的滤波波形

当 u_2 为负半周，在 $|u_2| > u_C$ 时，VD_2 和 VD_4 承受正向电压开始导通，由于 $|u_2| > u_C$，则电容 C 放电结束，u_2 重新对电容充电。到 $u_C = \sqrt{2} U_2$ 后，u_C 开始随 u_2 下降到 f 点。当 $|u_2| < u_C$ 后，VD_2 和 VD_4 承受反向电压而截止，电容开始向负载电阻放电，直到 u_2 正半周 $u_2 > u_C$ 为止，又重复上一过程。

由图 8-16（b）可见，输出电压的波形比无电容时平滑，脉动程度小，平均电压也大为提高。但我们一定要注意到输出平均电压的大小与放电时间常数 $\tau = R_L C$ 有关。除了要求 C 足够大以外，R_L 越大（即负载越小），放电时间常数 $\tau = R_L C$ 增加，放电缓慢，输出电压越平滑（输出平均值增大）。反之，R_L 越小（即负载越大），放电越迅速，输出电压脉动加大（输出平均值下降）。

由以上分析可以得出，带电容滤波的整流电路，只有在 $|u_2| > u_C$ 时，二极管才能导通充电，所以二极管导通角小于 π，因此通过二极管冲击电流大。负载变化，将改变放电时间常数 $R_L C$，所以负载对 u_o 的影响较大。$R_L C$ 越大，输出电压 u_o 的脉动程度越小，输出电压波形越平滑，平均值越大。$R_L C$ 越小，脉动越大，所以电容滤波电路带负载能力较差。通常取

$$U_o = U_2 \text{（半波）}$$
$$U_o = 1.2 U_2 \text{（全波）}$$

为了得到较好的滤波效果，在单相桥式整流电路中要求电容放电的时间常数 $\tau = R_L C$ 应大于输入交流电压 u_2 的周期 T，一般取

$$R_L C \geq (3 \sim 5) \frac{T}{2} \tag{8-15}$$

例如，负载电阻 $R_L = 75 \, \Omega$，u_2 的频率 $f = 50 \, \text{Hz}$、周期 $T = 0.02 \, \text{s}$，要满足式（8-15）的要

求，滤波电容器的电容量应取

$$C \geqslant (3 \sim 5) \frac{T/2}{R_L} = (3 \sim 5) \times \frac{0.01}{75} \text{F} = (400 \sim 700) \text{μF}$$

滤波电容较大，一般由几十微法到几千微法。为了减小其体积和重量，通常使用电解电容器。电容器的额定电压应大于其可能承受的最大电压值。

电容滤波电路简单，输出电压 U_o 较高，脉动较小；但是电容滤波电路外特性较差，且有电流冲击。因此电容滤波电路适用于负载较小且比较稳定的场合。

对电容滤波的桥式整流电路，二极管在截止期间所承受的最大反向电压并没有改变，仍为 $\sqrt{2}U_2$。但对电容滤波的单相半波整流电路，二极管承受的最大反向电压为 $2\sqrt{2}U_2$。

二、电感滤波电路

在整流电路输出端与负载 R_L 之间串联上一个电感 L 就是电感滤波电路，如图 8-17 所示。

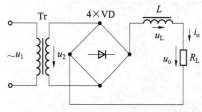

图 8-17 电感滤波电路

电感滤波的原理是：流过电感线圈的电流发生变化时，电感线圈产生的感应电动势，阻碍电流的变化。电流上升时，线圈中产生的感应电动势方向与电流方向相反，阻碍电流上升，同时将一部分能量转变为磁场能量储存起来；当电流下降时，感应电动势方向与电流方向相同，电感线圈释放能量，维持电流，即阻碍电流减小。因而使输出的电流和电压脉动减小，波形趋于平滑。

电感线圈的滤波作用可以用阻抗的概念来解释。整流得到的脉动直流电压中的交流分量通过电感 L 时，电感对其有一定的感抗 ωL。交流分量的谐波频率越高，感抗就越大，在滤波电感上产生的电压降就越大，从而减小了输出的交流分量。而电感对脉动直流电压的直流分量感抗为 0，使输出电压和电流的直流分量没有损失，因而输出电压、电流变得平滑。显然，电感越大，感抗越大，滤波效果越好。但要注意电感也不能过大，当电感过大时线圈匝数增多，电阻也增大，在其上的直流压降就不可忽视，结果使输出电压的平均值下降。

电感滤波的主要优点是，输出电压受负载变化的影响较小，外特性好，外特性曲线略微下倾；整流元件导通半个周期，不会出现电容滤波那样的冲击现象。所以电感滤波电路适用于负载电流较大，负载变动较大，输出直流电压不很高的场合。

电感体积大、笨重，线圈电阻也不容忽略，所以只在电流较大的场合使用。如果整流电路负载本身就是一个大电感，如直流电动机、直流电磁铁等，就不需要另设电感器了。

三、π型滤波电路

虽然在整流电路的输出端接上电容或电感，在一定程度上减小了电压的脉动程度，但在一定负载下，要使脉动程度更小，以适应高灵敏度的电子设备的要求，单靠加大电容或电感值来达到滤波效果，这样做很不经济，有时可能难以实现。这时采用如图 8-18 所示的π型滤波电路，就能得到满意的滤波效果。

π型滤波电路先经过电容 C_1 的第一级滤波，使整流输出电压的交流分量减小，再利用电感对交流分量的阻碍作

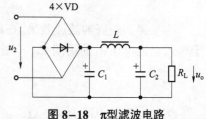

图 8-18 π型滤波电路

用，使电容 C_1 端输出电压的交流分量大部分降落在电感 L 上，最后再经过电容 C_2 的滤波作用，结果使直流分量大部分降在负载电阻上，而交流分量则被滤除或减小，所以负载两端电压的脉动程度很小。由于π型滤波采用了多个滤波元件，因此它的滤波效果比前面介绍的两种单一的滤波电路效果都好。

8.6 硅稳压管和简单稳压电路

前述整流滤波电路虽然能输出比单一整流电路改善得多的直流电压，但输出电压仍存在一定的脉动。这仍不满足一些高要求的电子设备的工作要求。为了解决这个问题，需要再加上稳压环节，构成直流稳压电源。本节介绍常用的由硅稳压管和限流电阻组成的简单稳压电路。

一、硅稳压管

硅稳压管是一种特殊的硅二极管，其外形和内部结构同整流用半导体二极管相似，两者的伏安特性也相似，都有正向导通区、反向截止区和反向击穿区。但硅稳压管在这几部分之间的转折更为显著，击穿电压一般比普通二极管低得多。稳压管的伏安特性和符号如图 8-19 所示。

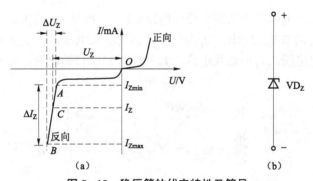

图 8-19 稳压管的伏安特性及符号
(a) 特性曲线；(b) 图形符号

前面曾经指出，对于整流用二极管，反向击穿是不允许的，而对于稳压二极管，则正好利用反向击穿情况下反向电流变化很大而电压基本不变这一特性（在击穿区的一定范围内相当于理想电压源）。稳压管实现稳压作用时一般工作在它的反向击穿区。PN 结的反向击穿有两种情况：一种是雪崩击穿，它很像气体放电中的雪崩击穿，是在强电场作用下引起碰撞电离的结果；另一种是齐纳击穿，它是电场加强到足以把电子从共价键中直接拉出来。只要在击穿状态下 PN 结上的发热量能及时散出，不致使 PN 结温度过高，这两种击穿都不会造成永久性破坏。硅稳压管在规定的使用条件下是能满足散热要求的，实际使用时，必须串联适当的限流电阻，保证电流不超过允许值。

现以常用的 2CW 和 2DW 型硅稳压管为例，简介稳压管的主要参数。2CW 和 2DW 型硅稳压管主要参数见表 8-1。

表 8-1 硅稳压管的型号和主要参数举例

型号	稳定电压/V	稳定电流/mA	最大稳定电流/mA	动态稳定电阻/Ω	电压温度系数/(%·℃$^{-1}$)	耗散功率/W
2CW1	7～8.5	5	29	≤6	≤0.07	0.28
2DW7A	5.9～6.5	10	30	≤25	0.005	0.2

主要参数如下：

稳定电压 U_Z：等于稳压管的反向击穿电压，也就是反向击穿状态下管子两端的稳定工作电压。同一型号的稳压管，其稳定电压分布在某一数值范围内，但就某一个稳压管来说，在温度一定时，其稳定电压是一个定值。

稳定电流 I_Z：在稳压范围内稳压性能较好的工作电流值。

最大稳定电流 I_{ZM}：在稳压范围内稳压管允许通过的最大电流值，实际工作电流不要超过此值，否则稳压效果不佳，甚至损坏稳压管。

耗散功率 P_{ZM}：稳压管正常工作时，耗散的最大功率。如果实际功率超过这个数值，管子就要损坏。当环境温度超过+50 ℃时，温度每升高 1 ℃，耗散功率应降低 1/100。耗散功率与其他主要参数的关系是：$P_{ZM}=U_Z I_{ZM}$。

二、硅稳压管稳压电路

用硅稳压管和限流电阻组成的简单稳压电路如图 8-20 所示，稳压管 VDz 与负载 R_L 并联，而限流电阻 R 则与它们串联。图中，U_i 为稳压环节的输入电压，U_o 为其输出电压，它的大小取决于稳压管的稳定电压，I_o 为负载电流，I_Z 为流过稳压管的电流。显然

$$U_o = U_i - R(I_o + I_Z) \tag{8-16}$$

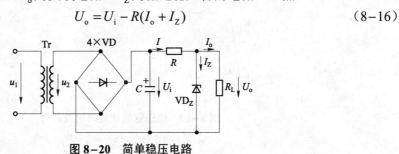

图 8-20 简单稳压电路

下面根据式（8-16）来分析简单稳压电路的稳压原理。

设由于电网电压波动使 U_i 升高，必然引起 U_o 有随之升高的趋势。在此，U_o 又是稳压管两端的电压，它稍有升高便会导致 I_Z 显著增加，于是，限流电阻 R 上的电压降 $R(I_o+I_Z)$ 也随之增加。只要 $I_Z < I_{ZM}$，稳压管便工作在它的稳压范围内，使 $U_o = U_Z$。U_i 升高的部分，几乎全部降落在限流电阻 R 上。使负载电压 U_o 基本不变。此过程可以表示如下：

$$U_Z \uparrow \to U_i \uparrow \to U_o \uparrow \to I_Z \uparrow \to I \uparrow \to IR \uparrow \to U_o(=U_i-IR) \downarrow$$

同样，当 U_i 降低时，引起 U_o 下降，I_Z 减小，R 上压降减小，U_o 回升，使 U_o 基本不变。

再设，由于负载电阻 R_L 加大（负载增加）引起 I_o 减小，在 U_i 稳定的情况下也会使 U_o 有升高的趋势，其结果同样是导致 I_Z 增加，最终使 (I_o+I_Z) 基本不变，而维持 U_o 的稳定。此

过程可以表示如下：

$$R_L \uparrow \to I_o \downarrow \to I \downarrow \to IR \downarrow \to U_o \uparrow \to I_Z \uparrow \to I \uparrow \to IR \uparrow \to U_o(=U_i-IR) \downarrow$$

同样，当 R_L 下降，稳压电路的稳压过程，读者可按电路原理自行分析。

以上分析表明图 8–20 所示的电路的稳压作用，是由稳压管的 I_Z 的调节作用和限流电阻 R 上电压降 $R(I_o+I_Z)$ 的补偿作用实现的。因此，这种稳压电路中限流电阻 R 的阻值和稳压管的参数要选配得当。

一般按以下公式选择稳压管稳压电路元件。

稳压管参数：

$$U_Z = U_o$$
$$I_{Z\max} = (1.5 \sim 3)I_{o\max} \tag{8-17}$$

电阻器参数：

$$U_i = (2 \sim 3)U_o$$

$$\frac{U_{i\max} - U_Z}{I_{Z\max} + I_{o\min}} \leqslant R \leqslant \frac{U_{i\min} - U_Z}{I_{Z\min} + I_{o\max}}$$

$$P_R = (1.5 \sim 2.5)\frac{U_{RM}^2}{R} \tag{8-18}$$

例 8–4 稳压管稳压电路如图 8–20 所示。试选择满足负载电压为 12 V，负载电流为 3～5 mA 的稳压管稳压电路元件。设输入电压的波动范围为 ±10%。

解：(1) 选择稳压二极管。

由式 (8–17) 得

$$U_Z = U_o = 12 \text{ V}$$
$$I_{Z\max} = 3I_{o\max} = 3 \times 5 = 15 \text{ (mA)}$$

查手册选择 2CW19，其主要参数为：稳压电压 11.5～14 V、稳定电流 5 mA、最大稳定电流 18 mA、耗散功率 250 mW。

(2) 选择限流电阻。

由式 (8–18) 选取

$$U_i = 2.5U_o = 2.5 \times 12 = 30 \text{ (V)}$$

则

$$U_{i\max} = 1.1U_i = 1.1 \times 30 = 33 \text{ (V)}$$
$$U_{i\min} = 0.9U_i = 0.9 \times 30 = 27 \text{ (V)}$$

$$\frac{U_{i\max} - U_Z}{I_{Z\max} + I_{o\min}} \leqslant R \leqslant \frac{U_{i\min} - U_Z}{I_{Z\min} + I_{o\max}}$$

$$\frac{33-12}{(18+3) \times 10^{-3}} \leqslant R \leqslant \frac{27-12}{(5+5) \times 10^{-3}}$$

$$1 \text{ k}\Omega \leqslant R \leqslant 1.5 \text{ k}\Omega$$

取电阻器的电阻为 1 kΩ。

电阻器的功率为

$$P_R = 2.5 \times \frac{U_{RM}^2}{R} = 2.5 \times \frac{(U_{i\max} - U_Z)^2}{R}$$

$$= 2.5 \times \frac{(33-12)^2}{1.2 \times 10^3} = 0.92 \text{ (W)}$$

选择电阻为 1.2 kΩ、功率为 1 W 的电阻器。

由于这种稳压电路结构简单，比较经济，故在对电压稳定度要求不高的小功率电子设备的局部电路中应用广泛。

8.7 串联型稳压电路

由稳压二极管构成的稳压电路受稳压管最大稳定电流的限制，负载电流不能过大（几十毫安以内）。另外，输出电压不可调且稳定性也不够理想。图 8-21 所示的串联型稳压电路可以克服上述缺点，目前应用也较为广泛。

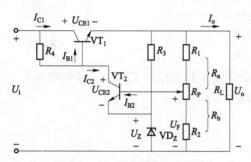

图 8-21 串联型稳压电路

从图 8-21 可见，三极管 VT_1（称调整管）与负载 R_L 串联，所以称为串联型稳压电路。它主要由整流、滤波、取样、基准、比较、调整等环节组成。串联型稳压电路工作原理简述如下：由稳压管 VD_Z 和电阻 R_3 构成的稳压电路可提供一个稳定的基准电压 U_Z，它是比较和调整环节的基准。由 R_1、R_P、R_2 组成的取样环节，可通过分压电路将输出电压 U_o 的一部分 U_F 送到比较环节。由三极管 VT_2（比较管）和 R_4 构成的比较电路对 U_F 和基准电压 U_Z 进行比较，用比较结果控制调整电路中的调整管 VT_1 的集电极和发射极之间的电压 U_{CE1}，最终达到自动调节稳定电压的目的。下面以 U_o 增加为例，讨论串联型稳压电路的自动调节过程。当输入电压 U_i 或是 R_L 增加时都将引起 U_o 增加，此时取样电压 U_F 按分压比也要有一定的增加，这样比较管的基极电流 I_{B2} 和集电极电流 I_{C2} 随之增加，使 VT_2 的 U_{CE2} 下降，最终造成调整管 VT_1 的基极电流 I_{B1}、I_{C1} 下降，U_{CE1} 增加，使 U_o 下降，调节结果是 U_o 基本不变。以上过程可表示为：

$$U_o \uparrow \rightarrow U_F \uparrow \rightarrow I_{B2} \uparrow \rightarrow I_{C2} \uparrow \rightarrow U_{CE2} \downarrow \rightarrow I_{B1} \downarrow \rightarrow U_{CE1} \uparrow \rightarrow U_o \downarrow$$

同理，当 U_o 减小时，也可使 U_o 不变。

实际上从电路角度看这是一个特殊的射极输出电路，它是电压串联负反馈电路，具有稳定电压的作用，只要反馈足够深，输出电压就基本稳定。显然，滑动改变 R_P 阻值，使取样电压 U_F 发生变化，可以在一定范围内改变输出电压 U_o 的大小。当 R_P 滑动到上端时，输出电压 U_o 减小；当 R_P 滑动到下端时，输出电压 U_o 增大。U_o 的调节范围是

$$\frac{R_1 + R_P + R_2}{R_P + R_2} < U_o < \frac{R_1 + R_P + R_2}{R_2} \tag{8-19}$$

8.8 集成稳压电路

随着电子技术不断发展和广泛应用,目前高质量的直流稳压电源一般都用集成稳压器实现。集成稳压器具有体积小、使用方便、稳压效果好、带负载能力强、抗干扰能力强、输出电压便于调节、工作可靠等一系列优点。目前应用的集成稳压器品种很多,本节主要介绍三端固定式和三端可调式两种典型电路。

一、W78××和W79××系列集成稳压器

W78××和W79××系列集成稳压器的外形和引脚排列如图 8-22 所示。W78××系列输出正电压,电压值有 5 V、6 V、8 V、9 V、10 V、12 V、15 V、18 V、24 V 等多种。若要获得负的输出电压,选用 W79×× 即可。例如,W7815 输出+15 V 电压,W7915 输出 −15 V 电压。这类三端稳压器在加装散热器的情况下,输出电流可达 1.5～2.2 A,最高输入电压为 35 V,最小输入、输出电压差为 2～3 V,输出电压变化率为 0.1%～0.2%。

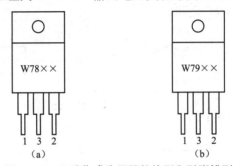

图 8-22 三端集成稳压器的外形和引脚排列
(a) W78××集成稳压器;
1—输入端;2—输出端(正电压);3—公共端
(b) W79××集成稳压器;
1—公共端;2—输出端(负电压);3—输入端

二、三端固定式集成稳压电路

1. 基本电路

图 8-23 为 W78××和 W79××系列三端集成稳压器基本接线图。图 8-23(a)为输出正电压电路,图 8-23(b)为输出负电压电路。图中电容 C_1 的作用是抑制高频干扰,防止产生自激振荡,一般取值为 0.1～1 μF,当前面接有滤波电容器时 C_1 也可不加入。电容 C_2 的作用是改善负载的瞬态响应,提高稳压性能和减小输出波纹,一般取值为 0.1～1 μF。

2. 输出正、负电压的电路

将 W7815 和 W7915 两个稳压器组成如图 8-24 所示的电路,就可输出±15 V 的两套电压。选取不同稳压器时,可获得不同的输出电压。

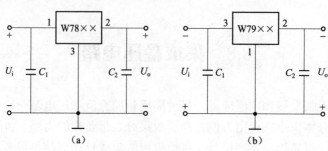

图 8-23 基本电路

(a) 输出正电压电路；(b) 输出负电压电路

三、三端可调式集成稳压电路

1. 利用 VD_Z 提高输出电压的电路

图 8-25 是利用稳压管 VD_Z 提高输出电压的电路。当要求输出电压比三端稳压器的电压高时就可采用图 8-25 达到提高输出电压的目的。显然，电路的输出电压 U_o 是三端稳压器输出电压 U_{xx} 与稳压管稳定电压 U_Z 之和。

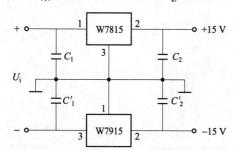

图 8-24 输出正负电压的稳压电路

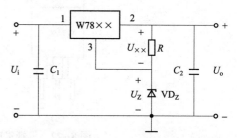

图 8-25 利用 VD_Z 提高输出电压的电路

2. 输出电压可调的电路

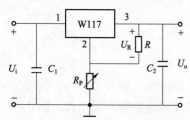

图 8-26 输出电压可调的电路

实现输出电压可调的稳压电路，一般直接选用正电压输出的三端可调式稳压器 W117/217/317；W137/237/337 为负电压输出。图 8-26 就是用 W117 组成的输出正电压可调的稳压电路。从电路可见，W117 的 1 引脚为输入端、2 引脚为调整端、3 引脚为输出端。在输出端 3 与调整端 2 之间接有电阻 R（120～240 Ω），在其上可获得基准电压 U_R（为 1.25 V），输出端 3 与"地"之间接有调整电阻 R_P，用来调节反馈电压，进而调节输出电压。输出电压的大小为

$$U_o = \left(1 + \frac{R_P}{R}\right)U_R = 1.25 \times \left(1 + \frac{R_P}{R}\right) \tag{8-20}$$

U_o 在 1.2～37 V 之间可调，输出电流为 1.5 A。实用的输出电压可调稳压电路一般还要加入一些二极管，起到保护作用。

通过以上介绍可知,采用集成稳压器构成的各类稳压电路的最突出特点是电路简单,外接元件减少,为安装、调试、维护等带来了极大方便。由集成电路的特点和性能所决定,采用集成稳压器的稳压电路将得到广泛应用和飞速发展。

习 题

8-1 填空。

(1) P 型半导体中(　　)是多数载流子,而(　　)是少数载流子;N 型半导体中自由电子是(　　),而空穴是(　　)。

8-2 选择。

(1) PN 结在外加正向电压作用下,内电场_____;扩散电流_____漂移电流。

(a) 增强　　(b) 削弱　　(c) 大于　　(d) 小于

(2) PN 结在外加反向电压作用下,耗尽层_____;流过 PN 结的电流_____。

(a) 很小　　(b) 较大　　(c) 变窄　　(d) 变宽

8-3 半导体中的少数载流子是怎样产生的?为什么当环境温度升高时,PN 结的反向电流会增大?

8-4 当二极管 VD 的正向导通电压 U_D=0.7 V 时,估算图 8-27 所示电路中流过二极管的电流 I_D 和 A 点电位 U_A。

8-5 图 8-28 中,已知 $E=20$ V,$R_1=900$ Ω,$R_2=1.1$ kΩ。稳压管 VD_Z 的稳定电压 $U_Z=10$ V,最大稳定电流 $I_{Zmax}=8$ mA,求 I_1、I_2、I_Z 各为多少?稳压管能否起到稳压作用?

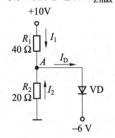

图 8-27 习题 8-4 电路

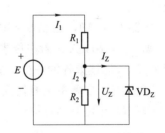

图 8-28 习题 8-5 电路

8-6 设图 8-29 中,VD 为理想二极管,$E=10$ V,$u_i=20\sin\omega t$ V。试绘出 u_o 的波形(二极管的正向导通压降可忽略不计)。

8-7 电路如图 8-30 所示,已知输入电压 $u_i=10\sin\omega t$ V,$E_1=5$ V,$E_2=3$ V。试画出各电路的输出电压 u_o 的波形(二极管正向导通压降可忽略不计)。

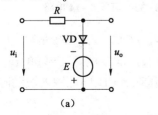
(a)

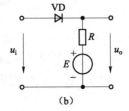
(b)

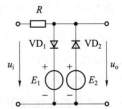

图 8-29 习题 8-6 电路　　　　　　　　　　图 8-30 习题 8-7 电路

8-8 在图 8-12（a）所示的整流电路中，如 VD_1 的正、负极与连接导线接触不良，形成较大的接触电阻，试画出此时负载上的整流电压波形。

8-9 有一电阻性负载 R_L，需直流电压 24 V，直流电流 2 A，若用

（1）单向半波整流电路供电；

（2）单相桥式整流电路供电。

试分别求出电源变压器副边电压有效值，并确定整流元件的平均电流 I_D 和所承受的最大反向电压 U_{RM}。

8-10 在图 8-12 所示的单相桥式整流电路中，若 $U_2 = 300$ V，$R_L = 300 \Omega$。

（1）求整流电压平均值 U_o、整流电流平均值 I_o，每个整流元件的平均电流 I_D 和所承受的最大反向电压 U_{RM}。

（2）若二极管 VD_1 电极引线与电路连接处焊接不良，造成接触电阻 $R_1 = 100 \Omega$，则整流电流 i_o 的波形将如何？并计算平均值 I_o。

8-11 在图 8-12 所示的单相桥式整流电路中，如果 $U_2 = 12$ V，并将 R_L 换成一个 12 V 的蓄电池，其极性上正、下负，试说明这时是否有电流向蓄电池充电。如果有，请画出这个电流的波形（与 u_2 对应）。

8-12 在图 8-31 所示桥式整流电容滤波电路中，用交流电压表测得 $U_2 = 20$ V，已知 $R = 40 \Omega$，$C = 103 \mu F$。如果用直流电压表测 R 两端电压，出现以下几种情况时，试分析哪些是合理的，哪些表明出了故障，并指出原因。（1）$U_o = 28$ V；（2）$U_o = 18$ V；（3）$U_o = 24$ V；（4）$U_o = 9$ V。

8-13 在 8-14 所示的三相桥式整流电路中，如已知 $U_{2a} = U_{2b} = U_{2c} = 220$ V，$R_L = 100 \Omega$，试求整流电压平均值 U_o，整流电流平均值 I_o，二极管的正向电流平均值、最大值和所承受的最大反向电压。

8-14 在图 8-32 中，已知 $U_i = 30$ V，2CW4 型稳压管的参数为：稳定电压 $U_Z = 12$ V，最大稳定电流 $I_{Zmax} = 20$ mA。若电压表中的电流可忽略不计，求：（1）开关 S 闭合，电压表 V 和电流表 A_1、A_2 的读数各为多少？流过稳压管的电流又为多少？（2）开关 S 闭合，且 U_i 升高 10% 时，问：（1）中各量又有何变化？（3）$U_i = 30$ V 时将开关 S 断开，流过稳压管的电流是多少？（4）U_i 升高 10% 时将开关 S 断开，稳压管的工作状态是否正常？

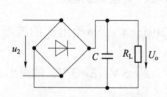

图 8-31 习题 8-12 电路

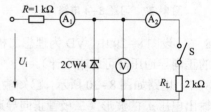

图 8-32 习题 8-14 电路

8-15 图 8-33 所示电路，已知稳压管 VD_Z 的稳压值 $U_Z = 6$ V，$I_{Zmin} = 5$ mA，$I_{Zmax} = 60$ mA，变压器副边电压有效值 $U_2 = 20$ V，限流电阻 $R = 240 \Omega$，滤波电容 $C = 200 \mu F$。求：（1）整流滤波后的直流电压平均值 U_o 为多少？（2）当电网电压在 ±10% 的范围内波动时，负载电阻 R_L 允许的变化范围有多大？

8-16 在图 8-34 所示电路中，稳压二极管 VD_Z 的稳定电压 U_Z=5 V，输入电压 u_i=10sin ωt V，$R_L \gg R$。试画出输出电压 u_o 波形。设二极管为理想元件。

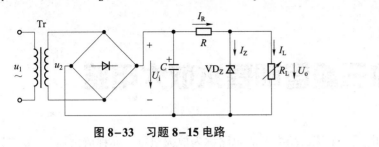

图 8-33 习题 8-15 电路

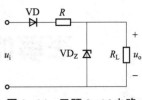

图 8-34 习题 8-16 电路

第 9 章

半导体三极管和基本放大电路

实现放大微弱电信号（电压、电流、功率）的电路称为放大电路（亦称放大器）。最常见的放大电路实例是扩音器，它的信号源设备是话筒，负载是扬声器。放大电路的输入信号是经话筒变换后的电信号，该信号通过放大电路的作用，变成足够强的输出信号，这样就可从扬声器听到放大的声音信号了。通过各类传感器可将各种非电物理量（如温度、压力、声音、位移、转速等）转换为电信号，这些电信号与对应的物理量一样，是随时间平滑地连续变化的模拟信号，所以也称此类电路为模拟电路。放大器有不同的类型，如交流放大器、直流放大器、功率放大器、电压放大器等。放大电路中的核心器件是半导体三极管，要分析、理解、掌握好整个放大电路的工作原理必须搞清半导体三极管的各种特性。本章主要讲述半导体三极管的特性和参数；几种常用的基本放大器。讨论放大电路的构成、工作原理、分析方法以及特点和应用等。

9.1 半导体三极管

半导体三极管（通称晶体管）是最重要、最基本的一种半导体器件，它具有电流放大作用和开关作用。本节主要从三极管的结构、内部载流子运动规律及特性曲线来解释三极管的电流放大作用。

一、三极管的外形和结构

半导体三极管的外形如图 9–1 所示。它有三个电极，分别称为发射极 E、基极 B 和集电极 C。对于大功率管来说（如图 9–1 中 3AD30C），外表上看似乎只有两个电极，其实它的外壳兼作集电极用。

半导体三极管是在一块纯净的半导体基片上，按一定生产工艺扩散掺杂制成具有三个导电区和两个 PN 结的半导体元件。由于三个导电区的类型不同，三极管可分为 NPN 型和 PNP 型两大类，其结构示意图和图形、文字符号如图 9–2 所示。三个导电区分别称为发射区、基区和集电区。三极管的三个电极就是从各自的导电区引出的。集电区与基区交界面形成的 PN 结称为集电结，发射区与基区交界面形成的 PN 结称为发射结。

图 9–1　三极管的外形图

第 9 章 半导体三极管和基本放大电路

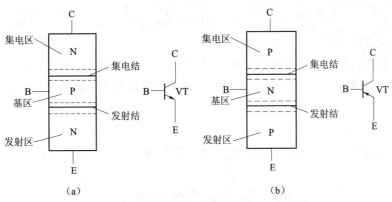

图 9-2 三极管的结构示意图和图形、文字符号

（a）NPN 型；（b）PNP 型

虽然发射区和集电区的半导体类型相同，但前者掺杂浓度比后者大得多，因此它们的作用不同。中间的基区掺杂更轻，并且最薄（约为几微米）。这些制造工艺为三极管实现电流放大作用提供了保障。

NPN 型和 PNP 型三极管的电路符号如图 9-2 所示，其中发射极的箭头方向表示三极管工作在放大状态时实际的电流方向。目前，国产的 NPN 型管大多数是硅管（3D 系列），PNP 型管大多数是锗管（3A 系列）。由于硅管的温度稳定性强于锗管，故硅管应用较多。

二、三极管的电流放大作用

三极管具有电流放大作用和开关作用，本节仅讨论放大作用。半导体器件（二极管、三极管等）的开关作用主要应用在数字电子电路中，本文不做介绍。

为了理解半导体三极管的电流放大作用，我们采用 NPN 型硅管构成一个共发射极接法实验电路，如图 9-3 所示。此电路中三极管的发射极是基极回路和集电极回路的公共端，此类电路称为共发射极电路。

改变可变电阻 R_B 的阻值，则基极电流 I_B、集电极电流 I_C、发射极电流 I_E 都起变化。将测量数据列于表 9-1 中。

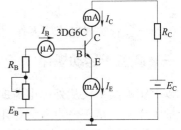

图 9-3 三极管电流放大原理的实验电路

表 9-1 三极管电流测试记录

I_B/μA	0	10	20	30	40	50	−0.1
I_C/mA	0.01	0.43	0.88	1.33	1.78	2.22	0.0001
I_E/mA	0.01	0.44	0.90	1.36	1.82	2.27	0

观察和分析测量的数据，可得出以下结论。

（1）发射极电流 I_E 等于基极电流 I_B 与集电极电流 I_C 之和。

$$I_E = I_B + I_C$$

且

$$I_E \approx I_C \gg I_B$$

（2）具有电流放大作用。

从第二组到第六组数据可以看出：集电极电流 I_C 和基极电流 I_B 的比值近似为常数。如第三组数据它们的比值为44。此比值用 $\overline{\beta}$ 表示，称为三极管直流（静态）电流放大系数。即

$$\overline{\beta} = \frac{I_C}{I_B} \tag{9-1}$$

下面我们再讨论一下集电极电流和基极电流的相对变化量的比值（以第二、第三组数据为例），即

$$\frac{\Delta I_C}{\Delta I_B} = \frac{I_{C3} - I_{C2}}{I_{B3} - I_{B2}} = \frac{0.88 - 0.43}{0.02 - 0.01} = 45$$

同样，其他几组集电极电流和基极电流的相对变化量的比值近似相等。用 β 表示该比值，称为交流（动态）电流放大系数。即

$$\beta = \frac{\Delta I_C}{\Delta I_B} \tag{9-2}$$

通过以上讨论就得到了三极管的电流放大作用：基极电流较小的变化，引起集电极电流较大的变化。以上三极管电流之间的关系也可以从另一个角度理解，可认为三极管具有电流控制作用。即用较小的基极电流控制较大的集电极电流。

（3）第一组数据是在 $I_B=0$（即基极开路）时测得的，$I_E = I_C = 0.01$ mA，数值很小。通常称为穿透电流，用 I_{CEO} 表示。

第七组数据是在 $I_E=0$（即发射极开路）时测得的，表示在 E_C 和 E_B 作用下，由集电极流向基极的电流，其值更小，为 0.1 μA。由于 $E_C > E_B$，该电流正好是集电结反向饱和电流，用 I_{CBO} 表示。

（4）三极管实现电流放大作用的外部条件是发射结正向偏置、集电结反向偏置。

三、载流子运动规律

以上实测结果仅从外部电流的分配关系上说明三极管电流放大作用，至于产生放大作用的内部机理可以通过对三极管内部载流子的运动规律的分析来说明，见图9-4。

1. 发射区向基区扩散电子

由于三极管发射结处于正向偏置，多数载流子的扩散运动加强，发射区的自由电子（多数载流子）不断扩散到基区，并不断从电源补充电子，形成发射极电流 I_E。当然，基区的空穴（多数载流子）也会扩散到发射区，但由于基区掺杂轻，载流子数目少，所形成的电流忽略不计。

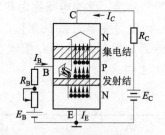

图9-4 三极管内部载流子运动过程

2. 电子在基区扩散与复合

由发射区扩散进入基区的大量电子起初聚集在发射结附近，由于集电结附近电子数目少，

造成自由电子浓度差,电子将继续向集电结扩散。但是,电子在扩散途中遇到基区内的多子空穴产生复合,复合掉的空穴将由基极电源 E_B 拉走共价键中的电子以形成新的空穴来补充,形成基极电流 I_B。由于基区空穴浓度极小,且基区非常薄,电子在扩散途中遇到空穴而复合的机会极少,通常仅有 1%~10%的电子能复合,故 I_B 比 I_E 小得多。而且三极管一经制成,这个比例系数基本恒定不变,这就是三极管实现电流放大的内部原因。

3. 电子被集电区收集

由于集电结反向偏置,集电结内电场增强,对基区内的多子空穴的扩散起到阻挡作用,而对基区内少子电子则是一个加速电场。所以,从发射区进入基区并扩散到集电结边缘的大量电子,作为基区的少子,几乎全部进入集电区,然后被电源 E_C 拉走,形成集电极电流 I_C。

通过以上对内部载流子运动规律的分析,可以解释表 9-1 中三个电极电流间的大小关系等。三极管电流放大作用习惯上采用前述的 NPN 型三极管来说明,若使用 PNP 型三极管,只需将电源 E_B 和 E_C 的极性对调,所不同的仅是改变相应电极电流方向,但仍然满足三极管电流放大条件:发射结正向偏置、集电结反向偏置。

四、三极管的特性曲线

与二极管相同,三极管的外部特性也用极间电压和电极电流的伏安特性来表示。由于三极管有三个电极,对外有两个端口,所以需要用两组特性曲线表示。在三极管共射极连接时,一组是输入回路 BE 端口的伏安特性,叫做共射输入特性;另一组是输出回路 CE 端口的伏安特性,叫做共射输出特性,NPN 型三极管的测试电路如图 9-5 所示。

1. 输入特性曲线

输入特性曲线是指当集电极与发射极之间电压 U_{CE} 为定值时,输入回路中基极电流 I_B 同基极与发射极之间电压 U_{BE} 的关系曲线。即

$$I_B = f(U_{BE}) \mid_{U_{CE}=常数} \quad (9-3)$$

测试时,首先取 U_{CE} 为定值,然后不断改变 R_B 和 E_C,测量相应的 I_B 和 U_{BE} 值,得到一组数据,将数据逐点描绘便可得到输入特性曲线。图 9-6 是 3DG6C 的输入特性曲线。图中曲线①是当 $U_{CE}=0$ 时测得的,此时集电极和发射极短路,三极管就相当于两个加上正向电压的并联二极管。当 $U_{CE} \geqslant 1 \text{ V}$ 时,集电结已反向偏置,并且内电场已足够大,可以把从发射区扩散到基区的电子中的绝大部分拉入集电区。如果此时再增大 U_{CE},只要 U_{BE} 保持不变,I_B 也就不再

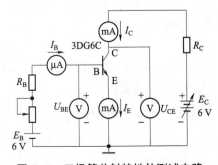

图 9-5 三极管共射特性的测试电路

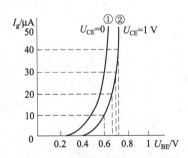

图 9-6 三极管的输入特性曲线

明显地减少。就是说，$U_{CE} \geqslant 1\text{ V}$ 后的输入特性曲线基本上是重合的。所以，通常只画出 $U_{CE} \geqslant 1\text{ V}$ 的一条输入特性曲线（三极管处在放大状态时，U_{CE} 总是大于 1 V 的，故常用 $U_{CE}=1\text{ V}$ 输入特性曲线②近似地代替 $U_{CE} > 1\text{ V}$ 时的所有曲线族）。曲线②是曲线①右移的结果。这是因为当 U_{BE} 一定时，U_{CE} 的存在使集电结反向偏置，将基区的绝大部分电子拉入集电区，使基极电流 I_B 减小。

从三极管输入特性曲线可以看出：硅管死区电压 $U_{BE}=0.5\text{ V}$，正向导通压降 $U_{BE}=0.6\sim 0.7\text{ V}$；而锗管的死区电压为 $U_{BE}=-0.1\text{ V}$，正向导通压降 $U_{BE}=-0.2\sim -0.3\text{ V}$。

2. 输出特性曲线

输出特性曲线是基极电流 I_B 为定值时，集电极电流 I_C 同集电极与发射极之间电压 U_{CE} 的关系曲线，即

$$I_C = f(U_{CE}) \Big|_{I_B=\text{常数}} \tag{9-4}$$

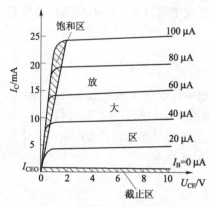

图 9-7 三极管的输出特性曲线

图 9-7 为 3DG6C 的输出特性曲线。三极管输出特性曲线是当 I_B 取不同值时，测得 $I_C = f(U_{CE})$ 的关系曲线，这是一组形状相似的曲线族，并有以下几个特点。

（1）当 I_B 为某一定值时，在 $U_{CE}<1\text{ V}$ 的范围内，I_C 将随 U_{CE} 增加而近乎于线性增长。这是由于 U_{CE} 较小，集电结反向电压较小，电场只能将扩散到集电结附近的电子拉入集电区。而当 U_{CE} 略有增加时，拉入电子的能力迅速增强，I_C 也将迅速增加。

（2）当 I_B 为某一定值时，在 $U_{CE}>1\text{ V}$ 后，特性曲线成为与横轴近似于平行的一条曲线。曲线呈现出受控恒流特性，反映出 I_C 主要因 I_B 恒定而恒定，U_{CE} 变化对 I_C 影响很小。

（3）当 $I_B=0$ 时，所对应的输出特性曲线并不与横轴重合，即 $I_B=0$（基极断开），$I_C=I_{CEO}$，这是在 E_C 作用下，电流仍能直接穿通反偏的集电结和正偏的发射结到达发射极，故称之为穿透电流。它不受 I_B 的控制。

一般将三极管的输出特性分为三个区域：放大区、截止区和饱和区。

1）放大区

特性曲线中近似水平部分的区域称为放大区。此时，发射结处于正向偏置，集电结处于反向偏置。对 NPN 型管而言，应使 $U_{BE}>0.5\text{ V}$，$U_{CE}>1\text{ V}$。在放大区内，$I_C=\beta I_B$，体现了三极管电流放大作用，即 I_C 与 U_{CE} 几乎无关，仅受 I_B 的控制。

2）截止区

$I_B=0$ 的曲线以下与横轴之间的区域称为截止区。在此区内，$I_B=0$，$I_C=I_{CEO}\approx 0$，相当于三极管三个电极 B、C 和 E 之间均处于开路。而对 NPN 型硅管而言，$U_{BE}<0.5\text{ V}$，低于死区电压时，管子就开始截止。为了可靠截止，常使 $U_{BE}\leqslant 0\text{ V}$，故截止时，发射结与集电结均处于反向偏置。

3）饱和区

当 $U_{CE}<U_{BE}$ 时，集电结也处于正向偏置。即曲线族左侧 I_C 直线上升段和弯曲部分之间

为饱和区，因集电结未加反向电压，它就会失去收集基区中电子的能力，此时无论再怎样增加 I_B，I_C 增加很少或不再增加。此时，三极管失去了电流放大作用，进入饱和区，通常 $U_{CE}=U_{BE}$ 时的状态为临界饱和状态。处于饱和状态时的 U_{CE} 值称为饱和压降，用 U_{CES} 表示。小功率硅管 $U_{CES}\approx 0.3\text{ V}$，而锗管的 $U_{CES}\approx -0.1\text{ V}$。当忽略 U_{CES} 时，处于饱和状态的三极管的集电极和发射极相当于短路。此时发射结与集电结均处于正向偏置。

五、三极管的主要参数

三极管的参数是用来表示三极管性能和适用范围的数据，是设计和维护电子电路以及选择三极管的主要依据。

1. 电流放大系数 $\bar{\beta}$ 和 β

如前所述，$\bar{\beta}$ 是共发射极电路处于无输入信号（静态）时，集电极电流 I_C 与基极电流 I_B 的比值，$\bar{\beta}$ 称为直流（静态）电流放大系数，表达式为（9–1）。β 是有输入信号（动态）时，集电极电流的变化量 ΔI_C 与基极电流的变化量 ΔI_B 的比值，β 称为交流（动态）电流放大系数，表达式为（9–2）。

$\bar{\beta}$ 与 β 从定义上讲是不同的，但根据表 9–1 实验数据可见，在输出特性曲线的放大区，且在 I_{CEO} 较小的情况下，两数值近似相等，故在工程上通常取 $\bar{\beta}=\beta$，为分析电子电路带来了很大方便。常用的三极管 β 值一般为 20～150，手册中一般用 h_{fe} 代表 β。

2. 极间反向电流

1）集电极–基极反向饱和电流 I_{CBO}

前面曾提及过，I_{CBO} 是指发射极开路，集电极反向偏置时流过集电结的电流，如图 9–8 所示。它是集电区和基区中的少数载流子漂移运动形成的电流。I_{CBO} 受温度影响较大。小功率硅管 $I_{CBO}<0.1\text{ μA}$，而锗管在几微安至十几微安之间。I_{CBO} 越小，三极管的性能越好。硅管在温度稳定性方面胜于锗管。

2）集电极–发射极反向饱和电流 I_{CEO}

I_{CEO} 是指基极开路，集电结反偏而发射结正偏，从集电极穿过集电结和发射结流入发射极的电流，亦称为穿透电流，如图 9–9 所示。在输出特性曲线上，它是指 $I_B=0$ 时，曲线对应的 $I_C=I_{CEO}$。I_{CEO} 与 I_{CBO} 有如下关系：

$$I_{CEO}=(1+\beta)I_{CBO} \tag{9–5}$$

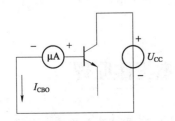

图 9–8　测量反向饱和电流 I_{CBO} 的电路

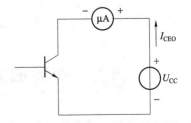

图 9–9　测量穿透电流 I_{CEO} 的电路

3. 极限参数

1) 集电极最大允许电流 I_{CM}

当集电极电流 I_C 超过一定值时,电流放大系数 β 值要下降,当 β 值下降至正常值的 2/3 时所对应的 I_C 值,定义为集电极最大允许电流 I_{CM},见图 9-10。显然,在使用晶体管时,I_C 超过 I_{CM} 并不一定造成晶体管的损坏,但 β 值的下降,可能影响放大效果。

2) 集电极-发射极反向击穿电压 BU_{CEO}

它是指当基极开路时,加在集电极和发射极之间的最大允许电压。测量反向击穿电压 BU_{CEO} 的电路图如图 9-11 所示。当 $U_{CE} > BU_{CEO}$ 时,I_C 将突然急剧增加,说明管子已被击穿损坏。三极管正常使用时,U_{CE} 不允许超过 BU_{CEO}(见图 9-10),使用时要特别小心。

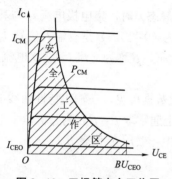

图 9-10 三极管安全工作区

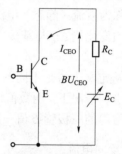

图 9-11 测量反向击穿电压 BU_{CEO} 的电路

3) 集电极最大允许功率损耗 P_{CM}

由于集电极电流在流经集电结时其产生的热量将使结温升高,从而引起管子的性能变坏或损坏。当晶体管因受热而引起的参数变化不超过允许值时,集电极所消耗的最大功率,称为集电极最大允许功率损耗 P_{CM}。P_{CM} 主要取决于管子的允许温升,硅管的最高结温为 150 ℃,锗管为 75 ℃,因此大功率三极管多采用硅管,并适当安装散热片。

$P_{CM} = U_{CE} I_C$,当 P_{CM} 一定时,由 $P_{CM} = U_{CM} I_C$ 可得集电极功率损耗曲线,如图 9-10 中的功耗线所示。功耗线左下方为安全工作区,右上方为过损耗区。三极管不允许进入过损耗区。

根据三极管三个极限参数:I_{CM}、P_{CM} 和 BU_{CEO},可以在输出特性曲线上画出安全工作区,见图 9-10。

以上讨论的几个主要参数,表明晶体管性能优劣的是参数 β 和 I_{CBO}(I_{CEO}),而参数 I_{CM}、BU_{CEO} 和 P_{CM} 说明了晶体管的使用限制。

9.2 交流放大电路的基本工作原理

根据不同用途和功能,存在多种放大电路。交流放大电路是最基本的放大电路。本节主要讨论分立元件交流放大电路的组成,各元件的作用、工作原理、分析方法等。

一、单管交流放大电路的组成及各元件的作用

下面以图 9-12 共射极连接的阻容耦合基本放大电路为例说明放大电路的组成及各元件的作用。

放大电路主要由三极管 VT、集电极负载电阻 R_C、基极偏置电阻 R_B、耦合电容 C_1、C_2 和直流电源 V_{CC} 组成。

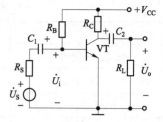

图 9-12　阻容耦合基本放大电路

1. 三极管 VT

三极管 VT 是整个放大电路的核心器件,具有电流放大作用。利用它可在集电极电路获得受输入信号控制的放大了的电流,该电流流过集电极电阻 R_C,就可以获得放大了的电压信号。需要特别指出的是,根据物理知识,我们知道能量守恒,能量是不能放大的,这里所谈及的电流、电压放大,其能量来源于直流电源 V_{CC}。实质是能量较小的输入信号利用三极管的控制作用,控制电源 V_{CC} 所输出的能量,在输出端获得一个与输入信号成比例的能量较大的输出信号。因此,也可以说三极管是一个控制元件。

2. 直流电源 V_{CC}

它通过 R_B 使三极管 VT 的发射结正向偏置,提供直流 I_B 和 U_{BE};通过 R_C 使三极管 VT 的集电结反向偏置,提供直流 I_C 和 U_{CE};保证三极管处于放大状态。同时,为放大电路提供能源(一般为几伏到几十伏)。

3. 基极偏置电阻 R_B

当直流电源 V_{CC} 一定时,R_B 的阻值(一般为几十千欧到几百千欧)决定基极电流 I_B 的大小,使放大电路获得合适的工作点。

4. 集电极负载电阻 R_C

没有 R_C,三极管同样可处在放大状态(发射结正向偏置、集电结反向偏置)。加入 R_C(其阻值一般为几千欧)的真正目的是将三极管的电流放大作用转换成电压放大作用。当已经放大的集电极电流通过 R_C 时,在 R_C 两端就可获得放大的电压信号。

5. 耦合电容 C_1 和 C_2

它们分别接在电路的输入端和输出端。根据电路分析知识可知:电容元件具有频率特性,它对低频分量呈现高阻状态,对高频分量呈现低阻状态。即电容器有隔断直流的作用,简称隔直;而它对一定频率的交流电又呈低阻抗状态,交流电容易通过,此特点称为耦合。因此 C_1、C_2 称为隔直耦合电容。它们的作用是:一方面将放大电路与输入信号源和负载之间的直流联系隔断;另一方面保证三者之间的交流通路畅通。为达到以上目的,C_1、C_2 的容量应足够大,一般为几微法到几十微法。

图 9-12 所示放大电路中公共端称为"地",用符号"⊥"表示,但这点并不是真正接到大地上,而是分析电路时的零电位参考点。

在正常工作的交流放大电路中,直流和交流电流、直流和交流电压同时存在,为避免混

淆，便于分析和表述，本书中对电流、电压的文字符号按表9-2的规律标示。

表9-2 放大电路中电压、电流的文字符号表示法

变 量	代 称	下 标	实 例
交流分量瞬时值	小写字母	小写字母	$u_{be}, u_{ce}, i_b, i_c, i_e$
交流有效值	大写字母	小写字母	$U_{be}, U_{ce}, I_b, I_c, I_e$
直流量	大写字母	大写字母	$U_{BE}, U_{CE}, V_{CC}, I_B, I_C, I_E$
总瞬时值	小写字母	大写字母	$u_{BE}, u_{CE}, i_B, i_C, i_E$

二、共射放大电路的放大原理

1. 直流通路和交流通路

放大电路中经常使用电抗元件（电感和电容），电抗元件具有频率效应，因此，直流电流的流通路径（即为直流通路）与信号电流（可等效为交流）的流通路径（即交流通路）就有所不同。初学电子技术时一定注意直流通路和交流通路的区分与应用。区分的方法是：

（1）确定直流通路时，电容视为开路，电感视为短路。

（2）确定交流通路时，在中频段，隔直耦合电容的容抗极小，视为短路；而直流电源视为短路，这是因为在讨论交流信号的流通情况时直流电源相当于一个恒压源，其内阻很小，可以略去不计。

直流通路一般用于分析和估算静态工作点和有关直流电量；交流通路一般用于分析放大电路的信号放大作用以及计算其性能指标，以后将介绍的微变等效电路也是在交流通路的基础上获得的。

2. 静态工作情况

放大电路未加输入信号，即 $u_i = 0$、$i_i = 0$ 时，电路的工作状态称为静态。因为这时电路中的电压、电流都只有直流成分，所以静态时的电路也就是基本放大电路的直流通路。图9-12所示放大电路的直流通路如图9-13所示。显然组容耦合放大电路在静态时它完全与信号源和负载脱离，可独立讨论研究。

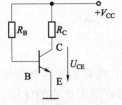

图9-13 单管放大电路的直流通路

根据直流通路可对放大电路的静态工作情况进行分析，确定放大电路是否工作在放大状态。求解静态时放大电路中的直流电压和直流电流的过程称为静态值的估算。此时三极管的 I_B、I_C、U_{CE} 值用 Q 点表示，称为静态工作点。由图9-13的直流通路，可得出静态时的基极电流为

$$I_B = \frac{V_{CC} - U_{BE}}{R_B} \approx \frac{V_{CC}}{R_B} \qquad (9-6)$$

由于 U_{BE}（硅管约为0.6 V）比 V_{CC} 小得多，故可忽略不计。

静态时的集电极电流为

$$I_C = \bar{\beta} I_B + I_{CEO} \approx \bar{\beta} I_B \approx \beta I_B \tag{9-7}$$

静态时的集-射极电压（亦称三极管的管压降）为

$$U_{CE} = V_{CC} - I_C R_C \tag{9-8}$$

根据以上求解数值，可以确定三极管在输出特性曲线上的工作区域，判断三极管是否工作在放大状态。另外，由式（9-6）可知当电源电压 V_{CC} 和 R_B 一定时，基极电流 I_B 基本固定，所以，此放大电路称为固定偏置式放大电路。

当放大电路的结构不同时，直流通路也将变化，静态值（静态工作点 Q 点）的求解方法也可能不同。但无论放大电路如何变化，只要画出正确的直流通路，应用电路分析方法，就可求解出静态工作点。

3. 动态工作情况

放大器输入端接入信号电压 u_i 时，放大电路的工作状态称为动态。此时电路中绝大多数元件上的电流和电压除了含有直流分量以外还有交流分量，是两者叠加的结果。下面讨论有关电流和电压的波形，并从中理解放大电路放大信号的过程与基本规律。

1) 不加信号的静态情况

此时，$u_s=0$，$u_i=0$，电路中的电压和电流都为直流量，可表示为

$$u_{BE} = U_{BE}, \quad i_B = I_B, \quad i_C = I_C$$
$$u_{CE} = U_{CE} = V_{CC} - I_C R_C, \quad u_o = 0$$

根据电路知识可画出静态时各电流、电压的波形，波形见图 9-15 中 t_0 以前的情况。

2) 加入正弦输入信号 $u_i = U_{im}\sin\omega t$ 后的动态情况

交流信号的流动情况对分析放大电路放大信号过程十分重要，所以先画出图 9-12 对应的交流通路。交流通路的画法是：电容 C 按短路处理（容抗值很小），直流电源按短路处理（叠加原理）。获得的交流通路，如图 9-14 所示。从交流通路可看出交流信号的流通路径。交流通路中的电流 i_b、i_c、i_e 和电压 u_i、u_{be}、u_{ce}、u_o 都表示正弦交流量。

设在 t_0 时刻加入输入信号，电路中既有直流作用又有交流作用，为两者叠加的效果，此时放大器中总的电压和电流可表示如下：

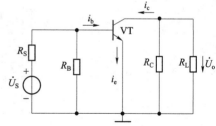

图 9-14 共射基本放大器的交流通路

$$u_{be} = u_i$$

则

$$u_{BE} = U_{BE} + u_{be} = U_{BE} + U_{im}\sin\omega t$$
$$i_B = I_B + i_b = I_B + I_{bm}\sin\omega t$$
$$i_C = I_C + i_c = I_C + I_{cm}\sin\omega t$$

式中，$i_b = I_{bm}\sin\omega t$，为基极电流交流分量；$I_{bm} = \dfrac{U_{im}}{r_{be}}$，为基极电流交流最大值；$i_c = I_{cm}\sin\omega t$，

为集电极电流交流分量;$I_{cm}=\beta I_{bm}$,为集电极交流电流最大值;r_{be}为三极管的等效输入电阻,常用下式估算

$$r_{be}=300+(\beta+1)\frac{26}{I_E(\text{mA})}\ \Omega \tag{9-9}$$

根据电路知识,负载R_L上的输出电压u_o为

$$u_o=-i_c(R_C/\!/R_L)=-\frac{R_C R_L}{R_C+R_L}I_{cm}\sin\omega t$$

$$=-R'_L I_{cm}\sin\omega t$$

式中,$R'_L=R_C/\!/R_L=\dfrac{R_C R_L}{R_C+R_L}$,为集电极交流负载电阻。

通过以上分析可知,在输入信号$u_i=U_{im}\sin\omega t$的作用下,根据计算可得以上表达式,画出它们在$t\geqslant t_0$后的波形,如图9-15所示。

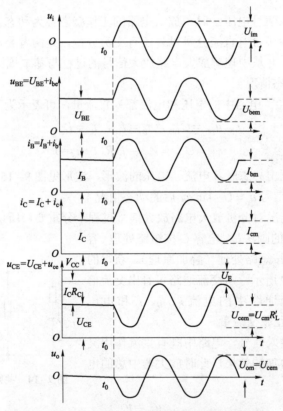

图9-15 基本放大电路的电压和电流的波形图

3)计算电压放大倍数

输出电压最大值U_{om}与输入电压最大值U_{im}的关系为

$$U_{om}=-I_{cm}R'_L=-\beta I_{bm}R'_L=-\frac{\beta U_{im}}{r_{be}}R'_L$$

则得到放大电路电压放大倍数为

$$A_u = \frac{U_{om}}{U_{im}} = -\beta \frac{R_L'}{r_{be}} \qquad (9-10)$$

综合上述分析，可得如下重要结论：

（1）静态时，各电极的电流、电压均为直流量。加入正弦信号后，各电极的电流、电压都在变化，交直流共存。交流分量叠加在直流分量上。直流分量是放大的基础，放大交流分量是目的。

（2）放大电路的放大作用是指输出端的动态变化量与其输入端的动态变化量之比，即 u_o 与 u_i 之间有效值或最大值的倍数关系。绝不能将直流分量包含在内。

（3）对于共射放大电路而言，在中频段，输出电压在相位上落后于输入电压180°，反映在 A_u 的计算公式则有个"−"号，即共射放大电路有倒相作用，输出电压与输入电压波形反相位。

（4）根据交流通路可以进一步明确集电极电阻 R_C 的作用是把三极管的电流放大作用转换成电压放大作用。信号的放大变换过程可表示为

$$u_i \to u_{be} \to i_b \to i_c \to i_c(R_C/\!/R_L) \to u_o$$

9.3 放大电路的图解分析法

从三极管的输入、输出特性曲线可以看出三极管是一个非线性元件。因而，由它组成的整个放大电路就是非线性电路。非线性电路的分析方法与线性电路有所不同。图解分析法是分析非线性电路的基本方法。放大电路的图解分析法就是利用三极管输入和输出的非线性特性曲线，通过作图的方法分析放大器的工作情况，估算静态工作点和电压放大倍数。图解分析法具有形象、直观等特点，对深刻理解放大器的放大原理和过程具有重要意义。

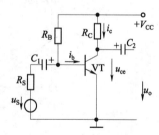

图 9-16　未接交流负载的基本放大电路

现以图 9-16 所示的基本放大电路（未接交流负载）为例来说明放大器的静态和动态的图解分析方法与步骤。设 $R_B = 470\,\text{k}\Omega$、$R_C = 6\,\text{k}\Omega$、$V_{CC} = 20\,\text{V}$。

一、静态图解分析和直流负载线

将基本放大电路中的输出回路单独画出来，如图 9-17（a）所示。为了便于分析，把输出回路以 AB 为界，人为地将电路分成左右两部分。左边是非线性元件三极管，其集电极电流 I_C 与管压降 U_{CE} 的关系由它的输出特性曲线确定，其输出特性曲线如图 9-17（b）所示。右边是一个线性电路，U_{CE}、I_C 分别是它的端电压与输出电流，其关系可由线性电路的分析方法计算如下：

$$U_{CE} + R_C I_C = V_{CC}$$

$$I_C = \frac{1}{R_C}(V_{CC} - U_{CE}) = \frac{1}{R_C}V_{CC} - \frac{1}{R_C}U_{CE} \qquad (9-11)$$

这是一个线性方程，其图形是一条直线，称为直流负载线。设直流负载线在坐标轴上的截点分别为 M、N 两点。横坐标轴上的截点 M 表示 $I_C = 0$ 时的状态，即电路从 AB 处断开，此时 U_{CE} 为开路电压，即 $U_{CE} = V_{CC}$。纵坐标轴上的截点 N 表示 $U_{CE} = 0$ 时的状态，即电路在 AB 处短路，此时电流 I_C 为短路电流，即 $I_C = V_{CC}/R_C$。所以只要电路的 V_{CC}、R_C 已知，则在横坐标轴上截取 $OM = V_{CC}$，在纵坐标轴上截取 $ON = V_{CC}/R_C$；然后连接 MN 就是该电路的直流负载线。直流负载线的斜率为

$$|\tan \alpha| = \frac{ON}{OM} = \frac{V_{CC}/R_C}{V_{CC}} = \frac{1}{R_C} \qquad (9-12)$$

其仅由集电极负载电阻 R_C 来决定。

从左边看，U_{CE} 与 I_C 在三极管输出特性曲线上变化；从右边看，U_{CE} 与 I_C 在直流负载线上变化。实际上，左边的三极管和右边的线性电路是连接在一起构成输出回路的，是统一整体。所以，通常是把图 9-17（b）和图 9-17（c）合起来画成图 9-17（d）。

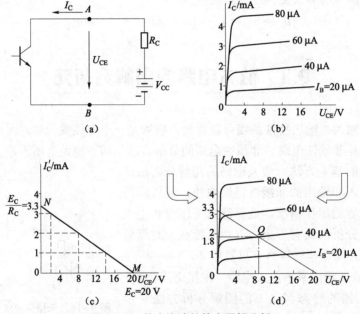

图 9-17　放大电路的静态图解分析

当基极偏流 I_B 的值确定之后，在输出特性曲线族中就确定了一条曲线，这条曲线与直流负载线的交点 Q 就是这个放大电路的静态工作点。

例如，按图 9-16 所示电路的参数，根据式（9-6）可求得静态偏流

$$I_B = \frac{V_{CC} - 0.7}{R_B} \approx \frac{20}{470 \times 10^3} \approx 4 \times 10^{-5} \text{（A）} = 40 \text{（μA）}$$

作直流负载线：M 点的 $U_{CE} = V_{CC} = 20\ \text{V}$；$N$ 点的 $I_C = \dfrac{V_{CC}}{R_C} = \dfrac{20}{6 \times 10^3} \approx 3.3 \text{（mA）}$。$I_B = 40\ \mu\text{A}$ 的一条输出特性曲线与直流负载线相交于 Q 点，该点就是这个放大器的静态工作点，读坐标值可得静态工作点为

$$\begin{cases} I_B = 40\ \mu A \\ I_C = 1.8\ mA \\ U_{CE} = 9\ V \end{cases}$$

可见，静态工作点 Q 处在放大状态。

二、动态图解分析和交流负载线

动态图解分析是在静态的基础上，根据已知的输入信号电压 u_i，用作图的方法求得输出电压 u_o，进而求得放大器的放大倍数。为方便起见，这部分只做定性分析。

1. 输入回路动态图解

设输入电压 $u_i = U_{im}\sin\omega t$，当它作用在放大电路输入端时，则有

$$u_{BE} = U_{BE} + u_i = U_{BE} + U_{im}\sin\omega t$$

u_{BE} 的变化规律如图 9-18（a）中的曲线①所示，根据三极管的输入特性曲线可知，u_{BE} 的变化必将导致 i_B 的变化，所以 i_B 也是由直流部分和变化的正弦交流两部分组成，其波形图如图中曲线②所示。

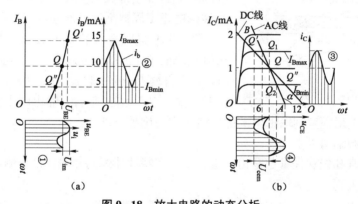

图 9-18 放大电路的动态分析

（a）输入回路动态分析；（b）输出回路动态分析

2. 输出回路动态图解

1）交流负载线及其画法

根据图 9-14 的交流通路可知，当放大器接入负载后等效电阻为 $R_L' = R_C \mathbin{/\mkern-6mu/} R_L$，交流负载线（AC 线）方程为

$$u_{ce} = -i_c R_L' \tag{9-13}$$

式中，负号表示 u_{ce} 实际方向与规定的正极性相反。由其方程可知交流负载线是一条直线，其斜率为 $\tan\alpha = -1/R_L'$。因为 $R_L' < R_L$，所以交流负载线比直流负载线更陡些。当输入交流信号过零时，放大电路仍应工作在静态工作点 Q，可见交流负载线也要通过 Q 点。若放大电路空载（$R_L = \infty$），则 AC 线（交流负载线）与 DC 线（直流负载线）重合，这是特殊情况，一般放大电路总是要带负载的。

交流负载线的具体画法：

在输出特性横坐标上找出 Q 点的垂足，即对应的 U_{CE} 点，向右确定一点 A，A 点距 U_{CE} 的截距为 $I_C R_L'$（或 A 点距坐标原点的横坐标截距为 $U_{CE} + I_C R_L'$）。Q 点与 A 点的连线即为交流负载线，如图 9-18（b）所示。

2) i_C 及 u_{CE} 波形及其画法

将图 9-18（a）得到的 i_B 波形移到图 9-18（b）中，利用交流负载线便可画出 i_C 与 u_{CE} 的波形，如图中曲线③和④所示，因为 AC 线不变，当 i_B 在一定范围之间变化时，Q 点在 AC 线上也随之变动，分别对应为 Q_1 和 Q_2 点，直线段 $Q_1 Q_2$ 是工作点移动的轨迹，通常称为动态工作范围。由图 9-18（b）可见，i_B 在一定范围内变化，将引起 i_C 和 u_{CE} 也按类同的规律变化，u_{CE} 中的交流分量 u_{ce} 就是输出电压 u_o。

3) 非线性失真与静态工作点 Q 的选择

在设计和调试放大电路时，必须正确设置静态工作点 Q。因为 Q 点位置不同，可能使 i_C 及 u_{CE}（u_o）波形产生失真。图 9-19 表示了 Q 点设置过低（Q_2 点）时，输入信号的负半周进入截止区，使 i_B、i_C 和 u_{CE}（u_o）产生截止失真。对于 NPN 型管，输出电压波形出现顶部失真，可用示波器观察到输出电压 u_o 波形的正半周被削掉一部分。

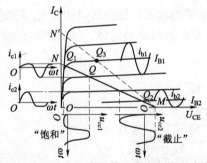

图 9-19 放大电路的截止失真和饱和失真

图 9-19 同时表示了 Q 点设置过高（Q_1 点）时，在信号的正半周工作点进入饱和区，当 i_B 增大到一定值时，i_C 不再增大，而引起 i_C、u_{CE}（u_o）产生饱和失真。由图可知，对于 NPN 型管，输出电压 u_o 的波形出现底部失真，可用示波器观察到输出电压 u_o 的负半周被削掉一部分。

综上分析，归纳为以下几点：

（1）截止失真和饱和失真都是由三极管工作在特性曲线的非线性部分附近引起的，所以它们属于非线性失真。

（2）静态工作点 Q 对动态工作有直接影响。只要正确选择 Q 就能使 u_o 波形失真减至最小。通过改变偏置电阻 R_B 调整 Q 点位置最为方便。例如，当 u_o 产生底部失真时，是由 Q 点偏高和静态基极电流 I_B 偏大造成的，可适当增加偏置电阻 R_B 来消除饱和失真。反之，若 u_o 产生顶部失真，则适当减小 R_B，将 Q 点上移，以消除截止失真。当然，适当改变 R_C 阻值，也可以调整 Q 点位置，图 9-19 中的 Q_3 点，就是由于减小 R_C 阻值，使 Q 点由 Q_1 移到 Q_3 点而脱离饱和工作区的。

（3）静态工作点设置在交流负载线 MN 中间位置 V_{CC} 的一半左右时，输入电压 u_i 在一定范围内变化，输出电压 u_o 最不易产生波形失真。

（4）如果输入信号幅度较小，输出电压、电流也较小，此时静态工作点 Q 可适当选低一点，以减小静态时的基极电流和集电极电流，提高放大电路的效率。

图解分析法可以直观、形象地说明放大电路的工作原理，说明电路参数对负载线及静态工作点的影响，对分析放大电路的非线性失真很有利。但是，图解分析法比较麻烦，特别是对复杂的放大电路，应用很不方便。另外，即使是同一型号的三极管，其特性曲线往往相差较大，更为图解法的应用带来许多困难。因此，在分析小信号放大电路时，一般采取另一种方法——微变等效电路分析方法。

9.4 交流放大电路的微变等效电路分析方法

由于三极管的输入、输出特性曲线都是非线性的，所以三极管电路从电路分析上来说，是一个非线性电路。但是，三极管如果工作在小信号条件下，且有一个合适的静态工作点，就可以认为在给定的工作范围内，它的特性曲线是线性的，从而将三极管看成一个线性元件，而用一个与它等效的线性电路来表示，也就是将三极管线性化。这样，我们就可以很方便地运用已学过的线性电路计算方法来分析放大电路。这种在小信号情况下，把三极管当作一个线性元件来分析的方法，称为微变等效电路分析法。这里的微变是指信号的变化量很小。

一、三极管的微变等效电路

我们首先讨论如何把三极管用一个等效电路代替。我们从共发射极接法三极管的输入特性和输出特性两方面来分析讨论。

从三极管输入端 BE 看，电压电流关系就是三极管的输入特性，如图 9-20（a）所示。在静态工作点 Q 点附近，当输入信号的变化量很小时，ΔU_{BE} 与 ΔI_B 近似呈线性关系。因此，当 U_{CE} 为常数时，微变量 ΔU_{BE} 与 ΔI_B 成正比，其比值用 r_{be} 表示，称为三极管的输入电阻，即

$$r_{be} = \frac{\Delta U_{BE}}{\Delta I_B}\bigg|_{U_{CE}}$$

当输入信号是正弦量 u_{be} 时，其比值可用有效值表示为

$$r_{be} = \frac{U_{be}}{I_b}\bigg|_{U_{CE}}$$

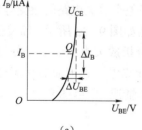
（a）

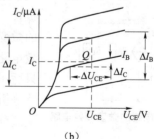
（b）

图 9-20 三极管参数的物理意义及图解求法

（a）由输入特性曲线求 r_{be}；（b）由输出特性曲线求 β 和 r_{ce}

因此，三极管的输入电路可以用一个线性电阻 r_{be} 来等效代替，如图 9-21（b）所示。一般情况下，r_{be} 可由式 9-9 求得。r_{be} 的阻值在几百欧姆到几千欧姆之间。

从三极管输出端 CE 看，电流电压关系就是三极管的输出特性，如图 9-20（b）所示。如前所述输出特性在放大区近似为一组与横轴平行的直线。输出回路的电流变化量 ΔI_C 只取决于输入电流的变化量 ΔI_B，而与集电极电压几乎无关，即 $\Delta I_C = \beta \Delta I_B$，或 $i_c = \beta i_b$，具有所谓"恒流特性"。因此，三极管的输出端可以用一个等效的受控恒流源 βi_b 来代替。这个恒流源的

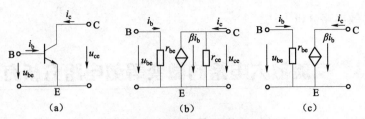

图 9-21 三极管及其微变等效电路

输出电流大小不是独立的,它要受 i_b 的控制。它们之间满足 $i_c = \beta i_b$ 的控制关系。实际上,输出特性曲线并非完全水平,而是略略向上翘起,如图 9-20(b)所示。在 I_B 为常数的情况下,当 U_{CE} 增加 ΔU_{CE} 时,I_C 也微微增加 ΔI_C,这两个变化量的比值也可以用一个等效电阻 r_{ce} 来表示,即

$$r_{ce} = \frac{\Delta U_{CE}}{\Delta I_C}\bigg|_{I_B} = \frac{U_{ce}}{I_c}\bigg|_{I_B}$$

r_{ce} 称为三极管的输出电阻,它表示了管子输出电压与输出电流间的关系,在放大区内,r_{ce} 也是一个常数,一般其阻值为几十千欧至几百千欧。

由于 r_{ce} 的存在,三极管的输出端可以等效为一个受控恒流源 βi_b 与输出电阻 r_{ce} 的并联形式,如图 9-21(b)所示。最后,将输入、输出回路的公共端发射极连接在一起,就得到图 9-21(b)所示的三极管微变等效电路。由于 r_{ce} 阻值很大,常被视为开路,实际上,就是把管子输入端 BE 用一个输入电阻 r_{be} 来代表,而把输出端 CE 看作是一个受控恒流源 βi_b,这就是三极管简化微变等效电路,如图 9-21(c)所示。

二、放大电路的微变等效电路

有了三极管的微变等效电路,就可以方便地得到放大电路的微变等效电路。首先画出放大电路的交流通路,然后用三极管的微变等效电路替代三极管,就得到了整个放大电路的微变等效电路。图 9-12 的微变等效电路如图 9-22 所示。需要强调的是,微变等效电路是为了分析放大电路的交流分量而提出来的,它只适用于分析计算电压、电流的交流分量,不能用此电路分析静态工作情况。所以图 9-22 中的电压和电流都是交流分量。

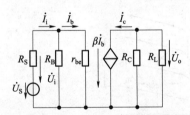

图 9-22 交流放大电路的微变等效电路

三、电压放大倍数的计算

利用图 9-22,可求得放大电路的电压放大倍数。设输入的是正弦信号,图中的电压、电流都可用相量表示。观察电路,令 $R'_L = R_C // R_L$,则

$$\dot{U}_o = -\beta \dot{I}_b R'_L, \quad \dot{U}_i = \dot{I}_b r_{be}$$

故放大电路的电压放大倍数为

$$A_u = \frac{\dot{U}_o}{\dot{U}_i} = -\beta \frac{R'_L}{r_{be}} \tag{9-14}$$

式（9-14）中的负号表示输出电压 $\dot{U}_o$ 与输入电压 $\dot{U}_i$ 的相位相反。

当放大电路的输出端未接 R_L（开路）时，电压放大倍数为

$$A_u = -\beta \frac{R_C}{r_{be}} \tag{9-15}$$

比较式（9-14）与式（9-15）可知，未接 R_L 时的电压放大倍数更高。所以 R_L 越小，电压放大倍数越低。实际上这些结论与前面介绍的图解法中结果完全一致。没有负载电阻 R_L 时，交直流负载线重合；当接入 R_L 时，交流负载线就比直流负载线更陡，在输入信号电压 u_i 一定的情况下，输出电压 u_o 肯定变小，造成电压放大倍数的降低。另外，电压放大倍数还与三极管的电流放大系数 β 和输入电阻 r_{be} 有关。因 β 与 r_{be} 有式（9-9）的关系，所以，简单增加 β，A_u 不会按线性规律增加。

四、输入电阻和输出电阻的计算

1. 输入电阻 r_i

从信号源角度来说，放大电路相当于是信号源的负载。将放大电路输入端的电压变化量 Δu_i 和电流变化量 Δi_i 之比定义为放大电路的输入电阻 r_i，即

$$r_i = \frac{\Delta u_i}{\Delta i_i} \tag{9-16}$$

实际上输入电阻就是从放大电路的输入端看进去的动态等效电阻。输入电阻由微变等效电路图 9-22 最易求出：$r_i = R_B // r_{be}$。一般 R_B（几百千欧）远大于 r_{be}（1 000 Ω 左右），所以 $r_i \approx r_{be}$。由于三极管的输入电阻 r_{be} 不是很大，所以固定偏置式共射放大电路的输入电阻过小。一般而言，r_i 过小是不利的，其后果是信号源要提供更大的电流，加重了信号源的负担，另外也将造成整个放大电路输出电压的降低。此外需注意，从 $r_i = R_B // r_{be}$ 关系可知，输入电阻与信号源的内阻 R_S 无关。

2. 输出电阻 r_o

从负载角度来说放大电路是它的信号源。将放大电路输出端的开路电压变化量 Δu_{oo} 与短路电流变化量 Δi_{os} 之比定义为放大电路的输出电阻 r_o，即

$$r_o = \frac{\Delta u_{oo}}{\Delta i_{os}} \tag{9-17}$$

实际上放大电路的输出电阻就是将它作为信号源看待时的内电阻。输出电阻就是将负载电阻 R_L 移去，将放大电路的信号源移走（恒压源短路，恒流源开路），从放大电路的输出端看进去的交流等效电阻，因此共射放大电路的输出电阻 $r_o = R_C$。就一个电源来讲，内阻越小，输出电压越稳定，也就是带负载能力越强。通常，共射放大电路的集电极电阻 R_C 是比较大的，因而带负载能力显得差些。

需要再次强调的是，输入电阻和输出电阻都可利用微变等效电路求得，所以它们都是等效的动态电阻。

例 9-1 有一固定偏置共射放大电路，如图 9-12 所示。已知 $V_{CC}=12$ V，$R_B=300$ kΩ，

$R_C = 4 \text{ k}\Omega$，三极管 $\beta = 40$，试求：

(1) 估算静态工作点；
(2) 估算三极管输入电阻 r_{be}；
(3) 画出放大电路的微变等效电路；
(4) 计算输入电阻 r_i 和输出电阻 r_o；
(5) 当 $R_S = 0$ 和 $R_L = \infty$ 时的电压放大倍数 A_u；
(6) 当 $R_S = 0.5 \text{ k}\Omega$ 和 $R_L = 4 \text{ k}\Omega$ 时的电压放大倍数 A_{uS}。

解：(1) 估算静态工作点。

$$I_B = \frac{V_{CC} - U_{BE}}{R_B} = \frac{12 - 0.7}{300} \approx 0.04 \text{ (mA)} = 40 \text{ (μA)}$$

$$I_C = \beta I_B = 40 \times 0.04 = 1.6 \text{ (mA)}$$

$$U_{CE} = V_{CC} - I_C R_C = 12 - 1.6 \times 4 = 5.6 \text{ (V)}$$

(2) 估算 r_{be}。

由于
$$I_E = I_B + I_C \approx I_C$$

所以
$$r_{be} = 300 + (1+\beta)\frac{26}{1.6} = 950 \text{ (Ω)}$$

(3) 微变等效电路如图 9-22 所示。

(4) 计算输入电阻 r_i 和输出电阻 r_o。

输入电阻
$$r_i = R_B // r_{be} \approx r_{be} = 0.95 \text{ (kΩ)}$$

输出电阻
$$r_o = R_C = 4 \text{ (kΩ)}$$

(5) 因 $R_S = 0$，$R_L = \infty$，利用式（9-15）计算电压放大倍数得

$$A_u = -\beta \frac{R_C}{r_{be}} = -40 \times \frac{4 \times 10^3}{950} \approx -168$$

(6) 考虑到信号源内阻 $R_S = 0.5 \text{ kΩ}$ 和负载电阻 $R_L = 4 \text{ kΩ}$ 时，有

$$R_L' = R_C // R_L = \frac{R_C R_L}{R_C + R_L} = \frac{4 \times 4}{4 + 4} = 2 \text{ (kΩ)}$$

此时的电压放大倍数 A_{uS} 可表示为

$$A_{uS} = \frac{\dot{U}_o}{\dot{U}_S} = \frac{\dot{U}_o \dot{U}_i}{\dot{U}_S \dot{U}_i} = \frac{\frac{r_i}{R_S + r_i}\dot{U}_S}{\dot{U}_S} \times \frac{\dot{U}_o}{\dot{U}_i} = \frac{r_i}{R_S + r_i}\left(-\beta \frac{R_L'}{r_{be}}\right)$$

$$\approx -\beta \frac{R_L'}{R_S + r_{be}} = -40 \times \frac{2 \times 10^3}{500 + 950} = -55$$

9.5 分压偏置共射放大电路

通过以上介绍可知，放大电路必须具备合适的静态工作点，以保证有较好的放大效果，

并且不引起非线性失真。固定偏置电压放大电路虽然结构简单和调试方便，但在外部因素（例如晶体管老化，温度、电源电压波动等）的影响下，容易引起静态工作点的变动，严重时使放大电路不能正常工作。其中影响最大的是温度的变化。例如，温度变化要影响晶体管的参数 I_{CBO}、β、U_{BE} 的变化（温度升高，以上参数都将不同程度地增加），最终结果是造成集电极电流 I_C 变化，而使静态工作点发生变动（左移靠近饱和区，右移靠近截止区）。显然，实际中需要一种静态工作点相对稳定的放大电路。分压偏置共射放大电路就是目前广泛采用的具有稳定静态工作点的基本放大电路。分压偏置共射放大电路如图 9-23 所示。

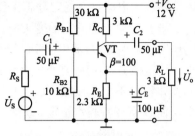

图 9-23 分压偏置共射放大电路

一、静态工作点 Q 的计算

分压偏置共射放大电路的静态工作点计算过程如下：首先画出图 9-23 的直流通路，如图 9-24（a）所示。然后根据直流通路利用电路分析方法求解放大电路的静态工作点。设计分压偏置共射放大电路时一般满足 $I_1 \gg I_B$，$I_1 \geq (5\sim 10)I_B$，因而 $I_1 = I_2 + I_B \approx I_2$（即忽略 I_B 的分流作用），则

$$U_B \approx \frac{R_{B2}}{R_{B1}+R_{B2}} \times V_{CC} = \frac{10\times 10^3}{(30+10)\times 10^3}\times 12 = 3 \text{ （V）}$$

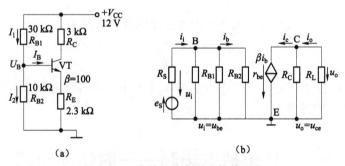

图 9-24 直流通路和微变等效电路
（a）直流通路；（b）微变等效电路

即 U_B 基本上是固定的，此时发射极电位为

$$U_E = U_B - U_{BE} = 3 - 0.7 = 2.3 \text{ （V）}$$

所以

$$I_E = \frac{U_E}{R_E} = \frac{2.3}{2.3\times 10^3} = 1 \text{ （mA）}, \quad I_C \approx I_E = 1 \text{ （mA）}$$

$$U_{CE} = V_{CC} - I_C R_C - I_E R_E = V_{CC} - I_C(R_C + R_E)$$
$$= 12 - 1\times(3+2.3) = 6.7 \text{ （V）}$$

通过以上数据可以判定此电路中的三极管处在放大区域。

二、静态工作点的稳定

该放大电路具有稳定静态工作点的作用，其稳定过程如下：

当 I_C 随温度的升高而变大时，I_E 也会变大，则 U_E 将随之升高。但由于分压电阻 R_{B1}、R_{B2} 的作用，要保证 U_B 基本固定，必然使 U_{BE} 比原来小，由管子的输入特性可知，I_B 也将随之减小，这就使 I_C 要相应减小一些。结果，I_C 随温度的增加将大部分被 I_B 的减小所抵消。因此，I_C 基本维持不变，显然，U_{CE} 也基本不变。这里是通过 I_E 的直流负反馈作用，限制了 I_C 的改变，使 Q 点保持基本稳定。分压偏置式放大电路稳定静态工作点的物理过程可简明表示为

温度升高 $\rightarrow I_C \uparrow \rightarrow I_E \uparrow \rightarrow U_E \uparrow \xrightarrow{U_B\text{固定}} U_{BE} \downarrow \xrightarrow{\text{由输入特性可知}} I_B \downarrow \rightarrow I_C \downarrow$

三、电压放大倍数的计算

分压偏置放大电路的微变等效电路如图 9-24（b）所示，因旁路电容 C_E 对交流信号起旁路（短路）作用，使微变等效电路中体现不出 R_E 的存在。所以此电路与固定偏置放大电路的微变等效电路接近，不难看出电压放大倍数仍为

$$A_u = \frac{\dot{U}_o}{\dot{U}_i} = -\beta \frac{R'_L}{r_{be}}$$

其中，$R'_L = R_C // R_L$。

四、输入电阻和输出电阻的计算

根据微变等效电路 9-24（b）可求得放大电路的输入电阻为

$$r_i = R_{B1} // R_{B2} // r_{be}$$

输出电阻仍为

$$r_o = R_C$$

可见，如图 9-23 所示的分压偏置电压放大电路虽然具有稳定静态工作点的作用，但在动态性能方面几乎没有改善。

9.6 共集放大电路——射极输出器

图 9-25 是共集放大电路，图 9-26 是它的微变等效电路。由微变等效电路可以看出，输入信号 $\dot{U}_i$ 加在基极和地（集电极）之间，而输出信号 $\dot{U}_o$ 从发射极和地之间取出，所以输入、输出回路共用集电极，因此称为共集放大电路。又因为输出信号从发射极输出，故又称为射极输出器。

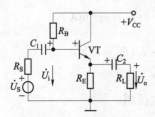

图 9-25 射极输出器

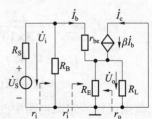

图 9-26 射极输出器微变等效电路

一、静态分析

根据图 9–25，考虑到静态时电容 C_1、C_2 开路，可以列出输入回路电压平衡方程式为

$$V_{CC} = I_B R_B + U_{BE} + (1+\beta) I_B R_E$$

所以

$$I_B = \frac{V_{CC} - U_{BE}}{R_B + (1+\beta) R_E} \tag{9-18}$$

$$I_C = \beta I_B$$

$$U_{CE} = V_{CC} - I_E R_E$$

二、动态分析

1. 电压放大倍数

由图 9–26 可得出

$$\dot{U}_o = \dot{I}_e (R_E \mathbin{/\mkern-6mu/} R_L) = (1+\beta) \dot{I}_b R_L'$$

其中，$R_L' = R_E \mathbin{/\mkern-6mu/} R_L$。

$$\dot{U}_i = \dot{I}_b r_{be} + (1+\beta) \dot{I}_b R_L'$$

$$A_u = \frac{\dot{U}_o}{\dot{U}_i} = \frac{(1+\beta) R_L'}{r_{be} + (1+\beta) R_L'} \approx 1 \tag{9-19}$$

由式（9–19）可以得出以下结论：

（1）射极输出器的电压放大倍数接近 1 而略小于 1。因为通常 $(1+\beta) R_L' \gg r_{be}$，所以 $\dot{U}_o$ 略小于 $\dot{U}_i$。射极输出器没有电压放大作用，但射极电流 $\dot{I}_e = (1+\beta) \dot{I}_b$，故仍具有电流放大作用和功率放大作用。

（2）输出电压与输入电压同相位。$A_u \approx 1$ 说明输出与输入电压同相位，且两者近似相等，输出电压具有跟随输入电压的作用，因此又称此电路为射极跟随器，简称射随器。

2. 输入电阻

由图 9–26 的三极管输入端看进去的等效电阻为

$$r_i' = \frac{\dot{U}_i}{\dot{I}_b} = \frac{\dot{I}_b r_{be} + (1+\beta) \dot{I}_b R_L'}{\dot{I}_b} = r_{be} + (1+\beta) R_L'$$

所以放大电路的输入电阻为

$$r_i = R_B \mathbin{/\mkern-6mu/} r_i' = R_B \mathbin{/\mkern-6mu/} [r_{be} + (1+\beta) R_L'] \tag{9-20}$$

通常，R_B 的阻值为几万欧至几十万欧，并且，$(1+\beta) R_L'$ 的阻值也很大。因此，与共射放大电路相比较，共集放大电路的输入电阻很高，可达几万欧至几十万欧。要注意的是，此电路的输入与输出回路彼此不独立，输入电阻中含有负载电阻 R_L 的成分。

3. 输出电阻

由射极输出器的微变等效电路（见图9-26），可得到求 r_o 的等效电路，如图9-27所示。因该电路含有受控源，故可采用在输出端外加电压 $\dot{U}_o'$ 的方法来求等效电阻 r_o。同样需要注意的是，因输入与输出回路彼此不独立，将输入信号电压源 $\dot{U}_S$ 短路后（但信号源内阻 R_S 要保留），r_o 与 R_S 有关。

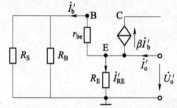

图9-27 计算射极输出器输出电阻电路

由图9-27可知

$$\dot{I}_o' = \dot{I}_b' + \beta \dot{I}_b' + \dot{I}_{R_E}' = (1+\beta)\frac{\dot{U}_o'}{r_{be} + (R_S // R_B)} + \frac{\dot{U}_o'}{R_E}$$

可得到输出电阻为

$$r_o = \frac{\dot{U}_o'}{\dot{I}_o'} = \frac{r_{be} + (R_S // R_B)}{1+\beta} // R_E \qquad (9-21)$$

因 $R_E \gg \dfrac{r_{be} + (R_S // R_B)}{1+\beta}$，且 $\beta \gg 1$，故

$$r_o \approx \frac{r_{be} + (R_S // R_B)}{\beta} \qquad (9-22)$$

考虑到 $R_B \gg R_S$，则

$$r_o \approx \frac{r_{be} + R_S}{\beta} \qquad (9-23)$$

由式（9-23）可以看出，射极输出器的输出电阻很小，其值约为几十欧姆至几百欧姆，说明射极输出器具有很好的带负载能力。

综上所述，射极输出器的主要特点是：电压放大倍数接近1，但略小于1；输出电压与输入电压同相位，具有跟随作用；输入电阻高，且与外接负载有关；输出电阻低，且与信号源内阻有关。

由于上述特点，射极输出器应用十分广泛。例如，在多级放大器中，根据具体情况射极输出器可分别用于输入级（提高整个发达电路的输入电阻）、输出级（提高带负载能力）和中间级（实现阻抗变换）。

例9-2 已知图9-25所示的射极输出器中的三极管 $\beta=60$，$V_{CC}=20\,V$，$R_B=200\,k\Omega$，$R_E=4\,k\Omega$，$R_S=200\,\Omega$，$R_L=2\,k\Omega$，试求射极输出器的静态工作点、输入电阻 r_i、输出电阻 r_o 和电压放大倍数。

解：（1）求静态工作点：

$$I_B = \frac{V_{CC} - U_{BE}}{R_B + (1+\beta)R_E} = \frac{20 - 0.7}{200 \times 10^3 - (1+60) \times 4 \times 10^3} \approx 43 \,(\mu A)$$

$$I_C = \beta I_B = 60 \times 43 \times 10^{-6} = 2.58 \,(mA)$$

$$U_{CE} = V_{CC} - R_E I_E \approx V_{CC} - R_E I_C = 20 - 4 \times 10^3 \times 2.58 \times 10^{-3} = 9.68 \text{ (V)}$$

三极管的输入电阻 r_{be} 为

$$r_{be} = 300 + (1+\beta)\frac{26}{I_E} = 300 + (1+60) \times \frac{26}{2.58} \approx 0.91 \text{ (k}\Omega)$$

（2）输入电阻为

$$R'_L = R_E // R_L = 4 // 2 = 1.33 \text{ (k}\Omega)$$

$$r_i = R_B // [r_{be} + (1+\beta)R'_L] = 200 // [0.91 + (1+60) \times 1.33] = 58.18 \text{ (k}\Omega)$$

（3）输出电阻为

$$r_o \approx \frac{r_{be} + R_S}{\beta} = \frac{0.91 + 0.2}{60} = 18.5 \text{ (}\Omega\text{)}$$

（4）计算电压放大倍数为

$$A_u = \frac{(1+\beta)R'_L}{r_{be} + (1+\beta)R'_L} = \frac{(1+60) \times 1.33}{0.91 + (1+60) \times 1.33} = 0.99$$

9.7 阻容耦合多级放大电路

一般放大电路的输入信号都很微弱，为了推动负载工作，必须采用多级放大电路连续放大信号。图 9-28 是多级放大电路的组成示意图。一般多级放大电路的前几级为电压放大级，以便将微弱电压信号放大到足够的幅度。末级为功率放大器，它要提供负载所需的足够大的功率。

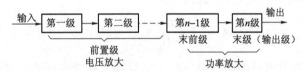

图 9-28 多级放大电路组成方框图

在多级放大电路中，输入级与信号源、级与级之间、输出级与负载之间，都要以适当的方式连接起来，使信号能逐级往后传输、放大，这种级间连接电路称为耦合电路。对耦合电路的基本要求是必须保证信号不失真地顺利传输；尽量减小其自身的信号损失；保证多级放大电路有合适的静态工作点。通常采用的耦合电路有 3 种形式：阻容耦合、直接耦合或变压器耦合。本书只讨论应用较广的前两种耦合电路。

一、两级阻容耦合放大电路

1. 电路的组成

图 9-29 是用两个分压偏置放大电路组成的两级阻容耦合放大电路，两级之间通过耦合电容 C_2 及下一级的输入电阻连接，故称为阻容耦合。

2. 静态分析

由于电容器 C_2 的隔直作用，阻断了放大电路之间的直流电流，因而两级放大电路的静态工作点互不影响，彼此独立。所以两级组容耦合放大电路的静态分析可以分别进行。静态工作点的求解方法如前所述，此处不再重复。

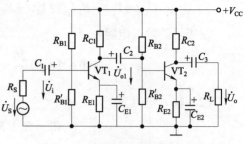

图 9-29 两级阻容耦合放大电路

3. 动态分析

1）多级放大电路的电压放大倍数

两级阻容耦合放大电路的微变等效电路如图 9-30 所示，从图中可以直观地看出信号的传输与逐级放大过程。输入信号从第一级的输入端加入，经第一级放大电路放大后加到第二级放大电路的输入端，显而易见，此时前一级的输出就是后一级的输入，即 $\dot{U}_{o1}=\dot{U}_{i2}$，信号经第二级放大电路进一步放大后最终加在负载 R_L 上。

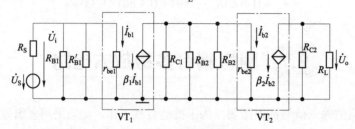

图 9-30 电路的微变等效电路

所以两级放大电路的电压放大倍数为

$$A_u = \frac{\dot{U}_o}{\dot{U}_i} = \frac{\dot{U}_{o1}}{\dot{U}_i} \times \frac{\dot{U}_o}{\dot{U}_{i2}} = A_{u1}A_{u2} \qquad (9-24)$$

可以推得：多级放大电路的总的电压放大倍数等于各级电压放大倍数的乘积。需要强调的是，电压放大倍数有两个计算公式，即式（9-14）和式（9-15），在使用式（9-24）计算时应选用式（9-14），即选用考虑负载 R_L 时的电压放大倍数计算公式。这是因为第一级的输出端与第二级放大电路相连，不是开路状态。计算时将第二级的输入电阻看成是第一级的负载电阻。

2）多级放大电路的输入电阻和输出电阻

由图 9-30 可知，多级放大电路的输入电阻就是第一级的输入电阻，即

$$r_i = r_{i1} = R_{B1}//R'_{B1}//r_{be1}$$

多级放大电路的输出电阻就是第二级（末级）的输出电阻，即

$$r_o = r_{o2} = R_{C2}$$

阻容耦合方式的优点是线路简单，静态工作点相互独立（便于分析、设计、调试），一定频率范围内的信号可以毫无衰减地传输，所以应用广泛。缺点是由于隔直电容的存在，使缓慢变化的信号不易甚至不能放大。

例 9–3 两级阻容耦合放大电路如图 9–29 所示,已知 $R'_{B1} = 24 \text{ k}\Omega$,$R'_{B1} = 36 \text{ k}\Omega$,$R_{C1} = 2 \text{ k}\Omega$,$R_{E1} = 2.2 \text{ k}\Omega$,$R_{B2} = 10 \text{ k}\Omega$,$R'_{B2} = 33 \text{ k}\Omega$,$R_{C2} = 3.3 \text{ k}\Omega$,$R_{E2} = 1.5 \text{ k}\Omega$,$\beta_1 = 100$,$\beta_2 = 60$,$V_{CC} = 24 \text{ V}$,$R_L = 5.1 \text{ k}\Omega$。当两个三极管的输入电阻为 $r_{be1} = 0.96 \text{ k}\Omega$ 和 $r_{be2} = 0.8 \text{ k}\Omega$ 时,试求:(1)总电压放大倍数;(2)整个两级放大电路的输入电阻和输出电阻。

解:(1)电压放大倍数。

第二级放大器的输入电阻为
$$r_{i2} = R_{B2} // R'_{B2} // r_{be2} \approx r_{be2} = 0.8 \text{ (k}\Omega\text{)}$$

第一级放大器的等效负载电阻为
$$R'_{L1} = R_{C1} // r_{i2} = 2 // 0.8 = 0.57 \text{ (k}\Omega\text{)}$$

第一级放大器的电压放大倍数为
$$A_{u1} = \frac{\dot{U}_{o1}}{\dot{U}_i} = -\beta_1 \frac{R'_{L1}}{r_{be1}} = -100 \times \frac{0.57}{0.96} = -60$$

第二级放大器的等效负载电阻为
$$R'_{L2} = R_{C2} // R_L = 3.3 // 5.1 = 2 \text{ (k}\Omega\text{)}$$

第二级放大器的电压放大倍数为
$$A_{u2} = \frac{\dot{U}_o}{\dot{U}_{i2}} = -\beta_2 \frac{R'_{L2}}{r_{be2}} = -60 \times \frac{2}{0.8} = -150$$

两级电压放大倍数为
$$A_u = A_{u1} A_{u2} = (-60) \times (-150) = 9\,000$$

(2)整个多级放大器的输入电阻为
$$r_i = r_{i1} = R_{B1} // R'_{B1} // r_{be1} \approx r_{be1} = 0.96 \text{ (k}\Omega\text{)}$$

整个多级放大器的输出电阻为
$$r_o = r_{o2} = R_{C2} = 3.3 \text{ (k}\Omega\text{)}$$

二、阻容耦合放大电路的频率特性

在阻容耦合放大电路中,由于存在耦合电容、发射极旁路电容及三极管的结电容等,它们的容抗 $[1/(2\pi fC)]$ 将随输入信号频率的变化而变化。因此当输入信号的频率不同时,放大电路的输出电压大小也将不同,从数学角度上可以说电压放大倍数是输入信号频率的函数。电压放大倍数的大小 $|A_u|$ 随输入信号频率 f 变化的关系称为幅频特性。图 9–31 是单级阻容耦合放大电路的幅频特性。另外,通过前面对放大电路的分析可知,不仅要关心输出信号的大小,还要讨论输出信号与输入信号的相位移动情况(如固定偏置放大电路输出与输入信号反相,射极输出器输出与输入同相等)。当考虑输入信号频率 f 变化时,以上电容的容抗也将变化,输出信号与输入信号的相位差 φ 也将随之变化,放大电路 φ 随 f 变化的关系称为相频特性。幅频特性与相频特性统称为放大电路的频率特性。因篇幅所限,本文

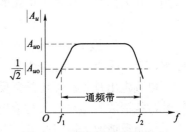

图 9–31 单级阻容耦合放大电路的幅频特性

只简单介绍幅频特性相关的知识。

由图 9-31 幅频特性可见，在中间一段较大频率范围内各种电容的容抗变化对电压放大倍数（用$|A_{uo}|$表示）影响很小，$|A_{uo}|$不随信号频率 f 变化，$|A_{uo}|$最大。当信号频率过低时，电压放大倍数明显下降,造成$|A_{uo}|$下降的主要原因是耦合电容、旁路电容的容抗随 f 下降而增大，由于容抗的分压作用阻碍了信号的传递和放大，$|A_{uo}|$将随之降低。当信号频率过高时电压放大倍数也明显下降，造成下降的主要原因：一是三极管的结电容与分布电容作用凸显，虽然它们的电容值很小，但在 f 过高时这些等效电容的分流作用就会增强。二是三极管电流放大系数也是频率的函数，当频率过高时电流放大系数将逐渐下降。以上两个原因都将造成$|A_{uo}|$的下降，且 f 越高，$|A_{uo}|$下降得越大。

为了反映放大电路有效放大的频率范围，设定一个放大电路频率特性的一个重要指标——通频带。其含义是当放大倍数从最高$|A_{uo}|$下降为 $0.707|A_{uo}|$ 时，所对应的两个频率，分别为下限频率 f_1 和上限频率 f_2。f_2-f_1 称为通频带。它表明在通频带范围内的信号放大电路能正常、不失真地放大信号；当输入信号的频率超出通频带范围时，放大效果就不理想，不满足工作要求了。一般而言，放大电路的通频带越宽越好，这是由于实际放大电路的输入信号往往不是单一频率的正弦波，一般都含有丰富的频率成分，即信号的频率分布很广。由于放大电路对不同频率的信号放大倍数不一样，即不能均匀放大，因而使放大后的信号不能重现输入信号的波形而产生失真，这种失真称为频率失真。如果一个放大电路的通频带很窄，那么对信号中的高、低频分量衰减很大，放大后的信号必然产生明显的频率失真。

在工业电子技术中，最常用的是低频放大电路，其频率范围为 20～20 kHz。

9.8 放大电路中的负反馈

负反馈不仅在其他科学领域应用很多，在电子放大电路中也被广泛应用。采用负反馈能够改善放大电路很多方面的性能。所以，研究负反馈有一定的意义。本节主要以交流负反馈为例，介绍负反馈的基本概念和基本负反馈电路以及负反馈电路的性能等内容。

一、负反馈的基本概念

反馈就是将放大电路输出回路中的电压信号或电流信号的一部分或者全部通过特定电路（称为反馈电路）引回到放大电路的输入回路。反馈有正反馈和负反馈之分。若引回的反馈信号削弱输入信号而使放大电路的放大倍数降低，则称为负反馈。若反馈信号增强输入信号，则称为正反馈。判断正、负反馈一般采用"瞬时极性法"。就是首先假设在输入端加一个瞬时对地为"+"极性的信号，逐点分析放大电路的瞬时极性，然后再沿着反馈电路逐点地分析回来，确定反馈信号的瞬时极性。最后判断反馈信号是增加还是减小了放大电路的输入信号，就可以判定出是正反馈还是负反馈。掌握这种分析方法的关键是要根据电路知识和三极管的特性，搞清放大电路输入与输出之间的相位关系，进而确定反馈信号的瞬时极性。电子电路中采用负反馈放大电路居多，本节主要讨论负反馈。

反馈电路还可分为直流反馈和交流反馈。若反馈回来的信号只有直流成分，称为直流反馈；若只有交流成分，称为交流反馈；若交流、直流成分都有，则称为交直流反馈。判断交、直流反馈的方法是观察和分析引回到输入端的反馈量含有什么成分,若只有交流成分,就是交流反馈;若只有直流成分,交流成分被旁路,就是直流反馈;若交、直流成分都有,则为交直流反馈。

根据反馈电路与基本放大电路的输入和输出回路的连接关系,反馈又可分为电压、电流反馈和串联、并联反馈。如果反馈信号取自输出电压 u_o,则称为电压反馈;如果反馈信号取自输出电流 i_o,则称为电流反馈。判断是电压反馈还是电流反馈的简便方法是:从基本放大电路的输出回路看,反馈信号若与输出电压成正比,就是电压反馈;反馈信号若与输出电流成正比,就是电流反馈。如果反馈信号与输入信号在输入回路中串联,则为串联反馈,如果反馈信号与输入信号在输入回路中并联,则为并联反馈。判断是串联反馈还是并联反馈的简便方法是:反馈电路连接到非输入信号的三极管电极上时,为串联反馈;此时,反馈信号与输入信号均以电压形式出现,并在放大电路的输入回路中比较。从基本放大电路的输入回路看,反馈电路连接到输入信号的三极管电极上时,为并联反馈;此时,反馈信号与输入信号均以电流形式出现,并在放大电路的输入端相加减。

二、负反馈放大电路的原理框图及基本公式

图 9-32 是表示反馈放大电路的原理框图。任何负反馈放大电路都由两部分组成:一是不带反馈的基本放大电路 A(实际中它可以是单级或多级的),二是反馈电路 F,它是联系放大电路的输出回路和输入回路的环节(多数是由电阻元件组成的)。以上两部分构成了完整的反馈放大电路,也称闭环系统。

图中箭头方向表示信号传输方向。符号 ⊗ 是比较环节,表示信号的代数叠加。$\dot{X}$ 表示信号,它既可表示电流,也可表示电压,在交流放大电路中它是交流量,所以用相量形式表示。$\dot{X}_i$ 是输入信号,$\dot{X}_o$ 是输出信号,$\dot{X}_f$ 是反馈信号,$\dot{X}_d$ 是基本放大电路的净输入信号。根据图中所示的"+""-"极性,可得净输入信号 $\dot{X}_d = \dot{X}_i - \dot{X}_f$,如果三者同相,则有

$$X_d = X_i - X_f \tag{9-25}$$

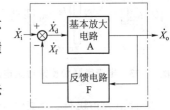

图 9-32 反馈放大电路原理图

可见,$X_d < X_i$,说明反馈信号 X_f 削弱了输入信号,使放大电路的净输入信号减小,为负反馈。

设 A_f 为闭环系统的放大倍数,则

$$A_f = \frac{\dot{X}_o}{\dot{X}_i} \tag{9-26}$$

由图 9-32 可知:$A = \dot{X}_o / \dot{X}_d$,$F = \dot{X}_f / \dot{X}_o$,则 $\dot{X}_f = F\dot{X}_o = AF\dot{X}_d$。由式(9-25)得 $\dot{X}_i = \dot{X}_d + \dot{X}_f = (1 + AF)\dot{X}_d$,代入式(9-26)得

$$A_f = \frac{\dot{X}_o}{(1+AF)\dot{X}_d} = \frac{A}{1+AF} \tag{9-27}$$

式中

$$AF = \frac{\dot{X}_f}{\dot{X}_d} \tag{9-28}$$

AF 称为环路系数。对于负反馈,$\dot{X}_d$ 与 $\dot{X}_f$ 或者同是电压,或者同是电流,并且同相,所以 AF

为正实数。由式（9-27）可知，$|A_f|<|A|$，这是因为引入负反馈后削弱了净输入信号，故输出信号 X_o 比未引入负反馈时要小，也就是引入负反馈后放大倍数降低到了原来的 $\dfrac{1}{1+AF}$。$(1+AF)$ 称为反馈深度，其值越大，反馈作用越强，闭环放大倍数 A_f 也就越小。

三、典型的负反馈放大电路

通过前面关于各种反馈形式的介绍，交流负反馈可组合成四种类型：电压串联负反馈、电流串联负反馈、电压并联负反馈、电流并联负反馈。

下面以两个典型放大电路为例，介绍一下负反馈类型的判定方法及其特点。

1. 电流串联负反馈放大电路

图 9-33 是具有稳定静态工作点作用的分压偏置放大电路。与前面分压偏置放大电路的区别是在三极管发射极多接了一个未被电容旁路的电阻 R'_E。实际上此电路能够稳定静态工作点的原因就是此电路具有直流负反馈的形式。

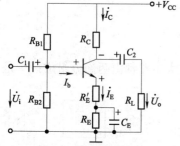

图 9-33 电流串联负反馈放大电路

这里着重分析交流反馈。为了便于分析，假设输入为正弦信号。

首先，用瞬时极性法判定它是正反馈还是负反馈。若 $\dot{U}_i$ 瞬时对地为正极性，则集电极为负，由于 R'_E 两端没有旁路电容，则在 R'_E 上产生交流压降 $\dot{U}_f = \dot{U}_e = \dot{I}_e R'_E$，因 R'_E 将输入回路和输出回路联系起来，所以 R'_E 上交流压降就是反馈电压，其瞬时也为正极性，由输入回路可见，净输入信号 $\dot{U}_{be} = \dot{U}_i - \dot{U}_f$ 的各项电压相位相同，可改写成 $U_{be} = U_i - U_f$，显然 $U_{be} < U_i$，为负反馈放大电路。

接下来判断图 9-33 所示放大电路的负反馈类型。从输出回路看，$\dot{U}_f = \dot{I}_e R'_E \approx \dot{I}_c R'_E$，即 U_f 与输出电流 $\dot{I}_c$ 成正比，故为电流反馈。从输入回路看，反馈信号 $\dot{U}_f$ 和输入信号 $\dot{U}_i$ 均以电压形式出现，并在输入回路中串联相减，故为串联负反馈。综合以上结论，可得出此放大电路为电流串联负反馈放大电路。

电流负反馈在放大电路中，具有稳定输出电流的作用，提高了放大电路的输出电阻。例如温度上升，则 β 增大，在输入信号幅值一定时，β 增大将使 I_c 增大，而 I_c 增大又使 U_f 增大，于是净输入信号 U_{be} 降低，结果使 I_b 减小，I_c 随之而减小。这样的负反馈过程可以用箭头简单地表示如下：

$$T(\text{℃})\uparrow \to \beta\uparrow \to I_c\uparrow \to U_f\uparrow \to U_{be}\downarrow \to I_b\downarrow \to I_c\downarrow$$

从电路理论上来说，理想电流源输出电流恒定，其等效内阻相当于无穷大，引入电流负反馈的放大电路，能使输出电流稳定，也就意味着放大电路的输出电阻增加了。

为了提高反馈效果，凡是串联反馈都要求采用电压源激励。这是因为串联负反馈时反馈信号在放大电路的输入端总是以电压形式出现的，信号源内阻越小，反馈电压 $\dot{U}_f$ 对 $\dot{U}_{be}$ 的影响越大，反馈效果越好。

2. 电压并联负反馈放大电路

图 9-34 是一种典型的单级放大电路。在输出回路与输入回路之间接有反馈电阻 R_F，因此有反馈存在。

同样先用瞬时极性法判定它是正反馈还是负反馈。假定输入电压 $\dot{U}_i$ 对地的瞬时极性为正，则基极电位为正，集电极电位为负。反馈造成通过 R_F 的反馈电流 I_f 增加，使三极管的净输入电流下降，因此是负反馈。

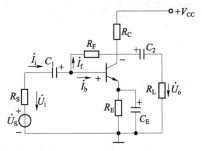

图 9-34 电压并联负反馈放大电路

接下来判别图 9-34 的负反馈类型。从放大电路的反馈回路可得，反馈电流 $\dot{I}_f = \dfrac{\dot{U}_{be} - \dot{U}_o}{R_F} \approx -\dfrac{\dot{U}_o}{R_F}$，说明反馈电流 $\dot{I}_f$ 与输出电压成正比。所以是电压反馈。在输入回路中，净输入信号 $\dot{I}_b$、输入电流 $\dot{I}_i$ 和反馈电流 $\dot{I}_f$ 在输入端是并联关系，因此是并联反馈。综合以上结论，可得出此放大电路为电压并联负反馈放大电路。

在放大电路中，电压负反馈具有稳定输出电压的作用，减小输出电阻和增强带负载能力。例如，负载增加使输出电压 U_o 下降，则反馈电流 I_f 减小，将使净输入基极电流 I_b 增加，I_c 也随之增加，最后输出电压 U_o 又回升到接近原来的数值。反馈过程可以表示如下：

$$R_L \downarrow \to U_o \downarrow \to I_f \downarrow \to I_b \uparrow \to I_c \uparrow \to U_o \uparrow$$

引入电压负反馈的放大电路，能使输出电压稳定，根据理想电压源的概念，这也就意味着放大电路的输出电阻比原来减小了。

并联反馈要求采用电流源激励。这是因为采用并联负反馈使反馈信号在放大电路的输入端总是以电流形式出现。信号源内阻越大，信号源提供的电流就越稳定，反馈电流 $\dot{I}_f$ 对净输入电流 $\dot{I}_b$ 的影响就越大，反馈效果就越好。反之，当信号源内阻 $R_S = 0$ 时，信号源相当于稳压源，净输入信号 $\dot{I}_b = \dot{U}_S / r_{be}$ 固定，与反馈电流 $\dot{I}_f$ 大小无关，即反馈不起作用了。

四、负反馈对放大电路性能的影响

1. 使放大倍数降低

由式 $A_f = \dfrac{A}{1 + AF}$ 可知，放大电路引入负反馈后，闭环放大倍数降低到了开环放大倍数的 $\dfrac{1}{1 + AF}$。反馈越强，A_f 越小。例如，射极跟随器就是一种深度负反馈电路，它的电压放大倍数甚至降到 $A_f \approx 1$ 的程度。虽然负反馈造成放大倍数下降是人们不希望的，但负反馈能改善放大电路的综合性能，总体上看引入负反馈利远远大于弊。当引入负反馈造成放大倍数下降过大时，可以通过采用多级放大的办法来弥补。

2. 提高放大倍数的稳定性

放大电路在放大信号时受环境温度变化、元器件老化、电源电压变化等因素影响，会造成输出信号的大小发生变化。在实际工作中往往需要在输入信号大小一定时输出信号大小也基本固定，即希望放大倍数稳定。当放大电路引入负反馈后，开环放大倍数与闭环放大倍数

之间的关系为 $A_f = \dfrac{A}{1+AF}$，该式对 A 求导可得

$$\frac{\mathrm{d}A_f}{\mathrm{d}A} = \frac{(1+AF)-AF}{(1+AF)^2} = \frac{1}{(1+AF)^2} = \frac{A_f}{A} \cdot \frac{1}{1+AF}$$

整理可得

$$\frac{\mathrm{d}A_f}{A_f} = \frac{\mathrm{d}A}{A} \cdot \frac{1}{1+AF} \tag{9-29}$$

式（9-29）表明：$\mathrm{d}A_f/A_f$ 是引入负反馈后的闭环放大倍数的相对变化量，$\mathrm{d}A/A$ 是无反馈的开环放大倍数的相对变化量，引入反馈后，$\mathrm{d}A_f/A_f$ 是 $\mathrm{d}A/A$ 的 $\dfrac{1}{1+AF}$，因 $\dfrac{1}{1+AF}<1$，所以提高了负反馈放大电路的稳定性。另外，负反馈放大电路的稳定性还与反馈强弱有关，反馈越强负反馈放大电路越稳定。例如，当深度负反馈时，即 $|AF|\gg 1$ 时，式（9-27）可简化为

$$A_f \approx \frac{1}{F} \tag{9-30}$$

式（9-30）说明，在深度负反馈情况下闭环放大倍数仅与反馈电路的参数（电阻电容等）有关，基本不受外界因素影响。这时负反馈放大电路的工作状态非常稳定。

例9-4 已知一个负反馈放大电路的 $A=10^4$，$F=0.01$。如果由于温度变化，使 A 相对变化了 $\pm 10\%$，求 A_f 的相对变化量。

解：根据式（9-29）可知

$$\frac{\mathrm{d}A_f}{A_f} = \frac{1}{1+AF} \cdot \frac{\mathrm{d}A}{A} = \frac{1}{1+10^4\times 0.01}\times(\pm 10\%) = \pm 0.1\%$$

计算结果表明，在 A 变化 $\pm 10\%$ 的情况下，A_f 只变化了 $\pm 0.1\%$，即 A_f 只由 100 降到 99.9 或增到 100.1。引入反馈后放大倍数下降很多，但闭环放大倍数十分稳定，几乎不变。

3. 减小非线性失真

一个理想的放大电路，当输入信号为正弦波时，输出信号也应该是正弦波。即输出波形应与输入波形一致。但实际的放大电路中的三极管是非线性元件，只要静态工作点选择不当或输入信号幅值过大，就会引起信号波形的非线性失真。引入负反馈后减小非线性失真的过程是：通过反馈网络将输出端的失真信号反馈到输入回路中，此时的反馈信号同样也产生了失真（与输出信号成正比例关系）。在输入回路，输入信号与反馈信号相减，使净输入信号变成了一种与输出失真相反的预失真信号，因而使输出信号失真减小。图 9-35 中虚线表示无负反馈时净输入信号 u_d 和输出信号 u_o 的波形，非线性失真造成下半波偏大。实线则是引入负反馈以后，放大电路各点电位的波形，可形象地观察到有反馈时 u_d 和 u_o 的波形，非线性失真减小。

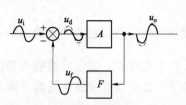

图 9-35 利用负反馈减小波形失真

需要强调的是，在以上减小非线性失真的过程中，负反馈是利用失真了的波形，来改善波形的失真，因此负反馈只能减小失真，不能完全消除失真。

4. 扩展放大电路的通频带

通过前面分析可知阻容耦合放大电路的通频带概念，一般情况下希望放大电路的通频带越宽越好。负反馈放大电路可以有效地展宽通频带（无反馈阻容耦合放大电路的通频带比较窄）。这是因为在低、高频段输出信号减小时，必将导致反馈信号的减小，因此在输入信号不变的情况下，使得放大电路的净输入信号增加，输出信号增大，相当于放大倍数增大，也就是使放大电路的通频带扩宽了。

5. 改变放大电路的输入电阻和输出电阻

负反馈的类型不同，对放大电路的输入、输出电阻的影响也不同。

1）对输入电阻的影响

串联负反馈使输入电阻增大，并联负反馈则使输入电阻减小。

图 9-36 为串联负反馈的输入交流通路。由图可知，无负反馈时（$R_E = 0$）的输入电流为 $\dot{I}_b = \dfrac{\dot{U}_i}{r_{be}}$，引入负反馈后的输入电流为 $\dot{I}_b = \dfrac{\dot{U}_i - \dot{U}_f}{r_{be}} = \dfrac{\dot{U}_{be}}{r_{be}}$。由于 $U_i > U_{be}$，因此引入负反馈后的输入电流要比无负反馈时的小，这说明引入负反馈后输入电阻增大了，即 $r_{if} > r_i$。因此，凡是串联负反馈，由于反馈信号与输入信号相串联，削弱了净输入信号，因而使输入电阻 r_i 增大。图 9-37 为并联负反馈的输入交流通路。由图可知，无负反馈时的输入电阻为 $r_i = \dfrac{\dot{U}_i}{\dot{I}_b}$，引入负反馈后的输入电阻为 $r_{if} = \dfrac{\dot{U}_i}{\dot{I}_i}$。由于 $I_b < I_i$，故 $r_i > r_{if}$，因此凡是并联负反馈，都因反馈信号与输入信号并联，相当于在输入回路中增加了一条并联支路，因此，使输入电阻减小。应该注意的是，以上串、并联负反馈对输入电阻的影响与输出端是电压反馈还是电流反馈无关。

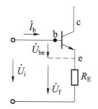

图 9-36 串联负反馈的输入交流通路

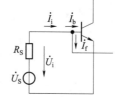

图 9-37 并联负反馈的输入交流通路

2）对输出电阻的影响

电压负反馈使输出电阻减小，电流负反馈则使输出电阻增大。

对负载而言，放大电路相当于一个电源，电源的内阻就是现在讨论的输出电阻。从电路原理上讲，电压负反馈具有稳定输出电压的作用，输出电压越稳定，输出电阻就越小，即电压负反馈使输出电阻减小。电流负反馈具有稳定输出电流的作用，输出电流越稳定，输出电阻就越大，即电流负反馈使输出电阻增加。同样要注意的是，串、并联负反馈对输出电阻无影响。

9.9 直流放大电路

在自动控制系统和检测仪表中，经常需要放大频率低于 20 Hz 的信号或是变化非常缓慢的非周期信号，甚至是极性不变而仅大小变化的信号。这类信号称为直流信号。例如，用热电偶检测炉温，由于热惯性而使炉温变化缓慢，那么热电偶输出的电压信号或电流信号的变化也很缓慢，并且十分微弱，必须将它进行多级放大，才能推动显示机构或执行部件工作。这种用来放大缓慢变化的直流信号的放大电路称为直流放大电路。

显然，前面所述的阻容耦合放大电路（其应用频率在 20 Hz～20 kHz）不能满足放大直流信号的要求。直流放大电路级间的耦合不能采用具有隔直作用的阻容耦合或变压器耦合，只能采取直接耦合，即将前一级的输出端直接连到下一级的输入端。因交直流都能顺利通过放大电路（没有隔直电容），因此，直流放大电路既能放大交流信号，也能放大直流信号。直流放大电路应用非常广泛，特别是在线性集成电路中应用更多。

一、直接耦合放大电路的特殊问题

与阻容耦合放大电路相比较，直接耦合放大电路从电路形式上看似乎更简单，但实际上直接耦合放大电路存在着两个必须要解决的特殊问题。

1. 前级与后级静态工作点的相互影响

图 9-38（a）是两级直接偶合放大电路。

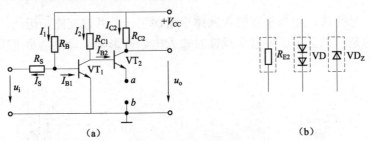

图 9-38　两级直接耦合放大电路
(a) 电路；(b) VT_2 射极可连接元件

由于两级放大电路之间去掉了阻容耦合放大电路中的隔直耦合电容，前一级三极管 VT_1 的集电极直接接在后一级三极管 VT_2 的基极上，因此前后级的直流分量相互影响、各级的静态工作点不再互相独立。也就是说直流放大电路的分析、设计、计算以及调试等都要全面考虑，使直接耦合放大电路的分析、计算比阻容耦合放大电路更加复杂。

以图 9-38（a）为例，如果 VT_2 发射极直接接地（a 点、b 点直接相连），则第一级管子 VT_1 的集电极电位 $U_{CE1} = U_{BE2} = 0.7 \text{ V}$（对硅管而言），那么第一级三极管 VT_1 已临近饱和，不能正常工作。为了使第一级能工作在放大区，就要提高 VT_2 的发射极电位。即在 a、b 点之间接入图 9-38（b）所示的任何一个元件，只要参数选配合适，就能使两级放大电路的静态工作点都处在放大状态，满足放大信号的要求。接入适当的 R_{E2}，可提高 VT_2 的发射极的电位，进而使 VT_1 进入放大区。接入两个正向串联的二极管 VD 时，可将 VT_2 的发射极电位提高近 1.4 V（硅二极管），可使 VT_1 工作在放大区。如果接入稳压管 VDz，只要电路参数选择适当，则 VT_2 的发射极电位就等于 VDz 的稳压电压 U_Z，同样可使 VT_1 处在放大状态。

需要指出的是，在 VT_2 的发射极接入图 9-38（b）所示的不同元件时，第二级放大电路的动态性能有所不同。接入适当的 R_{E2} 时，第二级变成电流串联负反馈放大电路，使第二级放大倍数减小。采用二极管 VD 或稳压管 VDz 时，因其动态电阻较小，其动态电压降基本不变，故 VT_2 射极电位恒定，其射极对地交流电位为零，未引入交流负反馈，所以第二级电压放大倍数不会减小。

2. 零点漂移

对理想的直流放大电路的要求是：当输入信号为零（即输入短路）时，其输出电压应保持恒定（可以是零，也可以是某一定值）。但实际上，将直接耦合放大电路的输入端短路后，会发现输出电压将偏离原来的设定值，即输出电压会随时间缓慢且无规律地变化。这种现象称为零点漂移（简称零漂）。零漂始终伴随着信号共存于放大电路中，相互纠缠在一起，使人们无法从输出电压中判别放大信号的大小（因输出电压中有零漂的成分）。显然，零漂现象的严重程度直接影响放大电路的性能指标。当零漂现象过于严重时，放大电路将不能完成放大任务。所以，必须查明产生零漂的原因，并采取措施抑制零点漂移。

产生零漂的原因很多，如三极管参数（I_{CEO}、U_{BE}、β）随温度变化、电路元件参数变化、电源电压波动等都会引起放大电路静态工作点缓慢变化，使输出端的电压相应地波动。在上述原因中，温度的影响最为严重，由它造成的零点漂移称为温漂。

实际上，在阻容耦合放大电路中，各级也存在着零漂，但因有级间耦合电容的隔直作用，使零漂只限于本级范围内，不会传递到下一级，所以交流放大电路不考虑零漂问题。但在直接耦合放大电路中，前级的漂移将传送到后级并逐级放大，零漂的后果就不可忽略。特别是在输入信号比较微弱时，零漂所造成的虚假信号会淹没掉真实信号，使放大电路失去存在意义。显然，在输出的总漂移中，第一级的零漂影响最大。

需要指出的是，放大电路零漂是否严重，不能只看输出电压漂移了多少，还要看放大电路的放大倍数。一般都是将输出的漂移值折算到输入端，用等效输入零漂电压来衡量漂移的大小。

二、典型差动放大电路

一般抑制零点漂移的措施有：稳定电源电压、选用高质量硅管、进行温度补偿、利用调制解调器等，但目前最有效的方法是采用特殊的直流放大电路结构，即差动放大电路。图 9-39 就是一种典型差动放大电路。该电路的最大特点是电路结构对称，采用了两个特性相同的三极管 VT_1、VT_2 对应位置上的电阻阻值相等。为了使放大电路中三极管 VT_1、VT_2 处在放大状态，并保证信号有效放大，采用双

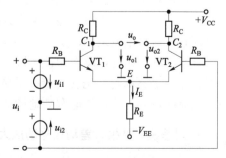

图 9-39 带长尾电阻的典型差动放大电路

电源 V_{CC} 和 $-V_{EE}$ 以及射极电阻 R_E（称长尾电阻）。这样就同时解决了前述的直接耦合放大电路的两个特殊问题。整个放大电路的输入信号由两管的基极加入（称为双端输入），输出信号由两管的集电极输出（称为双端输出）。因此，也可以认为差动放大电路是由两个性能相同的单管共射放大电路组合而成。

1. 静态分析

下面以图 9-39 电路为例，讨论差动放大电路的静态情况。

静态时输入信号为零，即 $u_i = 0$，并考虑到基极电流很小，忽略电阻 R_B 上的压降，则认为基极直流电位 $U_B = 0$，此时 R_E 中的电流为

$$I_E = \frac{-U_{BE} - (-V_{EE})}{R_E}$$

集电极电流为

$$I_{C1} = I_{C2} \approx \frac{1}{2} I_E$$

基极电流为

$$I_{B1} = I_{B2} = \frac{I_{C1}}{\beta}$$

集电极对地电压为

$$U_{C1} = U_{C2} = V_{CC} - I_{C1} R_{C1}$$

因 U_E 固定为 $-0.6 \sim -0.7$ V，所以通过 U_{C1}、U_{C2} 就可知道 U_{CE1}、U_{CE2} 的大小。根据以上数据就可判断静态工作点是否在放大区。显然，只要参数选择适当，三极管 VT_1、VT_2 就可处在放大状态。

2. 零点漂移的抑制

设输入信号电压为零（$u_i = 0$），即将图 9-39 中的"+"端和"-"端短路。由于电路完全对称，两边的集电极电流和集电极电位彼此相等，因此，$u_o = u_{o1} - u_{o2} = 0$，即输出电压 u_o 为零。当温度变化时，两管的集电极电流和电压的变化量仍相等，即 $\Delta I_{C1} = \Delta I_{C2}, \Delta u_{o1} = \Delta u_{o2}$。虽然单独看某侧的放大电路都发生了零漂，但由于两集电极电位的变化量相互抵消，所以 $u_o = \Delta u_{o1} - \Delta u_{o2} = 0$。即输出电压仍为零，从而抑制了零点漂移。

上述抑制零漂的关键在于差动放大电路的对称性，从单级看零漂仍然存在，但差动放大电路巧妙地利用抵消的方法，在总输出中消除了零点漂移的影响。需要强调的是，射极电阻 R_E 对抑制零漂也有一定作用。假设温度升高，集电极电流增加，由于 R_E（一般阻值较大）中电流是两管发射极电流之和，所以 E 点电位增高显著，进而使集电极电流减小，最终使集电极电位几乎不变。通过负反馈知识可知，R_E 具有强烈的直流电流串联负反馈作用，因此可以使静态工作点足够稳定，也就是减少了单侧放大电路的零点漂移。因此，即使是电路稍不对称或采用单端输入方式，均能有效地抑制零漂。

3. 对差模、共模、差动信号的放大作用

关于差动放大电路放大信号的过程，分以下 3 种输入信号类型讨论。

1) 差模输入

在差动放大电路的两个输入端加上大小相等而方向相反的电压信号,即 $u_{i1}=-u_{i2}$,这样的信号称为差模信号,这样的输入方式称为差模输入。用 u_{id} 表示差模信号,即

$$u_{id} = u_{i1} = -u_{i2}$$

在差模信号作用下(设 u_{i1} 为正),VT_1 管在 u_{i1} 的作用下,集电极电流增加,使 VT_1 管集电极电位下降;VT_2 管在 u_{i2} 的作用下,集电极电流减小,使 VT_2 管集电极电位升高。两管集电极对地的电压变化量一减一增,两管集电极之间就有信号电压输出了。

由于两管电流的变化量大小相等,方向相反,故流过射极电阻 R_E 中的电流变化量为零,电阻 R_E 对差模信号不起负反馈作用,即射极电阻无交流负反馈作用,射极 E 相当于交流接地。这时电路两边均相当于普通的单管放大电路,整个放大电路的电压放大倍数为

$$A_{d(2)} = \frac{u_o}{u_i} = \frac{u_{o1}-u_{o2}}{u_{i1}-u_{i2}} = \frac{2u_{o1}}{2u_{i1}} = A_{d1} = -\beta \frac{R_C}{R_B+r_{be}} \quad (9-31)$$

式中,$A_{d(2)}$ 表示双端输出时的电压放大倍数,A_{d1} 为单管共射放大电路的电压放大倍数。这就是说,双端输出时,差动放大电路的电压放大倍数与单边电路的电压放大倍数相同。从这一点来说,差动放大电路实质上是通过牺牲一侧管子的电压放大倍数,换取对零点漂移的抑制作用。

根据工作情况,负载一端需要接地时,输出电压需从一管的集电极与地之间取出(称单端输出)。由于输出电压只是单管的集电极电压的变化量,故单端输出时,电压放大倍数(用 $A_{d(1)}$ 表示)只有双端输出时的一半,即

$$A_{d(1)} = \frac{u_o}{u_i} = \frac{u_{o1}}{2u_{i1}} = \frac{1}{2}A_{d(2)} = \frac{1}{2}A_{d1} = -\beta \frac{R_C}{2(R_B+r_{be})} \quad (9-32)$$

2) 共模输入

在差分放大电路两个输入端加入大小相等,方向相同的电压信号,即 $u_{i1}=u_{i2}=u_{ic}$,这样的信号称为共模信号,这样的输入方式称为共模输入。用 u_{ic} 表示共模信号。在共模输入信号作用下,对于完全对称的差动放大电路来说,显然,两管集电极电流变化相同,集电极电位变化也相同,因此输出电压 $u_o = u_{c1} - u_{c2} = 0$,说明在双端输出的情况下,差动放大电路对共模信号没有放大作用,其共模电压放大倍数 $A_c = u_o/u_i = 0$。实质上,抑制共模信号就是差分放大电路对零漂的抑制作用的一个特例。因为零漂造成的每管集电极的漂移电压除以其电压放大倍数,就折合到各自的输入端,相当于给这个放大电路加入了一对共模信号。理想情况下,$A_c=0$,所以输出电压没有漂移。

在实际电路中,由于对应元件不可能完全对称,两管特性也不可能完全相同,因此实际的共模放大倍数 $A_c \neq 0$,但只要对电路进一步改善(如加入调零电阻等),就可使 A_c 在 $10^{-2} \sim 10^{-4}$ 的范围内。显然 A_c 越小,电路对零漂和共模信号的抑制能力越强。

3) 差动输入

如果两个输入信号 u_{i1}、u_{i2} 其大小和方向都是任意的,既非差模,又非共模,这样的信号称为差动信号。这样的输入方式称为差动输入(也称比较输入)。

为了便于分析,通常把 u_{i1} 和 u_{i2} 分解为共模信号 u_{ic} 和差模信号 u_{id},即

$$u_{i1} = u_{ic} + u_{id} \quad (9-33)$$

$$u_{i2} = u_{ic} - u_{id} \tag{9-34}$$

式中，共模信号 $u_{ic} = (u_{i1} + u_{i2})/2$，差模信号 $u_{id} = (u_{i1} - u_{i2})/2$。

例如，设有差动信号 u_{i1}=10 mV，u_{i2}=2 mV，则共模分量和差模分量分别为

$$u_{ic} = \frac{1}{2} \times (10+2) = 6 \text{ （mV）}, \quad u_{id} = \frac{1}{2} \times (10-2) = 4 \text{ （mV）}$$

则

$$u_{i1} = u_{ic} + u_{id} = 6 + 4 = 10 \text{ （mV）}, \quad u_{i2} = u_{ic} - u_{id} = 6 - 4 = 2 \text{ （mV）}$$

可见，任意两个差动信号均可分解为一个差模信号和一个共模信号的组合。根据上面的分析，差放电路对共模信号没有放大作用，放大的只是差模信号。差动放大电路总的差模输入电压为 $u_{i1} - u_{i2} = 2u_{id}$，则被放大的只是这个差模输入电压，即

$$u_o = A_d(u_{i1} - u_{i2}) \tag{9-35}$$

电路只放大了两个输入信号的差值，因此，称为差动放大电路。

差动放大电路有多种形式，只要电路确定，就可按照以上过程进行静态、动态分析。

例 9-5 差动放大电路如图 9-40 所示，已知电源 $V_{CC} = V_{EE} = 15$ V，三极管参数 $U_{BE} = 0.7$ V，β=100，基极电阻 $R_B = 3$ kΩ，集电极电阻 $R_C = 8$ kΩ，发射极电阻 $R_E = 6$ kΩ，调零电位器 R_P=200 Ω，负载电阻 $R_L = 16$ kΩ。（1）判断 VT_1、VT_2 是否工作在放大区；（2）求差模性能指标 A_d、r_{id}、r_o。

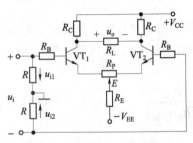

图 9-40 例 9-5 电路图

解： 实际的差动放大电路，两侧不可能完全对称，为了减小不对称造成的零漂现象，在两管射极之间串入一个阻值较小的调零电位器 R_P，调节 R_P 可使两管负反馈深度有所不同，使输入电压为零时，输出电压也为零。所以通过 R_P 可以改善不对称性，达到抑制零漂的目的。

（1）静态分析。

图中 R 为均压电阻，其阻值较小，作用是将输入信号 u_i 转换为差模输入信号，即 $u_{i1} = u_i/2, u_{i2} = -u_i/2$。设射极调零电位器 R_P 的滑动点处于中间位置，每管射极接入 $R_P/2$ 电阻，因其阻值远小于 R_E，因而接入 R_P 对静态工作点几乎无影响，计算可不予考虑。

静态（u_i=0）时，令管子的基极直流电位 $U_B = 0$，静态计算如下：

$$I_E = \frac{-U_{BE} - (-V_{EE})}{R_E} = \frac{-0.7 + 15}{6} = 2.38 \text{ （mA）}$$

集电极电流为

$$I_{C1} = I_{C2} \approx \frac{1}{2} I_E = \frac{1}{2} \times 2.38 = 1.19 \text{ （mA）}$$

基极电流为

$$I_{B1} = I_{B2} = \frac{I_{C1}}{\beta} = \frac{1.19}{100} = 0.0119 \text{ （mA）} = 11.9 \text{ （μA）}$$

集电极对地电压为

$$U_{C1} = U_{C2} = V_{CC} - I_{C1}R_C = 15 - 1.19 \times 8 = 5.48 \text{ （V）}$$

集电极与发射极间的电压为

$$U_{CE1} = U_{CE2} = U_{C1} - U_E = 5.48 - (-0.7) = 6.18 \text{ (V)}$$

由以上数据可以确定 VT_1、VT_2 两个三极管工作在放大区。

（2）动态分析。

先求出管子的动态输入电阻

$$r_{be1} = r_{be2} = 300 + (1+\beta)\frac{26}{I_{E1}} = 300 + (1+100) \times \frac{26}{1.19} = 2.5 \text{ (k}\Omega\text{)}$$

再求解差模电压放大倍数。

负载电阻 R_L 的处理：当加入差模输入信号时，两管的 u_{o1} 和 u_{o2} 将出现大小相等、方向相反的变化，使 R_L 的一端电位升高，另一端电位降低，负载电阻 R_L 的中点的电位不变，因此 R_L 的中点相当于接地，这样就可认为每侧负载电阻为 $R_L/2$。

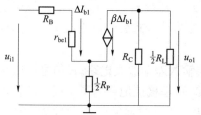

图 9-41　图 9-40 单侧放大电路的微变等效电路

调零电位器 R_P 的处理：如前所述，在动态分析时，E 点相当于接地。但由于 R_P 的一半接在发射极之下，并且它具有交流电流负反馈作用，此时，不能忽略 R_P。

通过以上分析，可得单侧放大电路的微变等效电路如图 9-41 所示。

差动放大电路的差模电压放大倍数为

$$A_{d(2)} = \frac{u_o}{u_i} = A_{d1} = \frac{u_{o1}}{u_{i1}} = \frac{-\beta R_L'}{R_B + r_{be} + (1+\beta)\frac{R_P}{2}} \quad (9-36)$$

$$= \frac{-100 \times 4}{3 + 2.5 + (1+100) \times 0.1} \approx -25$$

式中

$$R_L' = R_C // \frac{1}{2}R_L = 8 // 8 = 4 \text{ (k}\Omega\text{)}$$

差动放大电路的双端输入等效电阻为

$$r_{id} = 2\left[R_B + r_{be} + (1+\beta)\frac{R_P}{2}\right] = 2 \times \left[3 + 2.5 + (1+100) \times \frac{0.2}{2}\right] = 31.2 \text{ (k}\Omega\text{)}$$

差动放大电路的双端输出等效电阻为

$$r_o = 2R_C = 16 \text{ (k}\Omega\text{)}$$

由图 9-41 可知，当采用单端输出方式时，由于负载电阻 R_L 只接在 VT_1 或 VT_2 的一侧，虽然差动放大倍数仍用式（9-36）计算，但其中的 R_L' 变为 $R_L' = R_C // R_L$。

4. 共模抑制比 K_{CMRR}

为了全面衡量差动放大电路放大差模信号和抑制共模信号的能力，通常引用共模抑制比 K_{CMRR} 来表证。其定义是

$$K_{CMRR} = \left|\frac{差模电压放大倍数}{共模电压放大倍数}\right| = \left|\frac{A_d}{A_c}\right| \quad (9-37)$$

实用中，K_{CMRR} 常用分贝（dB）数来表示

$$K_{CMRR} = 20\lg\left|\frac{A_d}{A_c}\right|$$

可以把 K_{CMRR} 看成是输出的有用信号与干扰成分的对比。其值越大，说明差动放大电路放大差模信号的能力越强，而受共模干扰的影响越小。一般要求 K_{CMRR} 应在 $10^3 \sim 10^6$（60～120 dB）以上。

5. 差动放大电路的输入、输出方式

因为典型的差动放大电路有两个输入端和两个输出端，实用中根据信号源和负载的具体情况，信号的输入、输出连接方式可能不同，共有四种方式：双端输入-双端输出；双端输入-单端输出；单端输入-双端输出；单端输入-单端输出。前两种方式已经讨论过了，下面分析单端输入的情况。

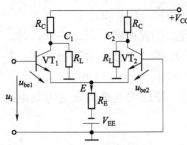

图 9-42 单端输入差动放大电路

图 9-42 所示是单端输入差动放大电路。设信号电压 u_i 从 VT_1 管基极加入，VT_2 管基极接地。为了保证单端输入差动放大电路的差动效果，设计时要保证 R_E 足够大。这样 R_E 支路中的电流很小，如果忽略此电流，就可认为 E 点断开，R_E 支路对信号开路。这时从电路看，输入信号将被两管基极和发射极均分，使 VT_1、VT_2 管的基极、发射极间分别得到一对大小相等、极性相反的差模信号，即

$$u_{be1} \approx -u_{be2} \approx \frac{1}{2}u_i$$

因此，当信号为单端输入时，只要设计合理（R_E 值足够大），两对称管仍然能够得到一对近似的差模信号，与双端输入时的状态基本相同。所以单端输入差动放大电路的电压放大倍数计算完全可以依照双端输入差动放大电路的计算方法进行。需要强调的是，在单端输入-单端输出方式情况下，电压放大倍数大小的求解方法与前面相同，但一定要注意输入与输出的相位关系。以图 9-42 为例，假设信号从 VT_1 基极输入，当负载 R_L 接在 VT_1 集电极 C_1 时，输出电压与输入电压反相位；当负载 R_L 接在 VT_2 集电极 C_2 时，输出电压与输入电压同相位。习惯上称 C_1 点为反相输出端，C_2 点为同相输出端。

习 题

9-1 测得 3 个硅三极管的极间电压见表 9-3，试确定工作状态。在空格内填入：(a) 放大；(b) 截止；(c) 饱和。

表 9-3 习题 9-1 表

	U_{BE}/V	U_{CE}/V	工作状态
1	0	9	
2	0.7	0.3	
3	0.7	5	

9-2　图 9-43 所示为各型号三极管的各电极实测对地电压数据，试判断下列各问。
（1）图 9-43（a）是_____型_____管，工作在_____状态；
（2）图 9-43（b）是_____型_____管，工作在_____状态；
（3）图 9-43（c）是_____型_____管，工作在_____状态；
（4）图 9-43（d）是_____型_____管，工作在_____状态。

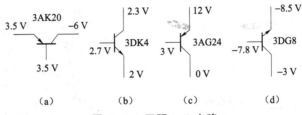

图 9-43　习题 9-2 电路

9-3　测得处于放大状态的 3 个三极管的各电极电位分别如图 9-44 所示，试判断它们是 NPN 型，还是 PNP 型，是硅管还是锗管，并确定 E、B、C 三个电极。

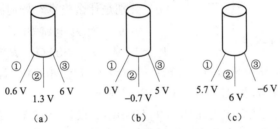

图 9-44　习题 9-3 的图

9-4　试判断图 9-45 所示各电路对交流信号有无放大作用。如果没有，如何改动？

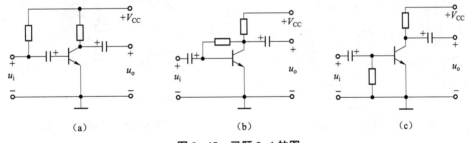

图 9-45　习题 9-4 的图

9-5　放大电路如图 9-46 所示。设 V_{CC}=12 V，R_B=500 kΩ，R_C=6 kΩ，R_S=50 Ω，U_{BE}=0.7 V，β=50，C_1、C_2 足够大。(1) 计算静态值 I_B、I_C、U_{CE}；(2) 如果换一个 β=100 的管子，再计算静态值，此时电路能否正常放大？

9-6　图 9-46 所示电路中，已知 V_{CC}=12 V，R_B=240 kΩ，R_C=R_L=3 kΩ，R_S=50 Ω，β=40。(1) 画出直流通路；(2) 估算静态工作点；(3) 画出微变等效电路；(4) 计算电压放大倍数 A_u、A_{uS}；(5) 计算放大电路的输入电阻 r_i 和输出电阻 r_o。

9-7　在图 9-46 固定偏置放大电路中，三极管的输出特性如图 9-47 所示。已知

$V_{CC}=12$ V,$R_C=2$ kΩ,$R_B=150$ kΩ,$U_{BE}=0.7$ V。(1) 用图解法确定静态工作点 I_C 和 U_{CE};(2) 设 R_C 由 2 kΩ 变为 3 kΩ,Q 点将移至何处?(3) R_B 由 150 kΩ 变为 110 kΩ,R_C 保持不变,Q 点将移至何处?(4) 若 R_B、R_C 保持原值不变,V_{CC} 由 12 V 变为 8 V,Q 点又移至何处?

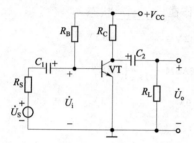

图 9-46 习题 9-5、9-6、9-7 的电路

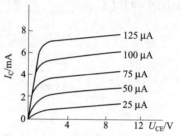

图 9-47 习题 9-7 的特性曲线

图 9-48 习题 9-8 图

9-8 用示波器观测到固定偏置放大电路(如图 9-12)的输出波形如图 9-48 所示。图中 (a) 和 (b) 分别是什么失真?如何减小失真?

9-9 放大电路如图 9-49 所示,已知:$V_{CC}=12$ V,$R_{B1}=30$ kΩ,$R_{B2}=10$ kΩ,$R_C=5.1$ kΩ,$R_{E1}=100$ Ω,$R_{E2}=2$ kΩ,$R_L=5.1$ kΩ,三极管的 $\beta=80$,$U_{BE}=0.6$ V。计算:(1) 静态工作点;(2) 电压放大倍数;(3) 输入电阻 r_i;(4) 输出电阻 r_o。

9-10 电压并联负反馈放大电路如图 9-50 所示。设 $V_{CC}=12$ V,$R_B=120$ kΩ,$R_C=3$ kΩ,三极管的 $\beta=50$,$U_{BE}=0.7$ V。求放大电路的静态工作点。

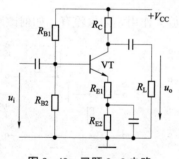

图 9-49 习题 9-9 电路

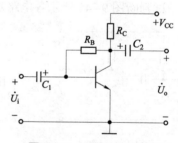

图 9-50 习题 9-10 电路

9-11 在图 9-51 所示放大电路中,已知:$V_{CC}=6$ V,$R_B=220$ kΩ,$R_C=2$ kΩ,$R_L=3$ kΩ,三极管的 $\beta=50$,$r_{be}=1.5$ kΩ,$U_{BE}=0.7$ V,二极管 VD 的正向压降 $U_D=0.7$ V,动态电阻忽略不计。试求:(1) 静态工作点;(2) 输入电阻 r_i 和输出电阻 r_o;(3) 电压放大倍数 A_u。

9-12 某射极输出器如图 9-25 所示,其中 $V_{CC}=12$ V,$R_B=75$ kΩ,$R_E=1$ kΩ,$R_L=1$ kΩ,$R_S=20$ kΩ,三极管的 $\beta=50$,$U_{BE}=0.7$ V。试求:A_u、A_{uS}、r_i 和 r_o。

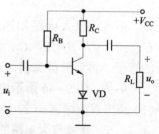

图 9-51 习题 9-11 电路

9-13 选择正确的答案填空。

(1) 在放大电路中，为了稳定静态工作点，可以引入_____；若要稳定放大倍数，应引入_____；某些场合为了提高放大倍数，可适当引入_____；希望展宽通频带，可以引入_____；如要改变输入或输出电阻，可以引入_____；为了抑制温漂，可以引入_____。(a. 直流负反馈；b. 交流负反馈；c. 交流正反馈；d. 直流负反馈和交流负反馈)

(2) 如希望减小放大电路从信号源索取的电流，则可采取_____；如希望取得较强的反馈作用而信号源内阻很大，则宜采用_____；如希望负载变化时输出电压稳定，则应引入_____；如希望负载变化时输出电流稳定，则应引入_____。(a. 电压负反馈；b. 电流负反馈；c. 串联负反馈；d. 并联负反馈)

9-14 判断图 9-52（a）、(b) 所示电路的级间反馈类型。

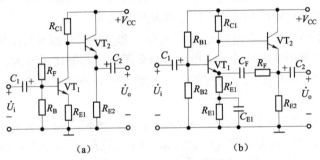

图 9-52 习题 9-14 电路

9-15 两级阻容耦合放大电路如图 9-53 所示，已知：$R_{B1}=100\ \text{k}\Omega$，$R_{B2}=47\ \text{k}\Omega$，$R_{C1}=1\ \text{k}\Omega$，$R_{E1}=1.1\ \text{k}\Omega$，$R_{B3}=39\ \text{k}\Omega$，$R_{B4}=10\ \text{k}\Omega$，$R_{E2}=1\ \text{k}\Omega$，$R_{C2}=2\ \text{k}\Omega$，$R_L=3\ \text{k}\Omega$，$\beta_1=80$，$\beta_2=60$，$U_{BE}=0.6$，两管的输入电阻 $r_{be}=1\ \text{k}\Omega$。画出放大电路的微变等效电路，并求：(1) 放大电路的输入、输出电阻；(2) 各级放大电路的电压放大倍数和总的电压放大倍数；(3) 信号源电压有效值 $U_s=10\ \mu\text{V}$，内阻 $R_S=1\ \text{k}\Omega$ 时，放大电路的输出电压。

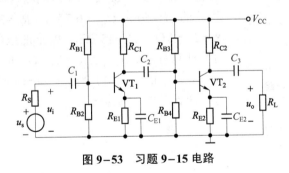

图 9-53 习题 9-15 电路

9-16 两级组容耦合放大电路如图 9-54 所示。已知：$V_{CC}=12\ \text{V}$，$R_{B1}=22\ \text{k}\Omega$，$R_{B2}=15\ \text{k}\Omega$，$R_{C1}=3\ \text{k}\Omega$，$R_{E1}=4\ \text{k}\Omega$，$R_{B3}=120\ \text{k}\Omega$，$R_{E2}=13\ \text{k}\Omega$，$R_L=3\ \text{k}\Omega$，$\beta_1=\beta_2=50$，$U_{BE}=0.6$。求：(1) 计算各级放大电路的静态工作点；(2) 画出放大电路的微变等效电路；(3) 计算各级放大电路和总放大电路的电压放大倍数；(4) 计算输入电阻 r_i 和输出电阻 r_o。

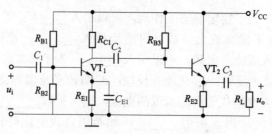

图 9-54 习题 9-16 电路

9-17 判断下列说法的对错。

(1) 一个理想的差动放大电路，只能放大差模信号，不能放大共模信号。

(2) 共模信号都是直流信号，差模信号都是交流信号。

(3) 差动放大电路中的长尾电阻 R_E 对共模信号和差模信号都有负反馈作用。

(4) 在线性工作范围内的差动放大电路，只要其共模抑制比足够大，则不论是双端输出还是单端输出，其输出电压的大小均与两个输入端电压的差值成正比，而与两个输入电压本身的大小无关。

9-18 某一双端输入-双端输出差动放大电路，两输入电压分别为 $u_{i1}=5.000$ mV 和 $u_{i2}=4.999$ mV，差模电压放大倍数 $A_d=10^4$。求：(1) 当 $K_{CMRR}=\infty$ 时，输出电压 u_o；(2) 当 $K_{CMRR}=100$ dB 时，求共模电压放大倍数 A_c。

9-19 差动放大电路如图 9-40 所示，$V_{CC}=V_{EE}=12$ V，$R_B=5$ kΩ，$R_C=R_E=10$ kΩ，$R_P=100$ Ω，且设其滑动端位于中点，$R_L=\infty$，两个对称管的 $\beta=50$，$U_{BE}=0.7$ V，$r_{be}=2.5$ kΩ。

(1) 估算 VT_1、VT_2 管的静态工作点 I_B、I_C、U_{CE}；(2) 计算 A_{ud}、A_{uc} 和 K_{CMRR}；(3) 计算差模输入电阻 r_{id} 和差模输出电阻 r_{od}。

9-20 图 9-55 是一个双端输入-单端输出的差放电路，管子的 $\beta=50$，$U_{BE}=0.7$ V，$R_C=30$ kΩ，$R_B=100$ Ω，$R_E=27.5$ kΩ，$R_L=15$ kΩ，R_B 上的压降可以忽略不计。求：(1) 计算静态时 I_{C1}、I_{C2}、U_{C1}、U_{C2} 的值；(2) 计算电路的 A_{ud}、r_{id}、r_{od} 的值；(3) 当 $u_i=-1$ mV 时，求 u_o。(4) 此电路可否抑制零漂？为什么？

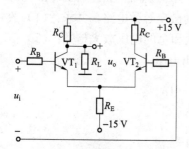

图 9-55 习题 9-20 电路

第10章

集成运算放大器的应用

前面讨论的电子电路称为分立电路,就是整个电路由各种独立电路元件连接而成。集成电路是相对于分立电路而言的,它是将三极管、二极管、电阻、电容、连线等元件构成的、具有特定功能的整个电路制造在一块很小的半导体芯片上,形成一个不可分割的固体组件。集成度很高的集成电路可在几十平方毫米芯片上完成上百万个元件的连接。集成电路与分立电路相比,具有功能强、体积小、质量轻、耗电少、可靠性高、通用性强、价格便宜等一系列优点,因而集成电路应用越来越广。

集成运算放大器是一种输入电阻高、输出电阻低、电压放大倍数足够大的深度负反馈多级直接耦合放大电路。集成运算放大器只要外接适当的元件就可以实现信号的运算、处理和各种波形的产生、变换等。早期研制的分立元件运算放大器只用于完成各种数学运算,因而,人们把它称为运算放大器。当今集成运算放大器的性能已十分优越,应用范围不断扩大,早已超出数学运算范围。它已广泛应用于自动控制系统、测量技术、信号变换等几乎所有的电子技术领域。

集成电路按其功能分为数字集成电路和模拟集成电路。集成运算放大器是应用十分广泛的一种模拟集成电路,简称集成运算放大器。

10.1 集成运算放大器简介

一、集成运算放大器的特点

与分立元件运算放大器相比,集成运算放大器有如下的特点。

1. 电阻阻值有局限性

集成电路中比较合适的电阻阻值大致为 $100\ \Omega \sim 30\ k\Omega$。高阻值的电阻不易制造,且阻值的精度不易控制,所以在集成电路中尽量避免采用高阻值的电阻。当必须采用高阻值电阻时可用外接形式或用三极管恒流源来代替电阻。

2. 电感难以制造

集成电路制造工艺目前不能解决制造电感元件问题,需要时采用外接方式解决。

3. 大容量电容器不易制造

集成电路中常用 PN 结的结电容来做电容器，其容量不超过 200 pF，且误差较大，所以集成电路中尽量避免使用电容器。集成运算放大器内部是直接耦合放大电路，基本不用电容器，适合集成化要求。在其他集成电路中，必须使用大容量电容器时，同样采用外接形式。

4. 元器件参数一致性好

同一片集成电路是在相同环境下制成的，各元器件参数具有一致性。如每个集成片中三极管等的特性十分接近，电阻等的误差趋于相同。集成运算放大器的输入级是差动放大电路，集成电路的参数一致性，更利于制造出零漂很小的运算放大器。

5. 三极管取代二极管

由于集成电路的制造工艺等原因，集成电路中的二极管一般都采用将集电极和基极短接的三极管代替，其管压降接近同类三极管的 U_{BE} 值，温度系数相近，适合用作温度补偿元件和电位移动电路。

总之，由于集成工艺的特点，集成电路在设计思想上和分立元件电路有较大差别。主要是尽量采用易于制造的有源器件三极管代替无源元件（大阻值电阻等），因此集成电路所用的三极管数目比较多，电路结构比分立元件电路更复杂。

二、集成运算放大器的组成

集成运算放大器的封装外形通常有 3 种：双列直插式、圆壳式和扁平式，如图 10-1 所示。

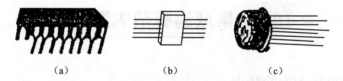

图 10-1 集成运算放大器的外形

(a) 双列直插式；(b) 扁平式；(c) 圆壳式

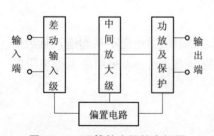

图 10-2 运算放大器的方框图

集成运算放大器通常都由输入级、中间级、输出级以及保证每个三极管处于放大状态的偏置电路等四部分组成，其组成可由图 10-2 所示方框图表示。

集成运算放大器的简化示意电路如图 10-3 所示。输入级是决定集成运算放大器性能的关键部分。对输入级的要求是输入电阻高，能抑制零漂。所以集成运算放大器的输入级采用差动放大电路。在两个对称的输入端加入输入电压信号 u_i。由 VT_1、VT_2 的集电极输出电压 ΔU_{C1C2} 作为中间放大级的输入信号。中间放大级由 VT_3、VT_4 和 R_{C3} 组成，它实现了双端输入到单端输出的变换和电位移动，并具有一定的电压放大作用。中间放大级输出的电压信号 $R_{C3}\Delta I_{C3}$ 送至输出级，输出级是由 VT_5、VT_6 组成的互补功率放大电路，并直接与负载相连。它具有足够大的输出电压幅度和输出功率，以利于带动负载工作，能够使集成运算放大器的输出电阻低，带负载能力强。

偏置电路的作用是为上述各级电路提供稳定和合适的偏置电流，决定各级的静态工作点，一般由各种恒流源电路构成。

在集成运算放大器的输入端加一对称信号电压，若设 u_- 端为正，u_+ 端为负，经过集成运算放大器内部逐级放大后，便在输出端得到对地为负的输出电压；反之，如果输入信号电压改变极性，即 u_- 端为负，u_+ 端为正时，输出电压也必将改变极性，即输出为正电压。因此，u_- 端与输出端电压极性相反，称为"反相输入端"，用"－"号表示；u_+ 端与输出电压极性相同，称为"同相输入端"，用"＋"

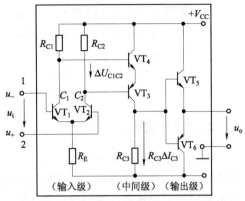

图 10-3 集成运算放大器的简化示意电路图

号表示。以上各点电位变化过程可利用瞬时极性法概念进行分析，简述如下：设 u_- 端为正，u_+ 端为负，输入级差动放大电路造成 C_1 点电位降低、C_2 点电位升高。第一级的输出电压 ΔU_{C1C2} 加在 VT_3、VT_4（VT_3、VT_4 的这种连接方式称为复合管，具有增加电流放大倍数的特点）的基极上，共同造成 VT_3 发射极电流降低，所以 VT_3 发射极电位下降，此时中间级的输出电压就是 $R_{C3}\Delta I_{C3}$。由于功率放大电路的输入电压降低，VT_6 导通，从电位上看 u_o 比静态时降低。所以，当 u_- 为正时，u_o 为负，两者极性相反。

三、集成运算放大器的图形符号和电压传输特性

1. 图形符号

无论集成运算放大器内部线路如何，作为一个电路元件，它在电路中常用图 10-4（a）所示的图形符号表示。图中三角形表示放大器；A_{uo} 为集成运算放大器未接反馈电路时的电压放大倍数（即开环放大倍数）；"－"端（u_-）表示反相输入端；"＋"端（u_+）表示同相输入端；u_o 为输出端。常用的 F007（5G24）型集成运算放大器的管脚与外电路的连接图如图 10-4（b）所示。各管脚的用途是：

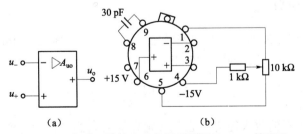

图 10-4 集成运算放大器的图形符号及 F007 管脚图
（a）图形符号；（b）F007 管脚图

2 为反相输入端。由此端接输入信号，则输出信号与输入信号是反相的（即两者极性相

反)。

3 为同相输入端。由此端接输入信号，则输出信号与输入信号是同相的（即两者极性相同）。

4 为负电源端，接 $-15\,\text{V}$ 稳压电源。

7 为正电源端，接 $+15\,\text{V}$ 稳压电源。

6 为输出端。

1 和 5 为外接调零电位器的两个管脚。

8 和 9 为外接消除寄生振荡电容器的两个管脚。

2. 电压传输特性

表示运算放大器输出电压与输入电压之间关系的特性曲线称为运算放大器的电压传输特性，集成运算放大器的典型传输特性如图 10-5 所示。从电压传输特性看，集成运算放大器可以工作在 3 个工作区域：一个线性区和两个饱和区（又称非线性区）。

集成运算放大器工作在线性区时，输出电压 u_o 与输入电压 $u_- - u_+$ 是线性关系，即

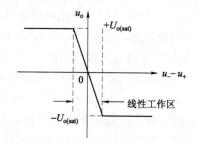

图 10-5 集成运算放大器的电压传输特性

$$u_\text{o} = -A_{uo}(u_- - u_+) = -A_{uo}u_\text{i} \tag{10-1}$$

由于集成运算放大器的开环电压放大倍数 A_{uo} 很大，输出与输入电压的线性关系只存在于原点附近很窄的区域内（输入电压在毫伏级以下）。此时，集成运算放大器内部的三极管都工作在线性放大状态。只要输入信号稍微超出这个区域，运算放大器就进入饱和区。输入端 u_- 稍高于 u_+，输出端就达到负饱和值 $-U_{\text{o(sat)}}$（接近负电源 $-E_\text{C}$）；反之，u_- 稍低于 u_+，u_o 就达到正饱和值 $U_{\text{o(sat)}}$（接近正电源 $+E_\text{C}$）。通常集成运算放大器的正负电源电压相等。电压传输特性基本上对称于原点。

四、集成运算放大器的主要参数

集成运算放大器的性能可以用各种参数反映，主要参数如下。

1. 开环电压放大倍数 A_{uo}

集成运算放大器在无外加反馈时的差模电压放大倍数，称为开环电压放大倍数。A_{uo} 为 $10^4 \sim 10^7$，如以分贝表示，则为 $80 \sim 140\,\text{dB}$，即

$$A_{uo} = 20\lg\frac{U_\text{o}}{U_\text{i}}$$

A_{uo} 体现集成运算放大器的放大能力。它是决定运算放大器电路稳定性和运算精度的重要因素，一般希望 A_{uo} 值越大越好。

2. 最大输出电压 U_{opp}

在一定电源电压下，集成运算放大器输出电压和输入电压保持不失真关系（线性关系）的输出电压的峰值，称为最大输出电压。若运算放大器电源为 ±15 V，其 U_{opp} 约为 ±10 V。

3. 最大差模输入电压 U_{idmax}

U_{idmax} 是指集成运算放大器的反相输入端和同相输入端之间所能承受的最大电压值。

4. 最大共模输入电压 U_{icmax}

U_{icmax} 是指集成运算放大器所能承受的最大共模输入电压，超过这个值，集成运算放大器的共模抑制比将明显下降，甚至造成器件损耗。

5. 差模输入电阻 r_{id}

r_{id} 是指差模信号作用下集成运算放大器两个输入端之间的电阻值。它关系到集成运算放大器输入端向差模输入信号源取用信号电流的多少。r_{id} 越大越好。

6. 输出电阻 r_o

r_o 是指集成运算放大器输出级的输出电阻。它反映运算放大器的带负载能力。

7. 共模抑制比 K_{CMRR}

K_{CMRR} 是指集成运算放大器开环差模电压放大倍数与共模电压放大倍数的比值，用来衡量输入级各参数对称程度，显然，K_{CMRR} 越大，集成运算放大器对共模信号的抑制能力越强，目前高质量的集成运算放大器的 K_{CMRR} 可达 160 dB。

五、理想运算放大器及其基本分析方法

由于集成运算放大器性能优越，所以在分析集成运算放大器时，一般可以将它看成是一个理想的运算放大器，理想运算放大器的技术指标是：

开环电压放大倍数 $A_{uo}=\infty$；
输入电阻 $r_{id}=\infty$；
输出电阻 $r_o=0$；
共模抑制比 $K_{CMRR}=\infty$。

在分析计算实际集成运算放大器电路时，常用理想运算放大器来代替实际运算放大器，这样可大幅简化分析过程，由此产生的误差很小，在工程上可忽略不计。理想运算放大器的图形符号就是将一般集成运算放大器的图形符号（见图 10-4（a））中的开环电压放大倍数 A_{uo} 换成 ∞，其他不变。

分析工作在线性区的理想运算放大器，要依据以下两个重要结论：

（1）理想运算放大器的两个输入端的电位相等。因理想运算放大器的开环电压放大倍数 $A_{uo}=\infty$，而输出电压 u_o 为有限值，所以由式（10-1）可知

$$u_+ - u_- = \frac{u_o}{A_{uo}} = 0$$

即
$$u_+ = u_- \tag{10-2}$$

因此也可以将集成运算放大器的两个输入端视为"虚短路",简称"虚短"。

(2) 理想运算放大器的两个输入端的电流为零,即 $I_i = 0$。这是理想运算放大器的 $r_{id} = \infty$ 和两个输入端电位相等的缘故。因此又可以将集成运算放大器的两个输入端之间视为"虚断路",简称"虚断"。

例 10-1 集成运算放大器 F007 的开环电压放大倍数(亦称增益)$A_{uo}=100$ dB,即 $A_{uo}=10^5$,差模输入电阻 $r_{id}=2$ MΩ,当工作在线性区时,若输出电压 $u_o=10$ V,求两输入端应加的信号电压和输入电流的大小。

解:(1) 输入电压为
$$u_i = u_+ - u_- = \frac{u_o}{A_{uo}} = \frac{10}{10^5} = 0.1 \text{ (mV)}$$

(2) 输入电流为
$$I_i = \frac{u_i}{r_{id}} = \frac{0.1 \times 10^{-3}}{2 \times 10^6} = 0.05 \times 10^{-9} \text{ (A)} = 0.05 \text{ (nA)}$$

可见,实际集成运算放大器的 u_+ 与 u_- 十分接近,I_i 也极小,这说明利用理想运算放大器的概念分析集成运算放大器,所产生的误差很小,准确性很高。

分析工作在非线性区的理想运算放大器,也要依据以下两个重要结论:

(1) 理想运算放大器的输入电流为零,即 $I_i = 0$。

(2) 输出电压有两种取值可能:

当 $u_+ > u_-$ 时,则 $u_o = +U_{o(sat)}$;

当 $u_+ < u_-$ 时,则 $u_o = -U_{o(sat)}$;

$u_+ = u_-$ 只是两个状态的转换点。

综上所述,分析含有集成运算放大器的电路时,先将实际运算放大器视为理想运算放大器,再判断理想运算放大器的工作区域,再根据线性区或非线性区的分析依据,应用电路分析方法对电路进行计算、讨论。

10.2 集成运算放大器的线性应用

集成运算放大器的开环电压放大倍数很高,运算放大器在开环状态下的线性工作区极窄,加入很小的输入电压就足以使输出电压接近正或负向饱和值。因此运算放大器要作线性应用时,就必须在闭环状态下工作,即必须引入深度电压负反馈以降低整个闭环电路的电压放大倍数。即允许输入信号在较大的范围内变动,又实现输出和输入信号之间的线性运算的关系。由集成运算放大器组成的比例、加法、减法、微积分等数学运算电路都属于集成运算放大器的线性应用,也是运算放大器的最基本的应用,它被广泛地应用在控制系统及测量系统中。

一、比例运算

1. 反相比例运算

如果输入信号从反相输入端加入,则称为"反相输入"。

图 10-6 为反相比例运算电路。输入电压 u_i 经输入回路电阻 R_1 加到反相输入端,而同相输入端通过补偿电阻 R_2 接"地"(正、负电源的公共端)。反馈电阻 R_F 跨接在集成运算放大器的输出端和反相输入端之间,因此构成深度电压并联负反馈。

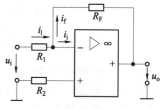

图 10-6 反相比例运算电路

依据理想运算放大器工作在线性区的两条结论:$u_+ = u_-$,故同相输入端和反相输入端之间相当于短路,但又不能用导线直接相连,故称虚短;又因 $i_i = 0$,$u_- = u_+ = R_2 i_+ = 0$,所以反相输入端对地电位接近零,但又不能用导线直接接地,故反相输入端对地称为"虚地"。虚短和虚地概念为定量计算运算放大器提供了极大的方便。虚短是理想集成运算放大器工作在线性区的普遍规律,而虚地则是反相输入独具的特点。因此,反相输入运算放大电路的输出与输入电压的关系为

$$i_1 = \frac{u_i - u_-}{R_1} \approx \frac{u_i}{R_1}$$

$$i_f = \frac{u_- - u_o}{R_F} \approx -\frac{u_o}{R_F}$$

因为 $i_i = 0$,所以 $i_1 = i_f$,则

$$u_o = -\frac{R_F}{R_1} u_i \tag{10-3}$$

闭环电压放大倍数为

$$A_{uf} = \frac{u_o}{u_i} = -\frac{R_F}{R_1} \tag{10-4}$$

可见输出电压等于输入电压乘以一个比例系数 R_F/R_1,从而实现了比例运算。当电阻 R_F、R_1 的阻值足够精确、稳定,并且集成运算放大器的开环放大倍数 A_{uo} 足够大时,就可以得到足够高、足够稳定的运算精度,而与运算放大电路本身的参数无关。式(10-4)中负号表示输出电压 u_o 与输入电压 u_i 的反相位关系。

当 $R_1 = R_F$ 时,$u_o = -u_i$。说明电路只起"变号"作用,这种反相比例运算电路称为反相器或反号器。

补偿电阻 R_2 是为了保持同相输入端和反相输入端外接电阻阻值相等,使静态时运算放大器的两个输入端电流相等,以保证运算放大器工作在对称平衡状态,所以 $R_2 = R_1 // R_F$。

2. 同相比例运算

如果输入信号从同相输入端加入,则称为"同相输入"。

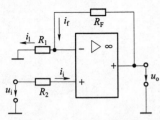

图 10-7 同相比例运算电路

图 10-7 为同相比例运算电路。输入电压 u_i 经输入回路电阻 R_2 加到同相输入端，输出电压 u_o 与输入电压 u_i 同相位。反相输入端经电阻 R_1 接地，输出端与反相输入端之间跨接反馈电阻 R_F，构成深度电压串联负反馈。为保证两个输入端外接电阻相等，也应有 $R_2 = R_1 /\!/ R_F$。

必须注意，在同相输入运算电路中，两个输入端之间同样存在虚短现象，但由于同相输入端加了信号电压 u_i，所以有 $u_- = u_+ = u_i$，而反相输入端无虚地现象。因为两个输入端的电位近似相等，因而，两个输入端对地浮动了输入电压 u_i 大小，给电路引入了一个共模信号，这是同相输入运算放大器在闭环状态下的重要特性。集成运算放大器的输入电流 i_i 为零，所以，$i_1 = i_f$，于是输出与输入信号电压的关系可推得如下：

$$i_1 = \frac{u_-}{R_1} = \frac{u_i}{R_1}, \quad i_f = \frac{u_o - u_-}{R_F} = \frac{u_o - u_i}{R_F}$$

由以上可得

$$u_o = \left(1 + \frac{R_F}{R_1}\right) u_i \tag{10-5}$$

闭环电压放大倍数为

$$A_{uf} = \frac{u_o}{u_i} = 1 + \frac{R_F}{R_1} \tag{10-6}$$

由式（10-6）可知，A_{uf} 的大小只与比值 R_F/R_1 有关，且 $A_{uf} \geqslant 1$，u_o 与 u_i 同相位。

由式（10-6）还可看出，如果 $R_1 = \infty$（断开）而 R_F 可为某一具体阻值或为零，则

$$A_{uf} = \frac{u_o}{u_i} = 1 \tag{10-7}$$

集成运算放大器组成了电压跟随器，也叫同号器，电路如图 10-8 所示，它的性能与射极输出器一样，虽然闭环电压放大倍数为 1，电压没有放大，但输入电阻高、输出电阻低、输出与输入大小相等、相位相同。通常用来作阻抗变换或隔离缓冲级。

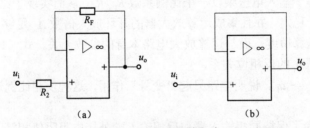

图 10-8 电压跟随电路

例 10-2 求图 10-9 电路中输出电压 u_o 和输入电压 u_i 的关系式。

解：电路中反相输入电压为 u_{i1}，同相输入电压为 u_{i2}，这种输入方式称为差动输入运算放大器电路。因为集成运算放大器工作在线性区，电路为线性电路，所以可以应用叠加原理来求解。

当 u_{i1} 单独作用时,电路如图 10-10 所示。根据前面讨论结果可知,此时的输出电压 u_o' 与输入电压 u_{i1} 为反相比例运算关系,即 $u_o' = -\dfrac{R_2}{R_1}u_{i1}$。

当 u_{i2} 单独作用时,电路如图 10-11 所示。此时的输出电压 u_o'' 与输入电压 u_{i2} 为同相比例运算关系,即

$$u_+ = \frac{R_2}{R_1+R_2}u_{i2}, \quad u_- = \frac{R_1}{R_1+R_2}u_o''$$

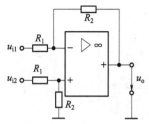 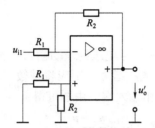 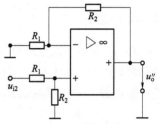

图 10-9　差动输入电路　　图 10-10　u_{i1} 单独作用时的电路　　图 10-11　u_{i2} 单独作用时的电路

可得

$$u_o'' = \frac{R_2}{R_1}u_{i2}$$

所以,在 u_{i1}、u_{i2} 同时作用时,可得

$$u_o = u_o' + u_o'' = -\frac{R_2}{R_1}u_{i1} + \frac{R_2}{R_1}u_{i2} = -\frac{R_2}{R_1}(u_{i1} - u_{i2})$$

二、加减运算

1. 加法运算

加法运算电路的输出电压信号是多个输入信号按照不同的比例放大后之和,多个输入信号加到集成运算放大器的反相输入端,也称为反相输入加法器。

图 10-12 给出了 3 个输入信号的情况。这是一个三端输入的电压并联深度负反馈放大电路。同相输入端接有补偿电阻 R_4,其阻值应为

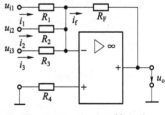

图 10-12　加法运算电路

$$R_4 = R_F // R_1 // R_2 // R_3$$

因为

$$i_f = i_1 + i_2 + i_3, \quad u_+ = u_- = 0$$

可得

$$u_o = -\left(\frac{R_F}{R_1}u_{i1} + \frac{R_F}{R_2}u_{i2} + \frac{R_F}{R_3}u_{i3}\right) \tag{10-8}$$

如果 $R_1 = R_2 = R_3 = R$,则有

$$u_o = -\frac{R_F}{R}(u_{i1} + u_{i2} + u_{i3}) \quad (10-9)$$

当 $R_1 = R_2 = R_3 = R_F$ 时，得

$$u_o = -(u_{i1} + u_{i2} + u_{i3}) \quad (10-10)$$

加法运算电路的实质是将各输入电压信号彼此独立地通过自身输入回路电阻转换成电流，在反相输入端相加后，流向反馈电阻 R_F，经 R_F 转换为输出电压 u_o。因此反相输入端又称为"相加点"。

2. 减法运算

图 10-13 为差动减法运算电路，输入信号电压为差动输入。如果需要将两个输入信号 u_{i2} 和 u_{i1} 进行减法运算，则应将减数 u_{i1} 接在反相输入端，被减数 u_{i2} 接在同相输入端。由图可得

$$u_+ = \frac{R_3}{R_2 + R_3} u_{i2}, \quad u_- = u_{i1} - i_1 R_1 = u_{i1} - \frac{u_{i1} - u_o}{R_1 + R_F} R_1$$

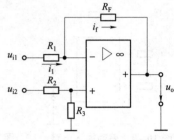

图 10-13　差动减法运算电路

因为 $u_+ = u_-$，所以

$$u_o = \left(1 + \frac{R_F}{R_1}\right) \frac{R_3}{R_2 + R_3} u_{i2} - \frac{R_F}{R_1} u_{i1} \quad (10-11)$$

当 $R_1 = R_2$ 和 $R_3 = R_F$ 时，式（10-11）可简化为

$$u_o = \frac{R_F}{R_1}(u_{i2} - u_{i1}) \quad (10-12)$$

又当 $R_F = R_1$ 时，式（10-12）可进一步简化为

$$u_o = u_{i2} - u_{i1} \quad (10-13)$$

由式（10-12）和式（10-13）可知，输出电压 u_o 只取决于两个输入电压信号的差值 $(u_{i2} - u_{i1})$，而与输入信号本身的大小无关，其放大倍数为 R_F / R_1。所以差动减法运算电路可用来放大差模输入信号、抑制共模信号或作减法运算。

三、积分运算

图 10-14（a）为积分运算电路。输入电压 u_i 由反相输入端加入，输出电压 u_o 经反馈电容 C_F 反馈到反相输入端。

由于 $u_+ = u_- = 0$ 和 $i_- = 0$，得到

$$i_1 = \frac{u_i}{R_1}, \quad i_f = C_F \frac{du_C}{dt} = -C_F \frac{du_o}{dt}$$

由 $i_f = i_1$ 得到

$$-C_F \frac{du_o}{dt} = \frac{u_i}{R_1}$$

所以

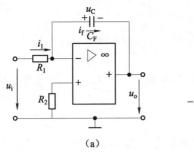
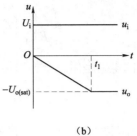

(a) (b)

图 10-14 积分运算电路及波形图

(a) 积分运算电路；(b) 波形图

$$u_o = -\frac{1}{R_1 C_F}\int_{-\infty}^{t} u_i dt = -\frac{1}{R_1 C_F}\int_{-\infty}^{0} u_i dt - \frac{1}{R_1 C_F}\int_{0}^{t} u_i dt$$

即

$$u_o = U_o(0) - \frac{1}{R_1 C_F}\int_{0}^{t} u_i dt \qquad (10-14)$$

式中，$U_o(0) = u_C(0_-)$，为输入电压 u_i 加入前反馈电容 C_F 上的电压初始值，其极性如图 10-14 所示。当电容原来尚未蓄能时，$u_C(0) = 0$ 时，则

$$u_o = -\frac{1}{R_1 C_F}\int_{0}^{t} u_i dt \qquad (10-15)$$

式（10-15）说明积分运算电路输出电压 u_o 与输入电压 u_i 呈线性积分关系，负号表示两者反相。$R_1 C_F$ 称为积分时间常数。

当输入电压 u_i 为阶跃电压（$t=0$ 以后，u_i 为恒定直流电压）时，则

$$u_o = -\frac{U_i}{R_1 C_F} \times t \qquad (10-16)$$

其波形如图 10-14（b）所示，输出电压随时间呈线性增加，达到负饱和值 $-U_{o(sat)}$ 后保持恒定。

当输入电压 u_i 在 $0\sim t_1$ 一段时间内，给反馈电容的充电电流 $i_f = i_1 = U_i/R_1$，为恒流充电，所以输出电压 u_o 与时间 t 呈直线关系，从而提高了输出电压的线性度。

例 10-3 求图 10-15 所示积分求和电路输出电压 u_o 的关系式。

解：由图 10-15 可得

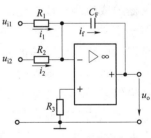

图 10-15 积分求和电路

$$i_1 = \frac{u_{i1}}{R_1}, \quad i_2 = \frac{u_{i2}}{R_2}, \quad i_f = i_1 + i_2$$

所以

$$u_o = -u_C = -\frac{1}{C_F}\int i_f dt = -\frac{1}{C_F}\int (i_1 + i_2) dt$$

$$= -\left(\frac{1}{R_1 C_F}\int u_{i1}dt + \frac{1}{R_2 C_F}\int u_{i2}dt\right)$$

显然，图 10-15 的电路是用一个加法运算电路和一个积分运算电路组成的积分求和电路。

四、微分运算

图 10-16 为微分运算电路。微分运算是积分运算的逆运算，微分运算用来确定变化信号的变化速率。它是将积分运算电路的输入回路电阻 R_1 和反馈电容 C_F 位置对换的结果。根据"虚地"和"虚断"的概念，则有 $u_+ = u_- = 0$ 和 $i_i = 0$，由电路可得

$$i_i = C_1 \frac{du_C}{dt} = C_1 \frac{du_i}{dt}, \quad i_f = -\frac{u_o}{R_F}$$

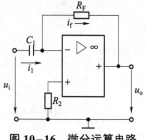

图 10-16 微分运算电路

因为
$$i_1 = i_f$$

于是
$$u_o = -R_F C_1 \frac{du_i}{dt} \quad (10-17)$$

式（10-17）表明，输出电压 u_o 与输入电压 u_i 对时间的微分成正比，$\tau = R_F C_1$ 是微分时间常数。理论分析和实验结果都表明，与阻容元件构成的微分电路相比，这种微分运算电路不仅微分作用更为显著，而且还能获得较大的输入信号幅度。但存在工作稳定性差、高频噪声大和输入电阻低等缺点，具体使用时要加以改进。

五、测量放大电路

图 10-17 所示的电路是由 3 个集成运算放大器组成的测量放大电路（也称数据放大器）。第一级的两个同相输入的集成运算放大器具有很高的输入电阻和很强的共模抑制能力，第二级为基本差动输入的运算放大电路，能抑制共模信号，将双端输入转化为单端输出，以适应接地负载的需要。此电路在多点数据采集、工业自动控制和无线电测量等技术领域中应用较多。

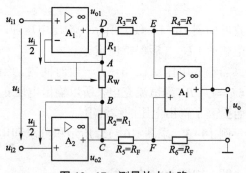

图 10-17 测量放大电路

由图 10-17 可知电阻 R_1、R_W、R_2 中电流相等，所以有

$$\frac{u_{o1} - u_{i1}}{R_1} = \frac{u_{i1} - u_{i2}}{R_W} = \frac{u_{i2} - u_{o2}}{R_2}$$

即

$$u_{o1} - u_{i1} = \frac{R_1}{R_W}(u_{i1} - u_{i2})$$

$$u_{i2} - u_{o2} = \frac{R_2}{R_W}(u_{i1} - u_{i2})$$

将上两式相加，并考虑到 $R_1 = R_2$，$u_i = u_{i1} - u_{i2}$，$u_{o12} = u_{o1} - u_{o2}$，第一级输出电压为

$$u_{o12} = u_{o1} - u_{o2} = 2\frac{R_1}{R_W}(u_{i1} - u_{i2}) + (u_{i1} - u_{i2}) = \left(1 + 2\frac{R_1}{R_W}\right)u_i$$

显然，调节第一级的电位器 R_W 的阻值，就能改变其输出电压的大小。

第二级为差动输入运算放大器电路，考虑到 $R_3 = R_4 = R$，$R_5 = R_6 = R_F$，由式（10-11）可得

$$u_o = -\frac{R_F}{R}(u_{o1} - u_{o2}) = -\frac{R_F}{R}u_{o12} = -\frac{R_F}{R}\left(1 + 2\frac{R_1}{R_W}\right)u_i \qquad (10-18)$$

整个测量放大电路的电压放大倍数为

$$A_{uf} = \frac{u_o}{u_i} = -\frac{R_F}{R}\left(1 + 2\frac{R_1}{R_W}\right) \qquad (10-19)$$

当 R_W 开路时，A_1、A_2 分别为电压跟随器，此时

$$A_u = -\frac{R_F}{R}$$

若 A_3 的外部 4 个电阻都相等，即 $R_3 = R_4 = R_5 = R_6 = R_F$，且 R_W 断开时，$A_u = -1$。

例 10-4 在图 10-17 电路中，已知：$u_{i1} = 4\,\text{V}$，$u_{i2} = 5\,\text{V}$，A_1、A_2、A_3 均为理想集成运算放大器，$R_1 = R_2 = 30\,\text{k}\Omega$，$R_W = 10\,\text{k}\Omega$，$R_3 = R_4 = R = 4\,\text{k}\Omega$，$R_5 = 4\,\text{k}\Omega$，$R_6 = 12\,\text{k}\Omega$，试求输出电压 u_o 的大小。

解： $u_A = u_{i1} = 4\,\text{V}$，$u_B = u_{i2} = 5\,\text{V}$，$i_{BA} = \dfrac{u_B - u_A}{R_W} = \dfrac{5-4}{10} = 0.1\,(\text{mA})$

因为 $\qquad u_{AD} = i_{BA} R_1 = 0.1 \times 30 = 3\,(\text{V})$

故 $\qquad u_D = u_A - u_{AD} = 4 - 3 = 1\,(\text{V})$

同理 $\qquad u_C = u_B + i_{BA} \times R_2 = 5 + 0.1 \times 30 = 8\,(\text{V})$

因为 $\qquad u_F = \dfrac{R_6}{R_5 + R_6} \cdot u_C = \dfrac{12}{4+12} \times 8 = 6\,(\text{V})$

则 $\qquad u_E = u_F = 6\,(\text{V})$

又因 $\qquad i_{R_3} = \dfrac{u_E - u_D}{R_3} = \dfrac{6-1}{4} = 1.25\,(\text{mA})$

所以 $\qquad i_{R_5} = i_{R_3} = 1.25\,(\text{mA}) \qquad u_{R_5} = 1.25 \times 2 = 2.5\,(\text{V})$

于是 $\qquad u_o = u_{R_5} + u_F = 2.5 + 6 = 8.5\,(\text{V})$

10.3 集成运算放大器的非线性应用

由于集成运算放大器的开环电压放大倍数很高,只要在两个输入端之间加入很小的输入电压u_i,输出电压u_o就可能处于正饱和值$U_{o(sat)}$或负饱和值$-U_{o(sat)}$。如果在输入与输出回路之间再引入适当的正反馈,则可以加快状态的翻转过程,输出电压就可在正、负饱和值之间跳变,此时集成运算放大器的电压传输特性的线性工作范围极窄,可以不加考虑。由于输出与输入电压的关系为非线性,所以称为非线性应用。电压比较器是非线性应用的基本单元电路,它广泛用于模拟电路和数字电路。常用于超限报警、模/数转换、波形整形与变换,以及产生多种非正弦波信号等方面。幅度鉴别的准确性、稳定性以及输出电压反映的快速性是其主要技术指标。信号幅度的比较电路形式很多,但都可以归结为集成运算放大器的非线性工作的比较状态这个原理。

一、电压比较器

电压比较器是对输入电压u_i进行比较和鉴别的电路,是集成运算放大器非线性应用的基本电路。图10-18(a)为电压比较器的原理电路,显然,集成运算放大器处于开环工作状态。U_R为参考电压(也称比较电压),加在同相输入端,输入电压u_i加在反相输入端。当$u_i < U_R$时,输出电压$u_o = +U_{o(sat)}$;当$u_i > U_R$时,$u_o = -U_{o(sat)}$,其电压传输特性如图10-18(b)所示。它表明输入电压u_i在参考电压U_R附近,若有微小变化,电路的工作状态将发生阶跃式翻转,电压比较器输出电压的高低可以反映输入电压u_i与参考电压U_R的比较结果。

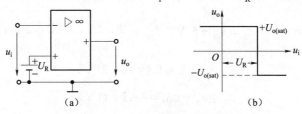

图10-18 电压比较器及电压传输特性
(a) 电压比较器; (b) 电压传输特性

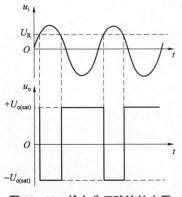

图10-19 输入为正弦波的电压比较器输出电压波形

若输入电压u_i为正弦波,根据图10-18(b)所示的电压传输特性,可以得到输出电压u_o的波形,如图10-19所示。此波形的正、负半周的宽度由U_R的数值决定,而幅度则由集成运算放大器输出的正、负饱和电压来确定。

如果参考电压$U_R=0$,电压比较器的电压传输特性如图10-20(a)所示。若此时加入的输入电压u_i为正弦波,则输出电压u_o的波形将成为图10-20(b)所示的方波。这种电路称为过零比较器。

如果电压比较器用于数字电路,就要考虑电平匹配问题。只要在原电压比较器的基础上,加入限幅电路,就可以将输出电压稳定到所需的电平值。图 10-21（a）所示电路就是具有限幅环节的过零比较器，与输出端并联的 VD_Z 为双向稳压管，具有双向稳压作用，保证了输出电压 u_o 为需要的电平值。此时的电压传输特性如图 10-21（b）所示。

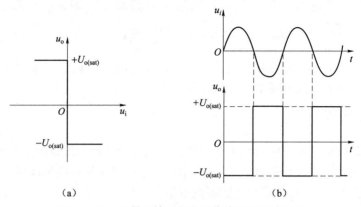

图 10-20　过零比较器的电压传输特性及波形图

（a）电压传输特性；（b）波形图

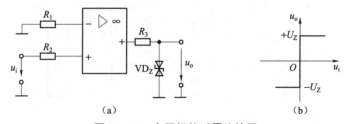

图 10-21　有限幅的过零比较器

（a）电路图；（b）电压传输特性

在许多应用电路中，要求电压比较器的传输特性具有滞回特性。例如输入电压 u_i 为变化缓慢的信号或信号幅值较小时，由于干扰，输出电压可能出现颤动现象。图 10-22（a）电路为基本型过零滞回比较器，它具有防止输出电压颤动的功能，具有一定的抗干扰能力。

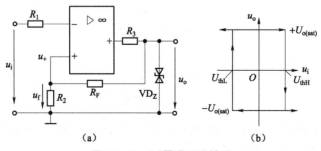

图 10-22　过零滞回比较器

（a）电路图；（b）电压传输特性

图 10-22（a）中输出端至反相输入端没有反馈电路，属开环应用，输出电压必为高、低两种电平。而 R_F、R_2 组成的正反馈电路，只是为了加快电压比较器状态的翻转过程，使电压传输特性变得更陡峭些。

假如输入电压 u_i 由负值过零逐渐增大,则输出电压 $u_o = +U_Z$,此时 $u_+ = u_f = U_{thH} = \dfrac{R_2}{R_2 + R_F} U_Z > 0$,$U_{thH}$ 称为上限阈值,所以只有在输入电压 $u_i > u_+ = U_{thH}$ 时,输出电压才能翻转为 $-U_Z$。同理,若输入电压 u_i 又由正值过零逐渐减小,则输出电压 $u_o = -U_Z$,此时 $u_+ = u_f = U_{thL} = -\dfrac{R_2}{R_2 + R_F} U_Z < 0$,$U_{thL}$ 称为下限阈值,所以只有在 $u_i < u_+ = U_{thL}$ 时,输出电压才翻转为 $+U_Z$。显然,输出电压的变化总是滞后于输入电压的变化,所以称此电路为过零滞回比较器,其电压传输特性如图 10-22(b)所示。

二、方波发生器

方波发生器是电子电路中经常使用的一种信号源。一个滞回比较器加上 $R_F C$ 负反馈电路就构成了基本方波发生器,如图 10-23(a)所示。图中 VD_Z 是双向稳压管,稳压值为 $\pm U_Z$;R_1 和 R_2 构成正反馈电路;R_3 是稳压管的限流电阻。

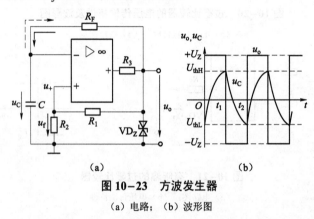

图 10-23 方波发生器
(a)电路;(b)波形图

由图 10-23(a)可知,输出电压 u_o 被箝位在 $+U_Z$ 或 $-U_Z$。R_1 和 R_2 组成的正反馈电路,为同相输入端提供了一个参考电压 u_+,这就是滞回比较器的阈值电压。当输出为 $+U_Z$ 时,有

$$u_+ = U_{thH} = \dfrac{R_2}{R_1 + R_2} U_Z$$

当输出为 $-U_Z$ 时,有

$$u_+ = U_{thL} = -\dfrac{R_2}{R_1 + R_2} U_Z$$

而集成运算放大器的反相输入电压 u_- 为电容电压 u_C。运算放大器作为电压比较器,将 u_C 与 u_+ 进行比较,根据比较结果确定输出电压:

当 $u_C > u_+$ 时,$u_o = -U_Z$;
当 $u_C < u_+$ 时,$u_o = +U_Z$。

电路接通瞬间,输出电压 u_o 是不确定的,既可能为 $+U_Z$,也可能为 $-U_Z$。若设 $u_o = +U_Z$,则同相输入端电压 $u_+ = U_{thH}$,因而 $u_C < u_+$,所以维持 $u_o = +U_Z$。输出电压 u_o 经电阻 R_F 向电容 C 充电,充电电流方向如图中实线箭头所示,u_C 按指数规律增长。当 u_C 增加到等于

上限阈值 U_{thH} 时，$u_C \geq u_+$，输出电压 u_o 就从 $+U_Z$ 下跳为 $-U_Z$，同时 u_+ 变为 U_{thL}。u_C 与 u_o 的波形如图 10-23（b）的 $0 \sim t_1$ 区间所示。在 $t_1 \leq t \leq t_2$ 区间，因为电容电压 u_C 为正值，而输出电压 $u_o = -U_Z$ 为负值，所以电容 C 开始通过 R_F 向 u_o 放电，并在 u_C 过零后被反向充电到 $u_C \leq U_{thL}$，此时，因 $u_C < u_+$，输出电压 u_o 就又从 $-U_Z$ 上跳到 $+U_Z$，u_C 与 u_o 的波形如图 10-23（b）的 $t_1 \sim t_2$ 区间所示。以上过程将周期性地重复进行，电路产生自激振荡。因充、放电时间常数为定值，输出电压 u_o 就是连续的有固定周期的方波。方波的周期和频率分别如下：

周期为

$$T = 2R_F C \ln\left(1 + \frac{2R_2}{R_1}\right)$$

频率为

$$f = \frac{1}{T} = \frac{1}{2R_F C \ln\left(1 + \frac{2R_2}{R_1}\right)} \tag{10-20}$$

方波发生器是无须任何外加信号就可以输出稳定方波的装置，由式（10-20）可知，只要适当改变集成运算放大器的外接电阻和电容器的参数，就可以得到不同频率的方波。

习　题

10-1　试判断图 10-24 中各电路的反馈组态。

10-2　试计算图 10-24 中（c）、（d）各电路的电压放大倍数 $A_u = \dfrac{u_o}{u_i}$ 的值。

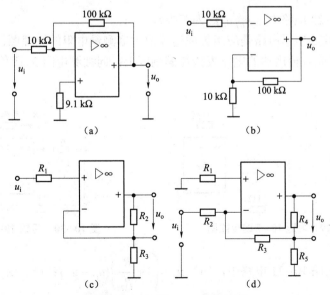

图 10-24　习题 10-1 的电路图

10-3 试求图 10-25 电路输出电压 u_o 的表达式。调节 R_F 起何作用？

10-4 试计算图 10-26 输出电压 u_o 的值。

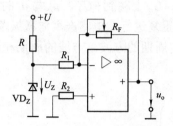

图 10-25 习题 10-3 的电路图

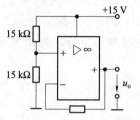

图 10-26 习题 10-4 的电路图

10-5 在图 10-27 所示电路中，VD 为理想二极管，试分析 u_o 和 u_i 的函数关系。

10-6 在图 10-28 所示电路中，已知：$R_2=200\ \Omega$，$R_P=1\ k\Omega$，稳压二极管 VD_Z 的稳定电压 $U_Z=6\ V$。求电位器滑动触头上下滑动时，输出电压 U_o 的变化范围，并说明运算放大器所起的作用。

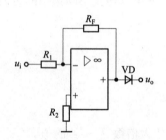

图 10-27 习题 10-5 的电路图

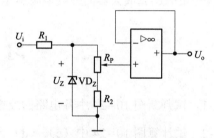

图 10-28 习题 10-6 的电路图

10-7 图 10-29 电路中，u_o/u_i 约为多少？

10-8 图 10-30 所示电路是应用集成运算放大器测量电阻的原理图，输出端接有 5 V 满量程的电压表。若此时输出端的电压表指在满刻度上，问被测电阻 R_x 阻值是多少？

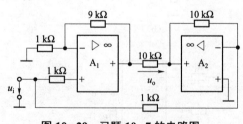

图 10-29 习题 10-7 的电路图

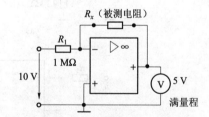

图 10-30 习题 10-8 的电路图

10-9 试证明图 10-31 电路中，(a) $u_o = \left(1+\dfrac{R_1}{R_2}\right)(u_{i2}-u_{i1})$；(b) $A_{uf} = -\dfrac{R_F}{R_1}\left(1+\dfrac{R_3}{R_4}\right)$。

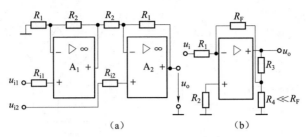

(a)　　　　　　　　　　(b)

图 10-31　习题 10-9 的电路图

10-10　试求图 10-32 电路中输出电压 u_o 的表达式。

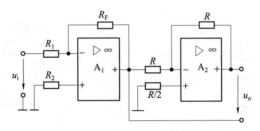

图 10-32　习题 10-10 的电路图

10-11　试求图 10-33 电路中输出电压 u_o 的表达式。

10-12　设图 10-34 电路中的电阻 $R_F = 2R_1$，$u_i = 2\,\text{V}$，试求输出电压 u_o。

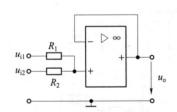　　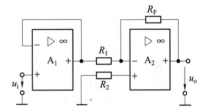

图 10-33　习题 10-11 的电路图　　　　图 10-34　习题 10-12 的电路图

10-13　判断下列说法是否正确（在括号内画 √ 或 ×）。

（1）处于线性工作状态下的集成运算放大器，反相输入端可按"虚地"来处理。（　　）

（2）反相比例运算电路属于电压串联负反馈，同相比例运算电路属于电压并联负反馈。（　　）

（3）处于线性工作状态的实际集成运算放大器，在实现信号运算时，两个输入端对地的直流电阻必须相等，才能防止偏置电流带来的运算误差。（　　）

（4）在反相求和电路中，集成运算放大器的反相输入端为虚地点，流过反馈电阻的电流基本上等于各输入电流的代数和。（　　）

（5）理想的反相、同相比例运算电路的输入电阻都为无穷大。（　　）

10-14　同相输入加法运算电路如图 10-35（a）所示，求输出电压 u_o 的表达式。当 $R_{21} = R_{22}$、$R_1 = R_F$ 时，若 u_{i1}、u_{i2} 的波形如图 10-35（b）所示，试画出输出电压 u_o 的波形。若 $2R_{22} = R_{21}$、$R_1 = R_F$ 时，再画出输出电压波形。

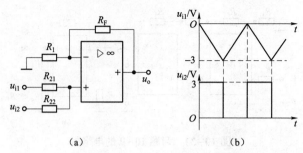

图 10-35 习题 10-14 的电路图

10-15 试求图 10-36 各电路输出电压与输入电压之间的关系式。

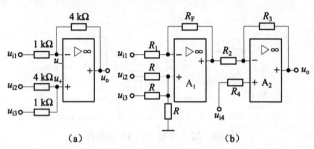

图 10-36 习题 10-15 的电路图

10-16 试求图 10-37 电路的 u_o 值。

10-17 电路如图 10-38 所示，求输出 u_o 与输入 u_{i1}、u_{i2} 的表达式。

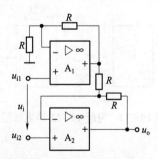

图 10-37 习题 10-16 的电路图

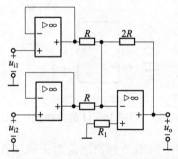

图 10-38 习题 10-17 的电路图

10-18 试求图 10-39 电路中的 u_o 与 u_i 的关系式。

10-19 试求图 10-40 电路中 u_o 与 u_i 的关系式。

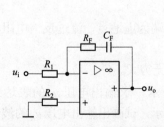

图 10-39 习题 10-18 的电路图

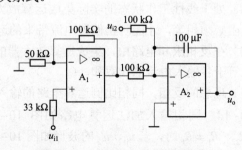

图 10-40 习题 10-19 的电路图

10-20 在图 10-41 电路中，A_1、A_2 均为理想集成运算放大器，输入电压 $U_{i1}=100\text{ mV}$，$U_{i2}=U_{i3}=200\text{ mV}$，均自 $t=0$ 时接入，求 $u_o=f(t)$ 的表达式。设 $t=0$ 时电容器上的电压 $u_C(0)=0$。

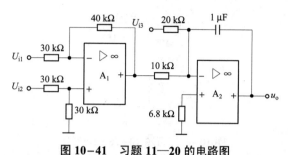

图 10-41 习题 11—20 的电路图

10-21 微分运算电路如图 10-16 所示，设 $R_F=50\text{ k}\Omega$，$C_1=0.1\text{ μF}$，当输入电压为图 10-42 所示的三角波时，试画出输出电压 u_o 的波形。

10-22 试用集成运算放大器实现下列运算关系（并画出电路图）：$u_o=2u_{i1}+3u_{i2}-5\int u_{i3}\text{d}t$。要求所用的集成运算放大器不多于三个，元件要取标称值，取值范围为 $1\text{ k}\Omega\leqslant R\leqslant1\text{ M}\Omega$，$C=0.01\text{ μF}$。

10-23 反相输入比例积分微分电路如图 10-43 所示，试证明：

$$u_o=-\left(\frac{R_F}{R_1}+\frac{C_1}{C_F}\right)u_i-\frac{1}{R_1C_F}\int u_i\text{d}t-R_FC_1\frac{\text{d}u_i}{\text{d}t}。$$

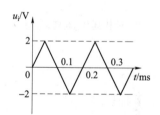

图 10-42 习题 10-21 的波形图

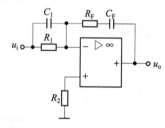

图 10-43 习题 10-23 的电路图

10-24 图 10-44（a）为具有比较电压 U_R 滞回比较器电路，当 $U_R=1\text{ V}$，$R_2=10\text{ k}\Omega$，$R_F=100\text{ k}\Omega$，$U_Z=\pm6.7\text{ V}$ 时，求：(1) 上、下限阈值电压 U_{thH}、U_{thL} 各为何值？(2) 若采用 F003 集成运算放大器（$U_{o(sat)}=\pm14\text{ V}$），当输入电压 u_i 波形为三角波（见图 10-44（b））时，试画出输出电压 u_o 的波形。

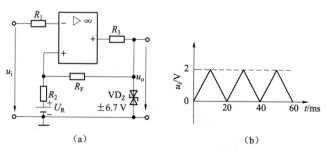

图 10-44 习题 10-24 的电路图

10-25 如图10-45所示电路，A为理想集成运算放大器，其最大输出电压为电源电压。试计算下列几种接法时的u_o，并说明此电路的名称。（1）M与N相连，$u_i=1\,\text{V}$；（2）M与P相连，u_o原为+15 V，现输入电压增至$u_i=6\,\text{V}$。

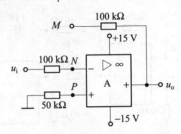

图10-45 习题10-25的电路图

10-26 试求图10-46所示各电压比较器的阈值，并画出其电压传输特性。

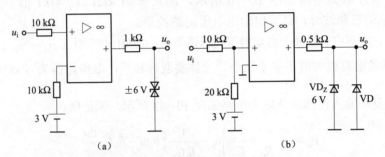

图10-46 习题10-26的电路图

10-27 试求图10-47所示电压比较器电路的阈值，并画出其电压传输特性曲线。

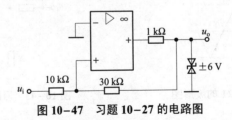

图10-47 习题10-27的电路图

附录：习题答案

第1章 电路的基础知识和基本定律

1–1 （a）$R_{ab}=5\ \Omega$；（b）$R_{ab}=10\ \Omega$。

1–2 开关 S 打开后 $R_{ab}=225\ \Omega$；开关 S 闭合后 $R_{ab}=207.69\ \Omega$。

1–3 $R_{ab}=24\ \Omega$。

1–4 如附图 1–1 所示。

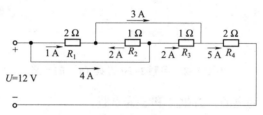

附图 1–1 习题 1–4 答案的电路

1–5 $I=0.1\ \text{A}$。

1–6 将 4 个电阻串联，电源的负载减小了。由并联的 400 W，减小到串联的 25 W，减小 375 W。

并联时，电源输出电流为 1.84 A；串联时，电源输出电流为 0.11 A。

1–7 能。

1–8 额定电流为 0.45 A，灯丝电阻为 484 Ω，一个月消耗电能 12 kW·h（度）。

1–9 发电机的空载运行：发电机的输出电流和功率等于零。

发电机的轻载运行：发电机的输出电流和功率比较小。

发电机的满载运行：发电机的输出电流和功率分别等于额定值 174 A、40 kW。

发电机的过载运行：发电机的输出电流和功率分别大于额定值 174 A、40 kW。

负载的大小，是指负载取用功率的大小。

1–10 （1）电源的电压：$U_1=-110\ \text{V}$，$U_2=50\ \text{V}$，$U_3=220\ \text{V}$；

（2）负载电阻端电压：$U_4=-50\ \text{V}$，$U_5=-150\ \text{V}$，$U_6=-80\ \text{V}$。

1–11 （a）$I_x=7\ \text{A}$；（b）$I_{x1}=-0.3\ \text{A}$，$I_{x2}=0.1\ \text{A}$。

1–12 电流 $I_x=-1\ \text{A}$。

1–13 电流表 A_4 读数为 13 mA，A_4 电流方向指向右；电流表 A_5 读数为 3 mA，A_5 电流方向指向左。

1–14 $R=20\ \Omega$。

1–15 $I_3=3\ \text{A}$，$U_{12}=215\ \text{V}$。

1–16 $I_2=5\ \text{A}$，$I_3=-1\ \text{A}$，$U_4=16\ \text{V}$。

1-17 $U_{ab}=26$ V。

1-18 （1）若 $E_1=E_2$，图1-42（a）中 R 的电流为零，R 两端电压为零。电路处于平衡状态，相当于无电源作用；图1-42（b）中 E_1 和 E_2 是电源，R 是负载。

（2）若 $E_1<E_2$，图1-42（a）中 E_2 是电源，E_1 和 R 是负载；图1-42（b）中 E_1 和 E_2 是电源，R 是负载。

1-19 电流 $I_3=-2$ mA，电压 $U_3=60$ V。元件3是电源，整个电路功率平衡。

1-20 （1）各电流和电压的实际方向和极性如附图1-2所示。

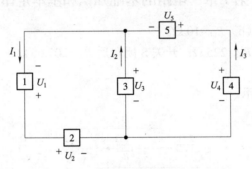

附图1-2 习题1-20答案（1）的电路

（2）方框1、3和4为电源，方框2和5为负载。

功率：$P_1=-8$ W，$P_2=16$ W，$P_3=-4$ W，$P_4=-7$ W，$P_5=3$ W。

1-21 10 V 电源的功率 $P=-20$ W（发出功率），左边5 V 电源的功率 $P=5$ W（吸收功率），右边5 V 电源的功率 $P=5$ W（吸收功率）。

1-22 电位 $V_b=-1$ V。

1-23 电位 $V_A=14.3$ V。

1-24 （1）S断开时：$V_A=-8.12$ V，$V_B=-11$ V；（2）S闭合时：$V_A=1.52$ V，$V_B=0$。

1-25 电位 $V_a=320$ V，$V_b=100$ V，$V_c=100$ V。

1-26 电位 $V_a=102$ V，$V_b=30$ V，$V_c=0$ V。

第2章 电路的基本分析方法

2-1 否。因为电池的内阻小，电池回路中产生的电流大，会使电池损坏。

2-2 图2-38（a）中，2 A 理想电流源的功率 $P=-16$ W，4 Ω 电阻的功率 $P=16$ W；

图2-38（b）中，-8 V 理想电压源的功率 $P=-24$ W，3 A 理想电流源的功率 $P=24$ W；

图2-38（c）中，-4 A 理想电流源的功率 $P=-20$ W，5 V 理想电压源的功率 $P=20$ W。

2-3 图2-39（a）中，2 A 理想电流源的功率 $P=-2$ W（发出功率），1 V 理想电压源的功率 $P=1$ W（吸收功率）；

图2-39（b）中，1 A 理想电流源的功率 $P=-2$ W（发出功率），1 V 理想电压源的功率 $P=1$ W（吸收功率）。

2-4 图2-40（a）中，$I_S=3$ A（方向向下），$R_0=3$ Ω；

图2-40（b）中，$E=10$ V（极性为上"-"下"+"）；$R_0=5$ Ω。

2-5 图2-41（a）中，等效电压源：$E=1$ V（极性为上"+"下"-"），$R_0=7$ Ω；等效电流源：$I_S=\dfrac{1}{7}$ A（方向向上），$R_0=7$ Ω。

图2-41（b）中，等效电流源：$I_S=1$ A（方向向上），$R_0=9$ Ω；等效电压源：$E=9$ V（极性为上"+"下"-"），$R_0=9$ Ω。

2-6 等效电流源：$I_S=10$ A（方向向上），$R_0=2$ Ω；等效电压源：$E=20$ V（极性为上"+"下"-"），$R_0=2$ Ω。

2-7 $I=-0.2$ A，$U_{AB}=3.2$ V。

2-8 $I=2$ A。

2-9 $U=-8$ V。

2-10 $I_1=4$ A，$I_2=6$ A，$I_3=10$ A。

2-11 $I_1=2.46$ A，$I_2=3.46$ A。

2-12 $I_1=9.37$ A，$I_2=8.75$ A，$I=28.12$ A。

2-13 $I_1=0.73$ A，$I_2=1.55$ A，$I=0.82$ A。

2-14 $I_3=8$ A。

2-15 $I=13.5$ A，$U=54$ V，$P=729$ W。

2-16 $U_{AB}=-26.29$ V。

2-17 $I=1$ A。

2-18 $I_3=10$ A。

2-19 $I=1$ A。

2-20 $I=1$ A。

2-21 $I=6$ A。

2-22 $I=-1$ A。

2-23 $I_G=-0.108\,7$ A。

2-24 图2-60（a）中，$I=-2.53$ A；图2-60（b）中，$I=1$ mA。

第3章 正弦交流电路

3-1 有效值$I=10$ A，频率$f=100$ Hz，初相位$\psi_i=30°$。

3-2 $U=220$ V，$u=0$。

3-3 最大值$U_m=100$ V，角频率$\omega=5\,000$ rad/s，频率$f=796$ Hz，周期$T=0.001\,26$ s；u与i_1、i_2、i_3和i_4的相位差分别为$\varphi_1=-\dfrac{2}{3}\pi$、$\varphi_2=-\dfrac{\pi}{6}$、$\varphi_3=\dfrac{\pi}{6}$和$\varphi_4=-\dfrac{11}{12}\pi$。

3-4 （1）在相位上，u_2超前u_1 80°；（2）在相位上，u_2超前u_1 330°（u_2滞后u_1 30°）。

3-5 $5\angle 126.9°$，$5\angle -126.9°$，$5\angle -53.1°$。

3-6 （1）$\dot{I}=1.95\angle -1.175°$ A，$i=1.95\sqrt{2}\sin(\omega t-1.175°)$ A；（2）$\dot{I}_m=15\angle 150°$ A，$i=15\sin(\omega t+150°)$ A。

3-7 $i_3=8.66\sqrt{2}\sin(314t+60°)$ A；电流表的读数分别为$A_1=5$ A，$A_2=10$ A，$A_3=8.66$ A。

3-8 因为电阻与频率无关，所以电压有效值保持不变时，电流有效值相等，即$I=0.1$ A。

3-9 当$f=50$ Hz时，$I=0.318$ A；当$f=5\,000$ Hz时，$I=0.003\,18$ A。在电压有效值一定时，

频率越高，通过电感元件的电流有效值越小。

3-10 （1）$u = 21.2\sin(100\pi t + 90°)$ V；（2）$i = 5.66\sin(314t - 120°)$ A。

3-11 当 $f = 50$ Hz 时，$I = 0.078$ A；当 $f = 5\,000$ Hz 时，$I = 7.8$ A。在电压有效值一定时，频率越高，通过电容元件的电流有效值越大。

3-12 （1）$i = 0.39\sin(314t + 90°)$ A；（2）$\dot{U} = 79.58 \angle -150°$ V。

3-13 $I = 0.1$ A。

3-14 $R = 6\,\Omega$，$L = 15.86$ mH。

3-15 $\dot{U}_L = U_L \angle 135°$ V，$\dot{U}_C = U_C \angle -45°$ V。

3-16 （2）电路参数 $R = 25\,\Omega$，$L = 8.66$ mH，功率 $P = 112.5$ W，$Q = 195$ var，$S = 225.13$ V·A。

3-17 （1）$\dot{I} = 4.4 \angle -10°$ A；（2）$\dot{I} = 4.4 \angle 10°$ A。

3-18 $\dot{I} = 4.4 \angle 73°$ A，$\dot{U}_R = 132 \angle 73°$ V，$\dot{U}_L = 176 \angle 163°$ V，$\dot{U}_C = 352 \angle -17°$ V。

3-19 总电压 $U = 30$ V，$U_{RL} = 40$ V。

3-20 各支路电流 $\dot{I}_1 = 11.5 \angle 0°$ A，$\dot{I}_2 = 10.83 \angle 90°$ A，$\dot{I}_3 = 18.31 \angle -90°$ A，总电流 $\dot{I} = 13.72 \angle -33°$ A；功率 $P = 2\,646.5$ W，$Q = 1\,718.66$ var，$S = 3155.6$ V·A，功率因数 $\cos\varphi = 0.84$。

3-21 Z_1 和 Z_2 的阻抗角相等。

3-22 电流 $\dot{I} = 22 \angle 0°$ A，电压 $\dot{U}_1 = 239.8 \angle 55.6°$ V，$\dot{U}_2 = 103.6 \angle -58°$ V。

3-23 电压 $U = 390$ V，功率因数 $\cos\varphi = 0.92$。

3-24 $\dot{U} = 126.5 \angle -24.6°$ V。

3-25 （1）电流 $\dot{I} = 1.44 \angle -1.6°$ A，电压 $\dot{U}_1 = 72 \angle 51.5°$ V，$\dot{U}_2 = 40.73 \angle -46.6°$ V，$\dot{U}_3 = 144 \angle 35.3°$ V；（2）功率 $P = 269.8$ W，$Q = 166$ var，$S = 316.8$ V·A，功率因数 $\cos\varphi = 0.852$。

3-26 （1）$\dot{I}_1 = 44 \angle -53.1°$ A，$\dot{I}_2 = 22 \angle 36.87°$ A，$\dot{I} = 37.7 \angle -14°$ A；（2）$i_1 = 44\sqrt{2}\sin(\omega t - 53.1°)$ A，$i_2 = 22\sqrt{2}\sin(\omega t + 36.87°)$ A，$i = 37.7\sqrt{2}\sin(\omega t - 14°)$ A。

3-27 $Z_1 = 10 \angle 60°\,\Omega$，$Z_2 = 10 \angle -60°\,\Omega$。

3-28 $i = 2.64\sqrt{2}\sin 314t$ A，有功功率 $P = 580.8$ W，总阻抗 $Z = 83.33\,\Omega$。

3-29 电流表读数为 15 A。

3-30 （1）当 $f_0 = 200$ kHz 时，$I_0 = 0.5$ A，$U_C = 2\,500$ V；（2）当频率增加 10% 时，$I = 0.025$ A，$U_C = 112.5$ V。可见，偏离谐振频率 10% 时，I 和 U_C 大大减小。

3-31 可变电容 $C = 204$ pF；电流 $I = 0.13$ μA，线圈（或电容）电压 $U_C \approx U_L = 156$ μV。

3-32 保持不变，减小。

3-33 电容 $C = 1375.5$ μF，补偿的容性无功功率 $Q_C = -62.4$ kvar。

3-34 （1）$C = 656$ μF，并联电容器前线路电流（即负载电流）$I_1 = 75.6$ A，并联电容器后线路电流 $I = 47.8$ A；（2）增加的电容值 $C = 213.6$ μF。

3-35 镇流器的感抗 $X_L = 529.2\,\Omega$，电感 $L = 1.69$ H，功率因数 $\cos\varphi_1 = 0.5$；并联电容

$C = 2.58\ \mu F$。

第4章 三相交流电路

4–1 可以；线电流和相电流 $I_L = I_P = 2.2$ A。

4–2 负载电流与 Z_N 无关；负载电流 $I_L = 44$ A。

4–3 （1）线电流（相电流）$\dot{I}_A = 2.2\angle{-53.1°}$ A，$\dot{I}_B = 2.2\angle{-173.1°}$ A，$\dot{I}_C = 2.2\angle{66.9°}$ A，中线电流 $\dot{I}_N = 0$ A；（3）如去掉中线，各相电压和电流不变，与（1）的结果相同。

4–4 线电流（相电流）$\dot{I}_A = 44\angle{-36.9°}$ A，$\dot{I}_B = 36.67\angle{-120°}$ A，$\dot{I}_C = 22\angle{120°}$ A，中线电流 $\dot{I}_N = 39.57\angle{-81.5°}$ A。

4–5 （1）相电流 $\dot{I}_{AB} = 3.8\angle{-53.1°}$ A，$\dot{I}_{BC} = 3.8\angle{-173.1°}$ A，$\dot{I}_{CA} = 3.8\angle{66.9°}$ A，线电流 $\dot{I}_A = 6.58\angle{-83.1°}$ A，$\dot{I}_B = 6.58\angle{156.9°}$ A，$\dot{I}_C = 6.58\angle{36.9°}$ A。

4–6 （1）当开关全闭合时，负载相电压 $\dot{U}_A = 220\angle{0°}$ V，$\dot{U}_B = 220\angle{-120°}$ V，$\dot{U}_C = 220\angle{120°}$ V，相电流 $\dot{I}_A = 0.182\angle{0°}$ A，$\dot{I}_B = 0.273\angle{-120°}$ A，$\dot{I}_C = 0.455\angle{120°}$ A，中线电流 $\dot{I}_N = 0.568\angle{16.1°}$ A。若开关 S_a 断开，则 A 相的白炽灯熄灭，而 B、C 两相电压仍等于电源相电压，电压不变，电流也不变，故对 B、C 两相工作无影响；（2）若因故中线断掉，且开关 S_a 断开，则 B 相相电压 $U_B = 237$ V，C 相相电压 $U_C = 142$ V，相电流 $I_B = I_C = 0.294$ A。若开关 S_b 也断开，剩下的 C 相与电源之间已不能构成回路，故 C 相白炽灯也将熄灭。

4–7 正常情况各端线的电流 $\dot{I}_A = 18.18\angle{0°}$ A，$\dot{I}_B = 18.18\angle{-120°}$ A，$\dot{I}_C = 18.18\angle{120°}$ A，中线电流 $\dot{I}_N = 0$ A；第二种情况各端线的电流 $\dot{I}_A = 0$ A，$\dot{I}_B = 18.18\angle{-120°}$ A，$\dot{I}_C = 18.18\angle{120°}$ A，中线电流 $\dot{I}_N = 18.18\angle{-180°}$ A。

4–8 B、C 相负载相电压 $\dot{U}_B = 0.4\times 220\angle{-138°}$ V，$\dot{U}_C = 1.5\times 220\angle{101.54°}$ V。因为 $U_C > U_B$，所以 C 相灯较亮，B 相灯较暗。

4–9 电动机每相绕组 $R = 29.5\ \Omega$，$X_L = 20.6\ \Omega$。

4–10 三相功率 $P = 3\,001.82$ W，$Q = 2\,253.83$ var，$S = 3\,753.75$ V·A，功率因数 $\cos\varphi = 0.8$。

4–11 （1）电流 $i_A = 22\sqrt{2}\sin(\omega t - 53.1°)$ A，$i_B = 22\sqrt{2}\sin(\omega t - 173.1°)$ A，$i_C = 22\sqrt{2}\sin(\omega t + 66.9°)$ A；（2）三相功率 $P = 8\,694$ W，$Q = 11\,579.4$ var，$S = 14\,480$ V·A。

4–12 （1）相电流 $I_P = 6.1$ A，线电流 $I_L = 6.1$ A，从电源输入的功率 $P = 3.2$ kW；（2）$I_P = 6.1$ A，$I_L = 10.5$ A，$P = 3.2$ kW。比较（1）、（2）的结果：有的三相电动机有两种额定电压，譬如 220 V/380 V。这表示当电源电压（指线电压）为 220 V 时，电动机的绕组应连成三角形；当电源电压为 380 V 时，电动机应连成星形。在两种连接法中，相电压、相电流及功率都未改变，仅线电流在（2）的情况下增大为在（1）的情况下的 $\sqrt{3}$ 倍。

4–13 线电压 $U_L = 1\,018.24$ V，视在功率 $S = 9\,700$ V·A，阻抗 $Z = 320.2\angle{36.9°}\ \Omega$。

4–14 （1）相电流 $\dot{I}_{AB} = 7.6\angle{-53.1°}$ A，$\dot{I}_{BC} = 7.6\angle{-173.1°}$ A，$\dot{I}_{CA} = 7.6\angle{66.9°}$ A，线电流 $\dot{I}_A = 13.16\angle{-83.1°}$ A，$\dot{I}_B = 13.16\angle{156.9°}$ A，$\dot{I}_C = 13.16\angle{36.9°}$ A，有功功率

$P = 5197$ W，无功功率 $Q = 6929$ var；（2）$\dot{I}_{AB} = 4.4 \angle -53.1°$ A，$\dot{I}_{BC} = 4.4 \angle -173.1°$ A，$\dot{I}_{CA} = 4.4 \angle 66.9°$ A，$\dot{I}_A = 7.62 \angle -83.1°$，$\dot{I}_B = 7.62 \angle 156.9°$ A，$\dot{I}_C = 7.62 \angle 36.9°$ A，$P = 1742$ W，$Q = 2323$ var。

4-15 （1）负载相电流 $I_P = 14.6$ A；（2）电源相电流 $I_P' = 8.45$ A；（3）负载消耗总功率 $P = 7.69$ kW。

4-16 电路线电流 $\dot{I}_A = 27.3 \angle -30°$ A，$\dot{I}_B = 27.3 \angle -150°$ A，$\dot{I}_C = 27.3 \angle 90°$ A。

第5章 电路的暂态分析

5-1 （a）$i_S(0_+) = 1$ A，$i_C(0_+) = -0.5$ A；（b）$i(0_+) = 0.67$ A；（c）$i_L(0_+) = 0.33$ A，$i_C(0_+) = 0.22$ A；（d）$i(0_+) = -1$ A。

5-2 $i_L(0_+) = 2$ A，$i_C(0_+) = 1$ A，$u_L(0_+) = 2$ V，$u_C(0_+) = 4$ V。

5-3 开关 S 接通时，时间常数为 18 μs，S 断开时，时间常数为 20 μs。

5-4 电容电压 $u_C = 6e^{-3.3 \times 10^2 t}$ V，放电电流 $i = 2e^{-3.3 \times 10^2 t}$ mA。

5-5 $u_C = 3e^{-0.17 \times 10^6 t}$ V，$i_C = -2.5e^{-0.17 \times 10^6 t}$ A。

5-6 $u_C = 60e^{-10^5 t}$ V，$i_1 = 12e^{-10^5 t}$ mA。

5-7 $u_C = 4e^{-0.22 \times 10^6 t}$ V。

5-8 $u_0 = 4 + 2e^{-1.5 \times 10^5 t}$ V，$u_C = 2(1 - e^{-1.5 \times 10^5 t})$ V。

5-9 $i_2 = 0.33e^{-0.07 \times 10^3 t}$ A，$u_C = 50(1 - e^{-0.07 \times 10^3 t})$ V。

5-10 电阻 $R = 10.9$ kΩ。

5-11 $u_C = -8 + 20e^{-0.33 \times 10^5 t}$ V。

5-12 电容电压 $u_C = 3.33 - 1.33e^{-500t}$ V。

5-13 $u_C = 6 + 6e^{-114t}$ V。

5-14 电压 $u_R = 12.14e^{-10(t-0.1)}$ V。

5-15 $i_S = 1.5(1 + e^{-10t})$ mA。

5-16 $0 \leq t < t_1$，$u_C = 1 - e^{-5t}$，$u_R = e^{-5t}$ V；
$t_1 \leq t < t_2$，$u_C = -1 - 1.63e^{-5(t-t_1)}$ V，$u_R = -1.63e^{-5(t-t_1)}$ V；
$t \geq t_2$，$u_C = -0.78e^{-5(t-0.6)}$ V，$u_R = 0.78e^{-5(t-0.6)}$ V。

5-17 $u_2 = 10 - 10e^{-10^5 t}$ V（$0 < t < t_p$）；$u_2 = -5 + 13.65e^{-10^5(t-t_p)}$ V，（$t_p < t < 3t_p$）；$u_2 = -4.75e^{-10^5(t-3t_p)}$ V，（$t > 3t_p$）。输出电压 u_2 的变化曲线如附图 5-1 所示。

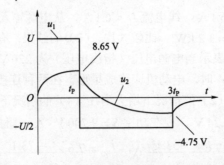

附图 5-1　习题 5-17 答案的输出电压 u_2 的变化曲线

5–18 电流 $i = 5(1-\mathrm{e}^{-10^5 t})$ mA。

5–19 电流 $i = 18.3 - 7.3\mathrm{e}^{-20t}$ A。经过 $t=0.039$ s 电流达到 15 A；i 的变化曲线如附图 5–2 所示。

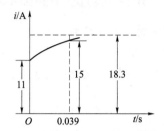

附图 5–2　习题 5–19 答案的 i 的变化曲线

5–20　$i_1 = 2 - \mathrm{e}^{-2t}$ A，$i_2 = 3 - 2\mathrm{e}^{-2t}$ A，$i_L = 5 - 3\mathrm{e}^{-2t}$ A。

5–21　（1）$i_L = 0.5 - 2.25\mathrm{e}^{-40t}$ A；（2）再断开 S 时 $i_L = -1.75 + 2.25\mathrm{e}^{-80t}$ A。

5–22　合上开关 S_1，电流 $i_1 = 3(1-\mathrm{e}^{-20t})$ A；再合上开关 S_2，$i_S = 5(1-\mathrm{e}^{-20t})$ A。

第 6 章　变压器与异步电动机

6–1　提示：利用电磁感应原理进行分析。

6–2　提示：同上。

6–3　提示：同上。

6–4　空载电流为原绕组电流，$I_0=0.15$ A。

6–5　（1）设 N 为点灯盏数，$N=168$。

6–6　（1）$R=200\ \Omega$；（2）$P=0.32$ W；（3）$P=0.099$ W。

6–7　有变化。当电压下降过低时，电动机可能停止转动。稍微下降时转矩不变、定子电流增加、转速降低。

6–8　不会转动。旋转磁场切割转子导体产生感生电动势，但因构不成回路，无电流。

6–9　Y112M–4 型：$S_N=0.04$，$T_N=26.53$ N·m。Y160M–8 型：$S_N=0.04$，$T_N=53.06$ N·m。

6–10　（1）$s=1$ 为启动瞬间；（2）$0<s<1$ 为电动机正常工作范围；（3）$s=0$ 为理想空载状态；（4）$s>1$ 为反接制动；（5）$s<0$ 时因电动机转速比旋转磁场转速高，为发电状态（下坡）。

6–11　$s=0.5\%$ 时，$n=995$ r/min；电动势（电流）频率低；$s=4\%$ 时，$n=960$；电动势（电流）频率高。

6–12　（1）电压为 380 V 时 Y 接、电压为 220 V 时 △ 接；（2）Y 接和 △ 接，额定转矩相同，$T_N=7.4$ N·m，电压为 380 V 时 $I_N=47.4$ A，电压为 220 V 时 $I_N=82.1$ A。

6–13　$n_N=960$ r/min；功率因数为 0.86；$P_\text{出}=35.18$ kW；效率为 0.91。

6–14　（1）$I_N=95.45$ A；（2）$s_N=0.02$；（3）$T_N=292.35$ N·m；（4）$T_{st}=496.99$ N·m，$T_{max}=643.17$ N·m。

6–15　（1）判定 $p=2$，$n_1=1\,500$ r/min；（2）可采用 Y–△ 换接启动，$I_{st}=74.97$ A；（3）$P_\lambda=19.8$ kW，效率为 0.91。

6–16　（1）$s_N=0.03$，额定功率因数为 0.91；（2）$T_N=295.36$ N·m，$T_{st}=354.43$ N·m，$T_{max}=649.79$ N·m；（3）可采用 Y–△ 换接启动，$T'_{st}=118.14$ N·m。

6-17　（1）负载转矩为额定转矩的30%时,可以采用Y-△换接启动；（2）U_2=300.42 V。

6-18　变比 K=1.67, I_{st}=35.58 A。

第7章　异步电动机的继电接触控制

7-1　提示：刀开关在切断电流时会产生电弧。

7-3　提示：电动机可能缺相运行。

7-4　提示：（1）理解失压和欠压保护的概念；（2）交流接触器是靠吸引线圈通电产生的电磁吸力使触点动作的。

7-5　提示：交流接触器。

7-6　提示：三处的停止按钮串接,启动按钮并接。

7-7　提示：都不能正常启停。

7-8　提示：共有八处错误。可分为文字符号错误、图形符号错误、控制逻辑错误。

7-9　提示：在顺序控制基础上加入主电动机的正、反转控制。

7-10　提示：KM_1 先带电→经过时间控制→KM_2 带电（同时 KM_1 失电停止）。

7-11　提示：

1. 四种情况的主电路相同；
2. （1）、（2）在顺序控制电路基础上完善；
3. （3）用控制 1M 的接触器常开触点控制时间继电器的吸引线圈,用时间继电器的通电延时闭合常开触点控制 2M 的接触器。
4. （4）在停止按钮上并联接入控制 2M 接触器的常闭触点。

7-12　提示：将 KM_2 的常开触点与控制电动机 1M 的停止按钮并联。

第8章　半导体二极管和直流稳压电源

8-3　提示：温度增加时少数载流子数量增加。

8-4　U_A=-5.3 V, I_D=0.65 A。

8-5　稳压管能起到稳压作用。I_1=11.11 mA, I_2=2.02 mA, I_Z=9.09 mA。

8-6　提示：(a) VD 导通时, u_o=-10 V, VD 截止时, u_o=u_i；(b) VD 导通时, u_o=u_i, VD 截止时, u_o=10 V。

8-7　提示：共三种情况：（1）VD_1 截止, VD_2 导通, u_o=3 V；（2）VD_1 导通, VD_2 截止, u_o=5 V；（3）VD_1 和 VD_2 同时截止, u_o=u_i。

8-8　提示：二极管仍然导通,只是两个半波中,一个幅值大,一个幅值小。

8-9　（1）U_2=53.33 V, I_D=2 A, U_{RM}=75.42 V；（2）U_2=26.67 V, I_D=1 A, U_{RM}=37.71 V。

8-10　（1）U_o=270 V, I_o=0.9 A, I_D=0.45 A, U_{RM}=424.21 V；（2）波形与8-9相同, I_o=0.79 A。

8-11　提示：当输入电压的大小超过蓄电池时充电,波形为它们的差值。

8-12　（1）负载开路；（2）电容损坏；（3）整流滤波电路正常；（4）整流电路不正常。

8-13　U_o=514.8 V, I_o=5.15 A, I_D=1.72 A, I_{Dmax}=1.8 A, U_{RM}=539 V。

8-14　（1）V 为 12 V, A_1 为 18 mA, A_2 为 6 mA, 稳压管电流为 12 mA；（2）V 为 12 V, A_1 为 21 mA, A_2 为 6 mA, 稳压管电流为 15 mA；（3）稳压管电流为 18 mA；（4）稳压管中电流超过最大电流,不允许。

8-15　(1) 滤波电路参数选择得当，U_o=24 V；(2) R_L 范围，75 Ω≤R_L≤1 200 Ω。

8-16　提示：(1) u_i 为正半波时 VD 导通，当 0＜u_i＜U_Z 时 u_o=u_i，当 u_i＞U_Z 时 u_o=U_Z。(2) u_i 为负半波时，VD 截止，u_o=0。

第 9 章　半导体三极管和基本放大电路

9-1　提示：根据三极管各极电位判断三极管工作在哪个工作区。

9-2　提示：用型号可判别硅管、锗管、PNP、NPN。(a)、(b) 为锗管，(c)、(d) 为硅管。(a)、(c) 为 PNP 管，(b)、(d) 为 NPN 管。根据三极管各极电位判断三极管的工作区。

9-3　提示：根据三极管的放大条件、硅晶体和锗晶体的导通电压、型号特点进行判断。

9-4　提示：利用放大电路的交直流通路、三极管的放大条件进行分析和改动。图 (a) 和图 (c) 无放大作用，图 (b) 可以放大。

9-5　(1) I_B=24 μA，I_C=1.2 mA，U_{CE}=4.8 V；(2) 直接计算为 I_B=24 μA，I_C=2.4 mA，U_{CE}=-2.4 V。可以判定三极管饱和不能放大。所以实际工作点为：I_B=24 μA，I_C=1.95 mA，U_{CE}=0.3 V。

9-6　(1) 根据直流通路的概念自画；

(2) I_B=50 μA，I_C=2 mA，U_{CE}=6 V；

(3) 根据微变等效电路的概念自画；

(4) A_u=-72，A_{uS}=-68；(5) r_i=r_{be}=833 Ω，r_o=R_C=3 kΩ。

9-7　利用图解法求得各种情况下的 Q 点大约为：(1) I_B=80 μA，I_C=3.8 mA，U_{CE}=4 V；(2) I_B=80 μA，I_C=3.5 mA，U_{CE}=1.8 V；(3) I_B=109 μA，I_C=5.2 mA，U_{CE}=2 V；(4) I_B=80 μA，I_C=3.3 mA，U_{CE}=1 V。

9-8　利用三极管输出特性独立完成。

9-9　(1) I_C=1.1 mA，U_{CE}=4.08 V；(2) A_u=-19.78；(3) r_i=4.47 kΩ；(4) r_o=R_C=5.1 kΩ。

9-10　I_B=41 μA，I_C=2.05 mA，U_{CE}=5.85 V。

9-11　(1) I_B=21 μA，I_C=1.05 mA，U_{CE}=3.9 V；(2) r_i=r_{be}=1.563 kΩ，r_o=R_C=2 kΩ；(3) A_u=-38.4。

9-12　A_u=0.98，A_{uS}=0.55，r_i=26.1 kΩ，r_o=0.25 kΩ。

9-13　提示：根据反馈放大器的概念独立完成。

9-14　提示：根据反馈放大器概念独立完成。

9-15　(1) r_i=R_{B1}//R_{B2}//r_{be1}≈r_{be1}=1 kΩ，r_o=2 kΩ；(2) A_{u1}=-40，A_{u2}=-72，A_u=2 880；(3) u_o=14.4 mV。

9-16　(1) VT_1：I_{C1}=1.04 mA，U_{CE1}=4.72 V；VT_2：I_{B2}=14.4 μA，I_{C2}=0.72 mA，U_{CE2}=2.64 V；(2) 根据单级放大电路的微变等效电路，画出整个放大电路的微变等效电路；(3) A_{u1}=-39.5，A_{u2}≈1，A_u=-39.5；(4) r_{i1}≈r_{be1}=11 575 Ω，r_o=10 Ω。

9-17　(1) 对；(2) 错；(3) 错；(4) 对。

9-18　(1) u_o=10 V；(2) |A_c|=0.1。

9-19　(1) I_B=11.3 μA，I_C=0.57 mA，U_{CE}=7 V；(2) $A_{ud(2)}$=-24.56，$A_{uc(2)}$=0，K_{CMRR}=∞；(3) r_{id}=20.36 kΩ，r_{od}=20 kΩ。

9-20　(1) I_{C1}=I_{C2}=0.26 mA，U_{C1}=U_{C2}=7.2 V；(2) A_{ud}=-156，r_{id}=11 kΩ，r_{od}=30 kΩ；

(3) u_o=78 mV；(4) 可以。

第 10 章 集成运算放大器的应用

10–2　(c) $A_u=R_2/R_3$；(d) $A_u=-(1+R_3/R_5)\times R_4/R_2$。

10–3　$u_o=-R_F U_Z/R_1$，通过调节 R_F 达到调节 u_o 的目的。

10–4　u_o=7.5 V。

10–5　VD 是理想二极管，其特性也为理想特性。当 $u_i<0$ 时，$u_o=-R_F u_i/R_1$。当 $u_i\geq 0$ 时，u_o=0。

10–6　$1\text{ V}\leq U_o\leq 6\text{ V}$，因运算放大器具有很高的输入电阻，可以提高带负载能力。

10–7　$u_o/u_i=20$。

10–8　R_x=0.5 MΩ。

10–10　$u_o=\dfrac{2R_F}{R_1}u_i$。

10–11　$u_o=(R_2 u_{i1}+R_1 u_{i2})/(R_1+R_2)$。

10–12　$u_o=-4$ V。

10–14　$u_o=\left(1+\dfrac{R_F}{R_1}\right)\dfrac{R_{22}u_{i1}+R_{21}u_{i2}}{R_{21}+R_{22}}$。当 $R_{21}=R_{22}$，$R_1=R_F$ 时，$u_o=u_{i1}+u_{i2}$；当 $R_{21}=2R_{22}$，$R_1=R_F$ 时，$u_o=2(u_{i1}+u_{i2})/3$。

10–15　(a) $u_o=-4u_{i1}+u_{i2}+4u_{i3}$；(b) $u_o=\left(1+\dfrac{R_3}{R_2}\right)u_{i4}-R_3\left(1+\dfrac{R_F}{R_1}\right)\dfrac{u_{i2}+u_{i3}}{3R_2}+\dfrac{R_3 R_F}{RR_1}u_{i1}$。

10–16　$u_o=-2u_i$。

10–17　$u_o=-2(u_{i1}+u_{i2})$。

10–18　$u_o=-\dfrac{R_F}{R_1}u_i-\dfrac{1}{R_1 C}\int u_i\,dt$。

10–19　$u_o=-0.1\int(u_{i2}+3u_{i1})\,dt$。

10–20　$u_o=-20t$。

10–21　$u_o=-5\times 10^{-3}\dfrac{du_i}{dt}$，根据 u_i 波形写出表达式，求导即可。

10–22　提示：采用比例积分运算电路。

10–24　$U_{thH}=\dfrac{R_2 U_Z+R_F U_R}{R_2+R_F}$，$U_{thL}=\dfrac{-R_2 U_Z+R_F U_R}{R_2+R_F}$，以阈值为界，可画出 u_o 波形。

10–25　(1) 为反相比例运算，$u_o=-1$ V；(2) 为电压比较器，$u_o=-15$ V。

10–26　(a) U_R=3 V；(b) $U_R=-1.5$ V。

10–27　$U_{thL}=-2$ V；$U_{thH}=2$ V。独立完成电压传输特性。

参 考 文 献

[1] 刘晓惠. 电工与电子技术基础 [M]. 北京：北京理工大学出版社，2011.
[2] 秦曾煌. 电工学（第七版）（上册）电工技术 [M]. 北京：高等教育出版社，2011.
[3] 秦曾煌. 电工学（第七版）（下册）电子技术 [M]. 北京：高等教育出版社，2011.
[4] 秦曾煌. 电工学简明教程（第二版）[M]. 北京：高等教育出版社，2011.
[5] 雷勇，宋黎明. 电工学（上册）——电工技术（第2版）[M]. 北京：高等教育出版社，2017.
[6] 侯世英，周静. 电工学Ⅰ——电路与电子技术（第2版）[M]. 北京：高等教育出版社，2017.
[7] 姜三勇. 电工学简明教程（第三版）学习辅导与习题解答 [M]. 北京：高等教育出版社，2017.
[8] 元增民. 电工学（电工技术）修订版 [M]. 北京：清华大学出版社，2016.
[9] 朱伟兴. 电路与电子技术（电工学Ⅰ）（第2版）[M]. 北京：高等教育出版社，2015.
[10] 朱伟兴. 电工电子应用技术（电工学Ⅱ）（第2版）[M]. 北京：高等教育出版社，2015.
[11] 田葳. 电工技术（电工学Ⅰ）（第二版）[M]. 北京：高等教育出版社，2015.
[12] 唐介，刘蕴红. 电工学（少学时）（第四版）[M]. 北京：高等教育出版社，2014.
[13] 唐介，刘蕴红. 电工学（少学时）（第四版）学习辅导与习题解答 [M]. 北京：高等教育出版社，2014.
[14] 朱承高，郑益慧，贾学堂. 电工学概论（第三版）[M]. 北京：高等教育出版社，2014.
[15] 孙立功. 电子技术（电工学Ⅱ）（第二版）[M]. 北京：高等教育出版社，2014.
[16] 郑雪梅. 电工学（双语版）[M]. 北京：清华大学出版社，2013.
[17] 刘全忠，刘艳莉. 电子技术（电工学Ⅱ）（第4版）[M]. 北京：高等教育出版社，2013.
[18] 贾贵玺，姚海彬. 电工技术（电工学Ⅰ）（第4版）[M]. 北京：高等教育出版社，2013.
[19] 贾贵玺，王月芹. 电工技术（电工学Ⅰ）（第四版）学习辅导与习题解答 [M]. 北京：高等教育出版社，2013.
[20] 朱承高，贾学堂，郑益慧. 电工学概论（第二版）[M]. 北京：高等教育出版社，2012.
[21] 王居荣，尹力. 电工学 [M]. 哈尔滨：哈尔滨工业大学出版社，2011.
[22] 王鸿明. 电工与电子技术（第二版）（上下册）[M]. 北京：高等教育出版社，2009.
[23] 孙骆生. 电工学基本教程（第四版）[M]. 北京：高等教育出版社，2008.
[24] 叶挺秀. 电工电子学（第三版）[M]. 北京：高等教育出版社，2008.
[25] William H. Hayt, Jr. Jack E. Kemmerly, Steven M. Durbin. Engineering circuit analysis. Sixth edition [M]. 北京：电子工业出版社，2002.
[26] Charles K. Alexanger, Matthew N. O. Sandiku. Fundamentals of electric circuit [M]. 北京：清华大学出版社，2000.